Wolfgang Gruhle

Elektronisches Messen

Analoge und digitale Signalbehandlung
Leitfaden für Naturwissenschaftler und Techniker

Mit 108 Abbildungen

Springer-Verlag Berlin Heidelberg NewYork
London Paris Tokyo 1987

Professor Dr. Wolfgang Gruhle

Institut für Kernphysik, Universität zu Köln
Zülpicher Straße 77, 5000 Köln 41

ISBN-13:978-3-540-17028-0   e-ISBN-13:978-3-642-82902-4
DOI: 10.1007/978-3-642-82902-4

CIP-Kurztitelaufnahme der Deutschen Bibliothek
Gruhle, Wolfgang: Elektronisches Messen : analoge u. digitale Signalbehandlung ;
Leitf. für Naturwiss. u. Techniker / Wolfgang Gruhle. – Berlin ; Heidelberg ; New York ;
London ; Paris ; Tokyo : Springer, 1987.
ISBN-13:978-3-540-17028-0

Vorwort

Elektronik umspannt ein immenses Gebiet in Naturwissenschaft und Technik, vom Detektor radioaktiver Strahlung bis zum Herzschrittmacher, vom Garagentoröffner bis zum Computertomographen, vom Satellitenempfänger bis zur Alarmanlage. Der umfangreiche Stoff ist nicht nur in zahllose Bücher aller Teilgebiete verstreut, sondern die ganze Elektronik selbst ist bereits in viele Spezialbereiche aufgespalten.

Sehr viele Anwender — Physiker, Naturwissenschaftler, Biologen, Mediziner — sind keine Elektroniker, besitzen aber oft genügend technische Vorkenntnisse und Interesse an elektronischen Meßverfahren und sind fast immer auf diese angewiesen. Für sie soll dieses Buch in ungewöhnlicher Systematik ein Leitfaden durch die vorhandenen oder geplanten Meßmethoden sein. Bei der Überfülle der Spezialliteratur fehlt ein *Überblick* , der nicht mit zu vielen Details befrachtet ist. Daher soll der Benutzer hier für seine Meßaufgaben rasch die wichtigen und richtigen Grundlagen zum Verständnis und die oft erstaunlichen *Lösungsmöglichkeiten* finden. Er muß die Funktion, die Grenzen und die Fehler aller seiner Meßgeräte kennen(lernen), nicht zuletzt, um bei der Planung, beim Kauf, beim experimentellen Arbeiten und bei Werkstattaufträgen auf dem Wissensstand der Technik zu sein.

Die hier gewählte Anordnung nach Signalen und ihren Eigenschaften, ihrer Veränderung, Sortierung, Transport und Registrierung, formt die kaum überschaubare Stoffmenge zu einer durchsichtigen Struktur und kann bei Bedarf vertieft werden. Oft genügt das Wissen um den Stand der Technik, um optimale oder neue Wege zu finden.

Eine so konzentrierte Zusammenstellung verzichtet auf die Darstellung vieler Details, für die es genügend Literatur gibt (z.B. Nachrichten-, HF- und Regeltechnik, Leistungselektronik, Mikroprozessoren, Rechner usw.) Es fehlen auch Bauanleitungen oder Dimensionierungen von rasch veraltenden technischen Beispielen. Stattdessen führt der rote Faden in großen Linien durch die Signalbehandlung und durch Funktionsbausteine. Häufig wird an physikalische Grundlagen erinnert, und übergreifende Zusammenfassungen werden betont. In einer Zeit außerordentlich rascher Neuentwicklungen ist die Kenntnis unveränderlicher Zusammenhänge nötig.

Obwohl kein übliches Lehrbuch, sondern eher ein Werk zum Nachschlagen, soll es doch auch zum Einarbeiten nötige Kenntnisse vermitteln und mit Querverweisen das Verständnis erleichtern. Man kann ohne langes Durcharbeiten *in* dem Buch lesen, besonders in den vielen Bildern, die manchen Text ersetzen. Bei vielen (meist bekannten) Gleichungen wurde auf die Herleitung verzichtet. Im letzten Kapitel sind alle Elemente und Bausteine abfragebereit gelagert, die sonst die meisten Darstellungen durchgehend belasten.

Das Manuskript wurde auf einem Rechner in druckfähiger Fassung geschrieben. Dem Verlag gebührt für die freundliche Unterstützung besonderer Dank.

Köln, im Herbst 1986 — Wolfgang Gruhle

Inhaltsverzeichnis

1 Signale

Am Anfang jeder Messung steht eine physikalische Größe (Kraft, Temperatur, Lichtmenge, Ladung, Energie, ...), ein Signal, das eine Aussage über einen Zustand, einen Prozeß , ein Ereignis oder über eine Veränderung trägt. Unsere genauesten Meßverfahren sind elektrischer/elektronischer Natur, daher werden hier ausschließlich elektrische Signale (wenn nötig, nach Umwandlung) behandelt. Jedes *Signal* trägt also *Informationen*, die im Laufe der Signalbehandlung herauspräpariert, oder — falls unerwünscht — unterdrückt werden sollen. Das Signal selbst, in der Regel ein Spannungs- oder Stromverlauf, kann eine periodische Funktion sein, oder auch ein einmalig bis häufig auftretender Ablauf. Als Träger einer kostbaren Ware muß es sorgfältig behandelt, kontrolliert und transportiert werden. Den roten Faden des Buches bilden die vielfältigen Veränderungen, Sortierungen, Kombinationen und Speicherungen bis zur Auswertung der Information.

Jedes Signal ist ein zeitlich begrenztes und oft nur kurz andauerndes, nicht materielles Gebilde, das wir beobachten und behandeln, indem wir immer auf seiner Orts- und Zeitachse scheinbar mitlaufen. Damit werden sich die folgenden Kapitel beschäftigen. Alle elektronischen Meßverfahren werden vom Anwender her, vom Problem aus orientiert und angeordnet. Sie richten sich einmal nach dem Charakter der Information (Amplituden, Zeiten, Frequenzen), zum zweiten nach den Signaleigenschaften selbst.

Die Vielfalt möglicher Signale läßt sich nach verschiedenen Gesichtspunkten gruppieren. In diesem Kapitel werden drei wichtige Einteilungen benutzt: *Signalformen*, *Signalklassen* und *Signalbereiche*.

1.1 Signalformen und Definitionen

Vorausgeschickt werden einige nötige Definitionen. Als Signalformen werden hier in der Regel zeitabhängige Spannungsamplituden $U(t)$ angenommen, etwa in der Art einer oszilloskopischen Darstellung. Man unterscheidet zwischen *analogen* und *digitalen* Signalen: analoge können jeden beliebigen Amplitudenwert besitzen, während digitale nur bestimmte Festwerte (im Dualsystem zwei) annehmen. Spannung und Zeit können also jeweils als *kontinuierliche* oder *diskrete* Größen auftreten (Abb. 1.1). Neben der kontinuierlichen Darstellung (a) kann die Amplitude zu diskreten Zeitpunkten abgefragt werden

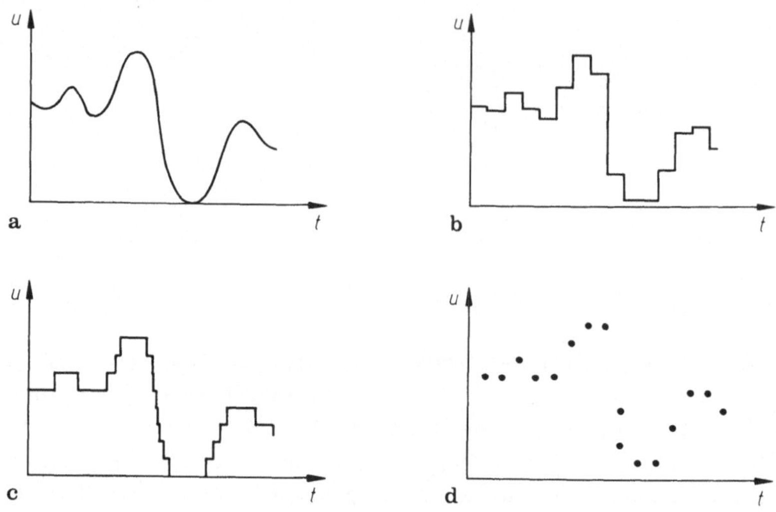

Abb. 1.1 a–d. Signalamplituden, a, b analog und c, d digital; a, c zeitkontinuierlich und b, d zeitdiskret

(b), oder diskrete Amplitudenwerte können zeitkontinuierlich (c) oder sogar auch zeitdiskret (d) anfallen. Kontinuierliche Amplituden (a,b) erfordern die Analogtechnik (Abschn. 6.3). während diskrete Amplituden (c,d) von der Digitaltechnik (Abschn. 6.2) verarbeitet werden. Beide Techniken lassen sich ineinander umwandeln (Abschn. 2.3). Eine weitere Konversionsmöglichkeit besteht zwischen Zeiten und Amplituden (Abschn. 3.2.1).

Die ganze Palette elektrischer Signalformen reicht von langsam sich ändernder Gleichspannung (z.B. Temperaturfühler) über periodische Wechselspannungen (z.B. Hochfrequenz) bis zu unperiodischen Impulsen (z.B. Strahlungsdetektoren). Zwei Grundtypen mit ihren charakteristischen Eigenschaften als Informationsträger werden in Abb. 1.2 gezeigt.

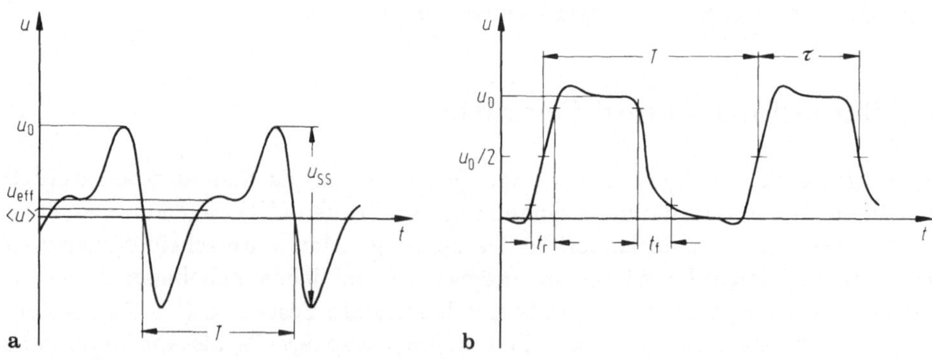

Abb. 1.2 a–b. Zeitablauf periodischer Signale. a Wechselspannung, b Impuls

Periodische Signale

Wechselspannungen besitzen einen *Scheitelwert* (*Spitzenwert*) U_0, sowie den Spitze-Spitze-Wert U_{ss}; sie sind beide wichtig für den Aussteuerbereich und die Spannungsfestigkeit der folgenden Stufen. Der einfache *zeitliche Mittelwert* $\langle U \rangle = (1/T) \int_0^T U \, dt$ während der Periodendauer T bestimmt oft die mittlere Strombelastung, während dagegen der *Effektivwert* (rms = root mean square) $U_{\text{eff}} = [(1/T) \int_0^T U^2 \, dt]^{1/2}$ die gleiche Leistung $P = U_g^2/R$ wie eine gleichgroße Gleichspannung U_g erzeugt. Verschiedene von der Sinusform abweichende Amplitudenverläufe unterscheiden sich durch den *Scheitelfaktor* (Crestfaktor) $S = U_0/U_{\text{eff}}$ und den *Formfaktor* $F = U_{\text{eff}}/\langle U \rangle$; beide sind ≥ 1 und $F \leq S$. Meßinstrumente sind üblicherweise in Effektivwerten der Sinusform geeicht, bei abweichender Kurvenform (z.B. Rauschmessungen) muß die Anzeige korrigiert werden. In Tabelle 1.1 sind einige Faktoren zusammengefaßt.

Impulse

Bei Impulsen gibt man die *Anstiegszeit* t_r (rise time) der Anstiegsflanke (leading edge) und die *Abfallzeit* t_f der Rückflanke (trailing edge) je als Zeitdifferenz zwischen 10 und 90 % der maximalen (End-)Amplitude U_0 an. Das *Tastverhältnis* (duty cycle) $\alpha = \tau/T$ als Verhältnis von Impuls- zu Periodendauer bei periodischen Signalen (Wiederholfrequenz $\nu = 1/T$) bestimmt die Strom- oder Leistungsbelastung von Generatoren oder Netzwerken. Die Definition der Impulslänge τ wird verschieden vorgenommen (hier: Halbwertsbreite). Als *Polarität* von Impulsen wird i.allg. die Richtung der Spannungsänderung — nach positiv oder negativ — bezeichnet. Die Basis (Nullinie) muß dabei nicht notwendigerweise auf Null liegen. Wichtig ist manchmal die *Spannungssteilheit* dU/dt (slew rate), etwa bei Störsignalen oder Verstärkern.

Signalamplituden

Obwohl die Amplituden der Spannungs- oder Stromsignale von der Physik der Signalquellen vorgegeben sind, haben sich in der elektronischen Meßtechnik Standard-Amplitudenbereiche eingebürgert. Während in der digitalen Technik ± 5 V (TTL) oder ± 12 V (MOS) definiert sind, arbeitet die analoge Meßtechnik im Bereich ± 12 V. Das bedeutet immer eine Anpassung von Signalquelle und Meßgerät.

1.2 Signalklassen

Bei vielen Signalen läßt sich deutlich das länger andauernde, eingeschwungene, *stationäre Signal* trennen von dem vorangehenden *Einschwingvorgang* (transient):

Tabelle 1. Beispiele von Signal-Kenngrößen

Kenngröße	Sinus	Dreieck	Rechteckfolge $\alpha = 1$	$\alpha = \tau/T$	Exponentialsignal	Rauschen
Zeitlicher Mittelwert $\langle U \rangle$	(Gleichrichtwert:) $2U_0/\pi = 0.637 U_0$	$U_0/2$ $=0.5\,U_0$	$U_0/2$	αU_0	$\frac{U_0}{\lambda T}[1 - \exp(-\lambda T)]$	$\sqrt{2/\pi}\,U_{\text{eff}}$ $=0.789\,U_{\text{eff}}$
Effektivwert U_{eff}	$U_0/\sqrt{2}$ $=0.707\,U_0$	$U_0/\sqrt{3}$ $=0.578\,U_0$	$U_0/2$	αU_0	$\frac{U_0}{2\lambda T}\sqrt{1 - \exp(-2\lambda T)}$	U_{eff}
Scheitel-, Crestfaktor $S=U_0/U_{\text{eff}}$	$\sqrt{2}$ $=1.414$	$\sqrt{3}$ $=1.732$	2	$1/\alpha$	$\sqrt{\frac{2\lambda T}{1-\exp(-2\lambda T)}}$	Funktion der Amplituden-Verteilung $1\ldots10$
Formfaktor $F=U_{\text{eff}}/\langle U \rangle$	$\pi/\sqrt{8}$ $=1.11$	$2/\sqrt{3}$ $=1.155$	1	1	$\sqrt{\lambda T}\sqrt{\frac{1-\exp(-2\lambda T)}{[1-\exp(-\lambda T)]^2}}$	$\sqrt{\pi/2}$ $=1.253$

Der Einschwingvorgang enthält zeitlich rasch wechselnde Größen (wie z.B.
die Sprache), zu ihm gehört auch das Ein- und Ausschalten stationärer Signale
(Abschn. 2.1.3).

Stationäre Signale besitzen einen zeitunabhängigen Mittelwert und konstante Kenngrößen. Es gibt jedoch zwei grundverschiedene Klassen:

Deterministische Signale. Jede länger andauernde Sinusschwingung, alle periodischen Signale erlauben, die Momentanwerte von $U(t)$ vorauszusagen; sie können also mathematisch geschlossen angegeben werden. Mit diesen Signalen ist die Technik am meisten vertraut und beschäftigt.

Indeterministische (stochastische) Signale. (Etwa das Rauschen) hängen in ihrem Zeitverlauf vom Zufall ab, sie sind nicht voraussagbar. Mathematisch lassen sich aber Mittelwerte, Korrelationen und Wahrscheinlichkeiten angeben und auswerten: solche Signale können durch die sog. stochastisch-ergodische Meßtechnik (SEM) störsicher und mit kleinem Aufwand erfaßt werden (vgl. Abschn. 2.1.3).

Digitale Information ist — im Rahmen eines Zeitrasters (Taktfrequenz) — immer stochastisch: die Folge von 0/1 läßt sich nicht vorhersagen.

1.3 Signalbereiche

Die weitaus wichtigste Einteilung von Signalen bei der Behandlung der Information unterscheidet den *Zeitbereich* vom *Frequenzbereich*. Häufig fügt die Digitaltechnik noch den Begriff *Datenbereich* hinzu. Der Informationsgehalt und seine Analyse im Zeit- und Frequenzbereich wird hier ausführlicher dargestellt, da alle späteren Signalbehandlungen die Information in diesen beiden Bereichen verändern können oder sollen. In welchem Bereich man Signale auswertet, richtet sich nach dem Meßproblem oder auch nach der leichteren Behandlungsmöglichkeit.

1.3.1 Zeitbereich (time domain, Zeitraum)

Im Zeitbereich bewegt man sich immer dann, wenn der zeitliche Verlauf eines Signals untersucht (Oszillographie) oder die Verteilung (Häufigkeit) N der Amplituden $U(t)$ gemessen wird: *Amplitudenspektrum*. Abbildung 1.3 zeigt drei Beispiele. In ähnlicher Weise lassen sich auch zeitliche Verteilungen von Impulsen als *Zeitspektren* registrieren.

Sehr bequeme Standardsignale im Zeitbereich sind die Sinusschwingungen. Sie sind Lösungen vieler Differentialgleichungen und können mit der Fouriersynthese (Abschn. 1.3.2) zu jedem beliebigen Zeitsignal zusammengesetzt werden. Die mathematische Beschreibung sei zur Erinnerung, ohne Ableitungen,

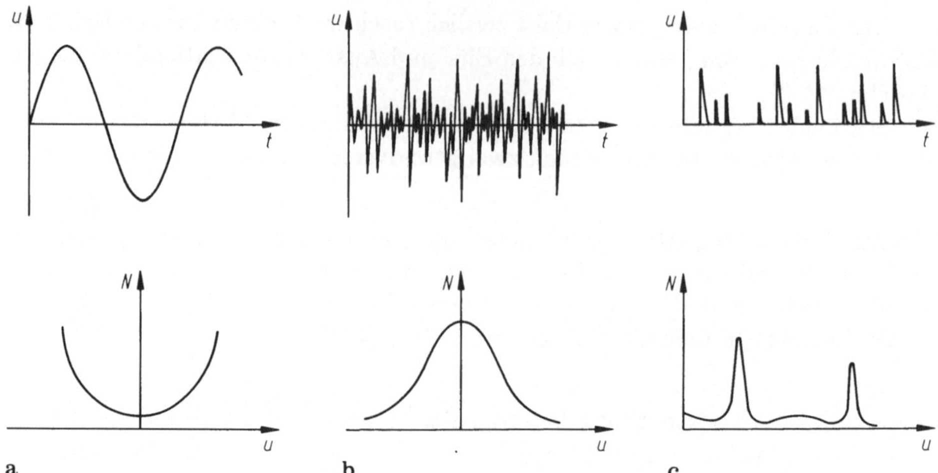

Abb. 1.3 a–c. Signale im Zeitbereich. **a** Wechselspannung, **b** Rauschen, **c** Impulse, je mit Amplitudendichten

konzentriert zusammengefaßt: Abb. 1.4. Die cos-Funktion hat die Kenngrößen U_0 (Scheitelspannung), T (Periodendauer), $\omega = 2\pi\nu$ (Frequenz) und ϕ (Anfangsphase bei $t = 0$). Die momentane Amplitude beträgt

$$U(t) = U_0 \cos\theta = U_0 \cos(\omega t + \phi).$$

In der Praxis benützt man die komplexe Darstellung, da sie einfachere Rechnungen erlaubt (z.B. Reproduktion beim Differenzieren). Eine anschauliche Beschreibung stellt den Amplitudenvektor als Summe zweier gegensinnig rotierender Vektoren U und U^* dar (Abb. 1.4). Hier ist

$$U = a + ib = |U|\,(\cos\theta + i\sin\theta) = |U|\exp(+i\theta) = |U|\exp(i\omega t + i\phi) \quad\text{und}$$

$$U^* = a - ib = |U|\exp(-i\theta) = |U|\exp(-i\omega t - i\phi).$$

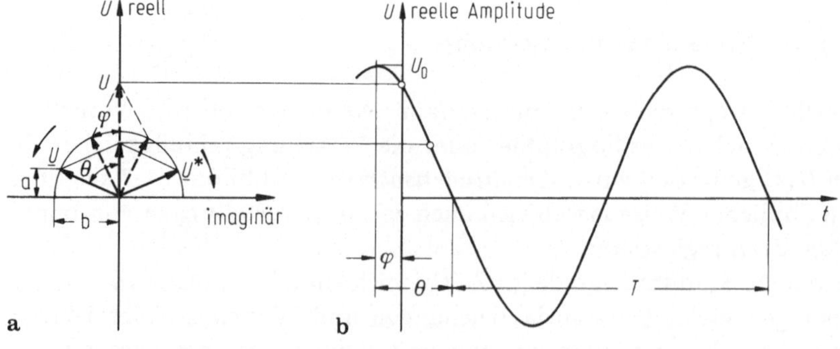

Abb. 1.4. Sinussignal $U(t)$ als Summe von zwei gegenläufig rotierenden Vektoren

Während $\exp(i\phi)$ ein feststehender Vektor des Anfangszustandes ist, stellt $\exp(i\omega t)$ den nach links rotierenden, $\exp(-i\omega t)$ den rechtsum rotierenden Vektor dar. Man bezeichnet $-\omega$ auch als negative Frequenz. Die Amplitude von jedem der beiden Vektoren ist stets $U = U_0/2 = (a + ib)/2 = \sqrt{a^2 + b^2}/2$, ferner ist $\tan\phi = b/a$. Die momentane Amplitude ist damit $U(t) = U_0 \cos\theta = U_0 \left[\exp(i\theta) + \exp(-i\theta)\right]/2$. In dieser Darstellung bleibt die Summenamplitude immer reell. Die ausführlichere Darstellung der Lehrbücher soll hier nicht wiederholt werden; das gilt auch für den nächsten Abschnitt.

Weitere Probleme im Zeitbereich, etwa das Zeitverhalten von Vierpolen wird in den Abschn. 2.1.3 und 6.1.2 behandelt.

1.3.2 Frequenzbereich (frequency domain, Frequenzraum)

Das obige Zeitbereich-Signal $U(t) = U_0 \cos(\omega t + \phi)$ enthält seine Information natürlich ebenso in seiner Variablen ω: $U(\omega)$. Da sich jede beliebige Signalform $U(t)$ mit Hilfe der Fourierzerlegung als Summe verschiedener Sinussignale darstellen läßt, ist die gesamte Information auch im *Frequenzspektrum* enthalten. Die Frequenzanteile bleiben hinter linearen Netzwerken erhalten, nur ihre Amplituden und Phasen ändern sich in der Regel. Erleidet das Frequenzspektrum auf seinem Transportweg Veränderungen, dann nimmt auch der Zeitverlauf des Signals eine andere Form an (Abschn. 2.1). Die Spektren von periodischen Signalen unterscheiden sich von nichtperiodischen.

Periodische Signale

Den Zusammenhang zwischen Zeit- und Frequenzbereich liefert die *Fouriertransformation*, an die hier (ohne Herleitung) erinnert wird. Jedes periodische Signal $U(t) = U(t + nT)$, das sich nach der Periode $T = 1/\nu_1 = 2\pi/\omega_1$ beliebig oft reproduziert, kann dargestellt werden als Summe von Sinussignalen (oder rotierenden Vektoren) mit ganzzahligen Vielfachen der Grundfrequenz ω_1 (z.B. Oberwellen):

$$U(t) = a_0 + \sum_{n=1}^{\infty} \left(a_n \cos n\omega_1 t + b_n \sin n\omega_1 t\right).$$

Dabei ist die Konstante a_0 der arithmetische Mittelwert über eine Periode, also $a_0 = 1/T \int_0^T U(t)\, dt$, und die (Scheitel-)Amplituden der Teilschwingungen werden als Koeffizienten a_n und b_n bezeichnet:

$$a_n = \frac{2}{T} \int_0^T U(t) \cos\omega_n t\, dt, \qquad b_n = \frac{2}{T} \int_0^T U(t) \sin\omega_n t\, dt.$$

Gleichwertige Beschreibungen sind auch

$$U\left(t\right) = a_0 + \sum_{n=1}^{\infty} A_n \cos\left(\omega_n t + \phi_n\right) = \sum_{n=-\infty}^{\infty} U_n\left(\omega_n\right) \exp\left(i\omega_n t\right),$$

jeweils mit $\omega_n = n\omega_1$. Die zweite, komplexe Form stellt wie oben anschaulich den nach links rotierenden Vektor dar, der mit dem Anfangswert $U_n(t=0)$ multipliziert, die momentane Lage zur Zeit t zeigt. Die Summe über alle Vektoren gibt dann $U(t)$. Die Amplituden U_n von jeder Teilschwingung werden dann aus $U(t)$ durch Multiplikation mit dem rechtsum rotierenden Vektor extrahiert (alle übrigen Komponenten rotieren weiter und geben im Mittel Null):

$$U_n = \frac{U_0(\omega_n)}{2} = \frac{1}{T} \int_0^T U\left(t\right) \exp\left(-i\omega_n t\right)\, dt, \qquad U_0 = a_0 \quad \text{wie oben.}$$

Die dreidimensionale Darstellung eines komplexen Signals im Frequenzbereich zeigt Abb. 1.5 zu einem bestimmten Zeitpunkt (Momentaufnahme). Jedes reale elektrische Signal $U(t)$ besitzt immer eine reelle Summe aus den Komponenten von ω_n und $-\omega_n$; U_0 ist immer reell. Ist das Signal (die Zeitfunktion) periodisch, besitzt es ein diskretes *Frequenzspektrum* (Abb. 1.6a), mathematisch als Linienspektrum dargestellt. In der Praxis interessieren nur die positiven Frequenzen (als Summe von ω_n und $-\omega_n$ mit doppelter Amplitude): Abb. 1.6b. Wenn negative Amplituden unpraktisch sind, wählt man die Absolutbeträge, oder noch besser, ihre Quadrate, das *Leistungsspektrum* (c), also $P(\omega) = \sum U_n^2/2$, zur deutlicheren Darstellung von kleinen Amplituden auch (doppelt) logarithmisch aufgetragen (d).

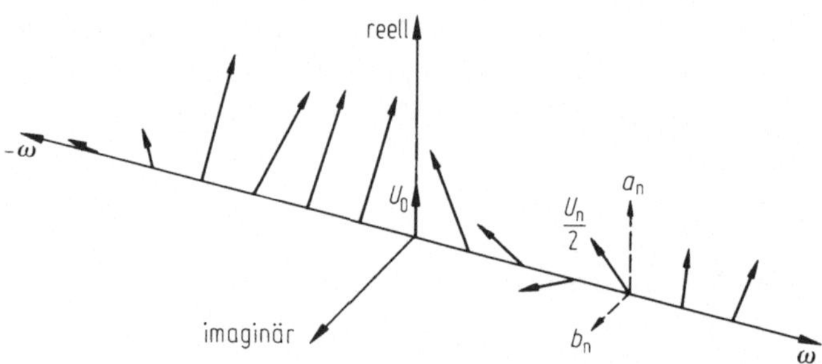

Abb. 1.5. Momentaufnahme des Frequenzspektrums eines periodischen Signals

Die Verbindung von Zeit- und Frequenzbereich macht Abb. 1.7 am Beispiel eines periodischen Rechtecksignales anschaulich. Jeweils der Mittelwert (Zeitintegral) über eine Signalperiode T ergibt, nach links auf die Frequenzachse projiziert, die Amplitude der Teilfrequenz U_n. Dagegen liefert die Projektion aller Zeitsignale nach vorne als Summe wieder das Rechtecksignal.

8

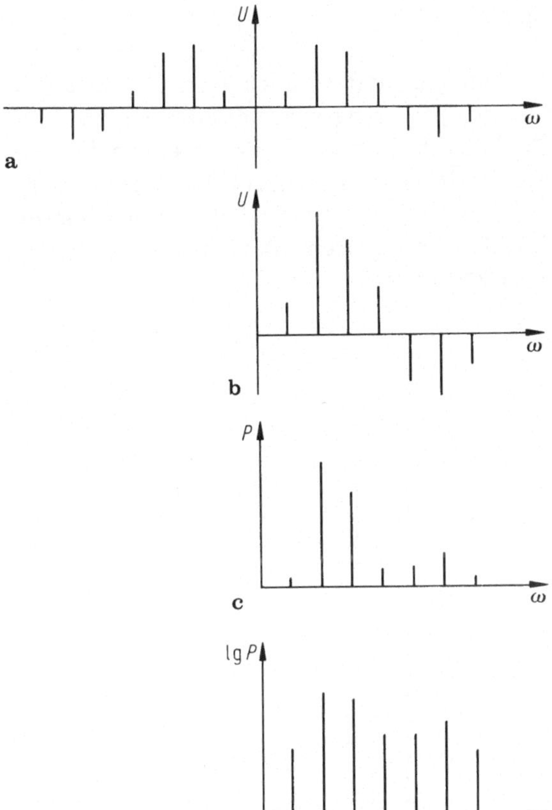

Abb. 1.6 a–d. Reelle Spektralamplituden, **a** mathematisch vollständig, **b** Summe aus positiven und negativen Frequenzen, **c** Leistungsspektrum linear und **d** logarithmisch

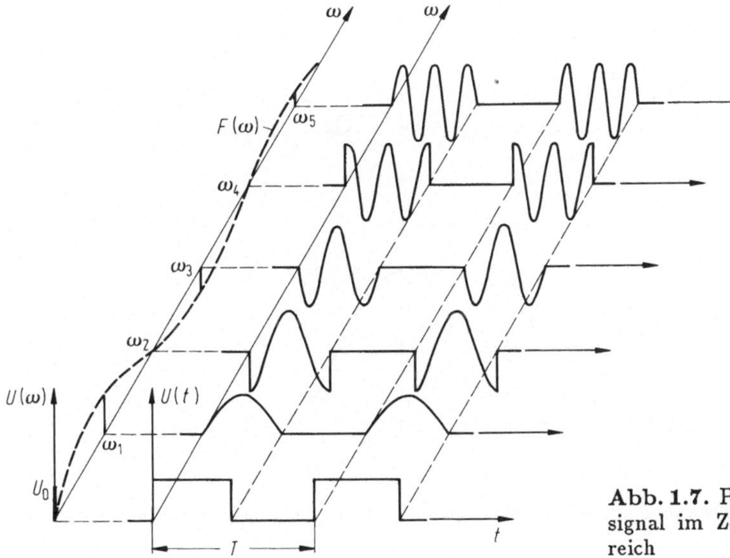

Abb. 1.7. Periodisches Rechtecksignal im Zeit- und Frequenzbereich

Nichtperiodische und einmalige Signale

Kehrt ein Signal nicht periodisch wieder, besitzt es auch kein diskretes Frequenzspektrum mehr. In Abb. 1.8 ist der Übergang vom periodischen zum einmaligen Rechteckimpuls dargestellt, links im Zeit-, rechts im Frequenzbereich. Je größer die Periodendauer T wird, desto enger liegen die Spektrallinien, bis schließlich nur noch eine spektrale Dichtefunktion aller möglichen Frequenzen vorhanden ist (d). Anstelle der diskreten Frequenzen mit den Amplituden U_n setzt man jetzt (bei $1/T \to 0$) die Spektraldichte

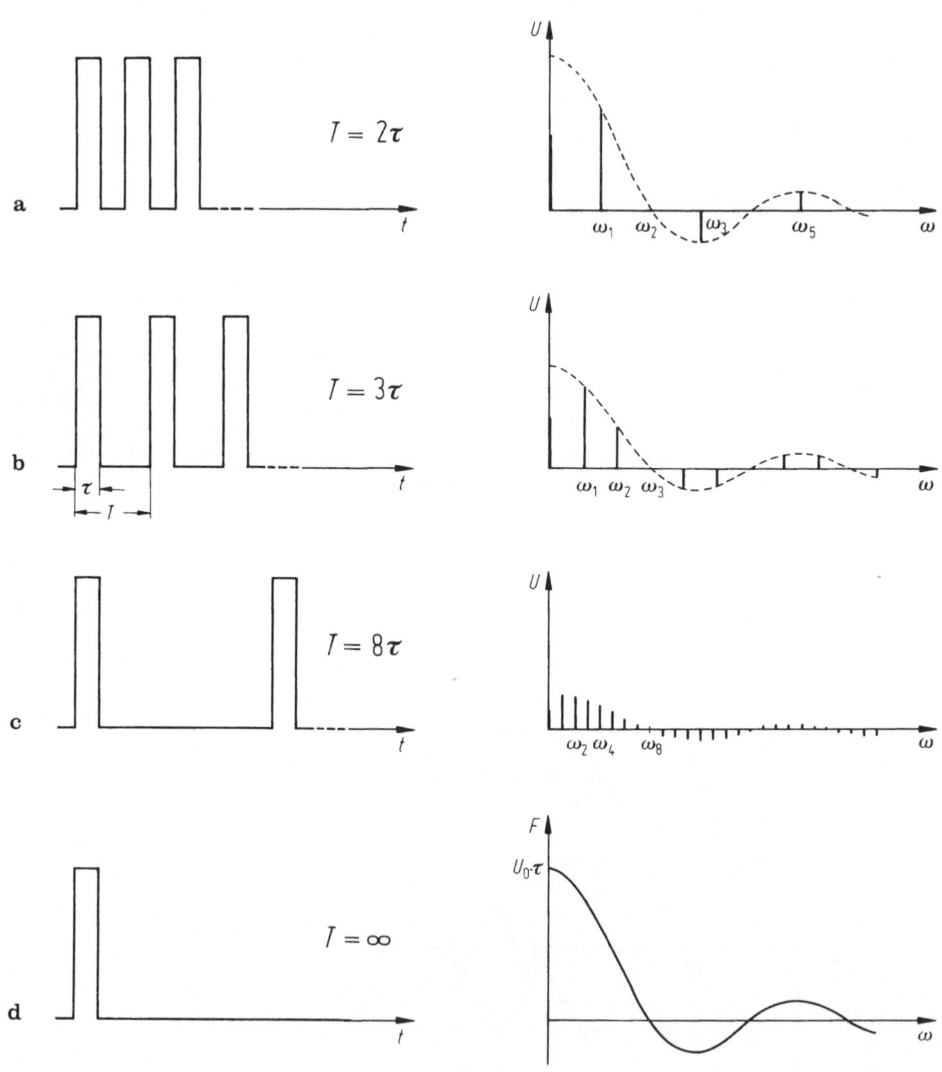

Abb. 1.8. Zeit- und Frequenzdarstellung eines periodischen Rechtecksignals bei wachsender Periodendauer

$$U_n/\nu = F(\omega) = \int_{-\infty}^{\infty} U(t)\,\exp\left(-\mathrm{i}\omega t\right)\,\mathrm{d}t = \mathcal{F}\left[U(t)\right],$$

dies ist die Vorwärts-Fourier-Transformation, die Spannungsdichte (in V/Hz). Die Zeitfunktion ist dann die inverse Transformation (Fourierintegral):

$$U(t) = \frac{1}{2\pi} \int_{-\infty}^{\infty} F(\omega)\,\exp\left(\mathrm{i}\omega t\right)\,\mathrm{d}\omega = \mathcal{F}^{-1}\left[F(\omega)\right].$$

Es treten also alle Frequenzen mit einer bestimmten Wahrscheinlichkeit auf.

Die Amplituden höherer Frequenzen nehmen rasch ab, daher spricht man auch von der (Frequenz-)Bandbreite eines Signals (vgl. Abschn. 6.3). Dies sei an Hand von Abb. 1.8 am Beispiel des so häufig verwendeten Rechteckimpulses erläutert. Die Dichtefunktion berechnet sich zu $F(\omega) = U_0 \tau \sin(\omega t/2)/(\omega t/2) = 2(U_0/\omega)\sin(\omega t/2)$. Ihr typischer $\sin x/x$-Verlauf bestimmt als Grenzfall die Einhüllende der diskreten Spektralfrequenzen von periodischen Rechteckimpulsen. Die Teilfrequenzen ω_n haben den Abstand $\Delta\omega = \omega_1 = 2\pi/T$, und ihre Amplitudenwerte sind $U_n(\omega) = (\tau/T)2U_0\sin(\omega_n\tau/2)/(\omega_n\tau/2)$, hängen also auch vom Tastverhältnis τ/T ab. Die Nullstellen $U_n^0(\omega)$ treten immer dann auf, wenn $\sin n(\tau/T)\pi = 0$ ist, also bei allen ganzzahligen Vielfachen von $n = T/\tau$. Zwischen zwei Nullstellen liegen also jeweils $(T/\tau)-1$ Spektrallinien. Die Frequenzen bis zur ersten Nullstelle ω_1 sollten — das ist eine Mindestforderung für die weitere Signalbehandlung — immer erhalten bleiben (Filter, Verstärkerbandbreite B): Zeitgesetz der Nachrichtentechnik $B\tau = 1$.

Reine Spektren der originalen Signalfrequenzen treten nur bei stationären Signalen, also bei genügend lange andauernder Periodenfolge auf. Jeder Ein- und Ausschaltvorgang, jede nur endliche Länge einer Schwingung (z.B. getastete Hochfrequenz) verursacht *zusätzliche* Frequenzen. Abbildung 1.9 veranschaulicht einen weiteren Fall. Je geringer die Zahl der Sinusperioden wird, desto breiter wird das Frequenzspektrum (ein Modellbeispiel der Unschärferelation $\Delta t \Delta\nu$ der Physik).

Eine Übersicht über die möglichen Transformationen Zeit/Frequenzbereich ist in Abb. 1.10 schematisch zusammengestellt: (a) periodisches Signal (Fourier-Reihe), (b) einmaliges Signal (Fourier-Integral), (c) die Samplingtechnik (vgl. Abschn. 2.2.2) und (d) die schnelle Fourier-Transformation (FFT), die mit diskreten Datenwerten eine sehr schnelle Rechnerverarbeitung erlaubt.

Die Unterscheidung und das Verständnis von Zeit- und Frequenzbereich ist unerläßlich für alle später beschriebenen mannigfaltigen Signalveränderungen. Jedes Netzwerk, jede Filterung, jede Multiplikation von Signalen o.ä., also jede Änderung des Frequenzspektrums, ändert auch — gewollt oder unerwünscht — den Informationsgehalt.

1.3.3 Datenbereich

Digitale Systeme (Rechner, EDV-Anlagen) benötigen wegen ihrer Komplexität geeignete Meßgeräte für das Studium des Ablaufes vieler Signale, sog. Logik-

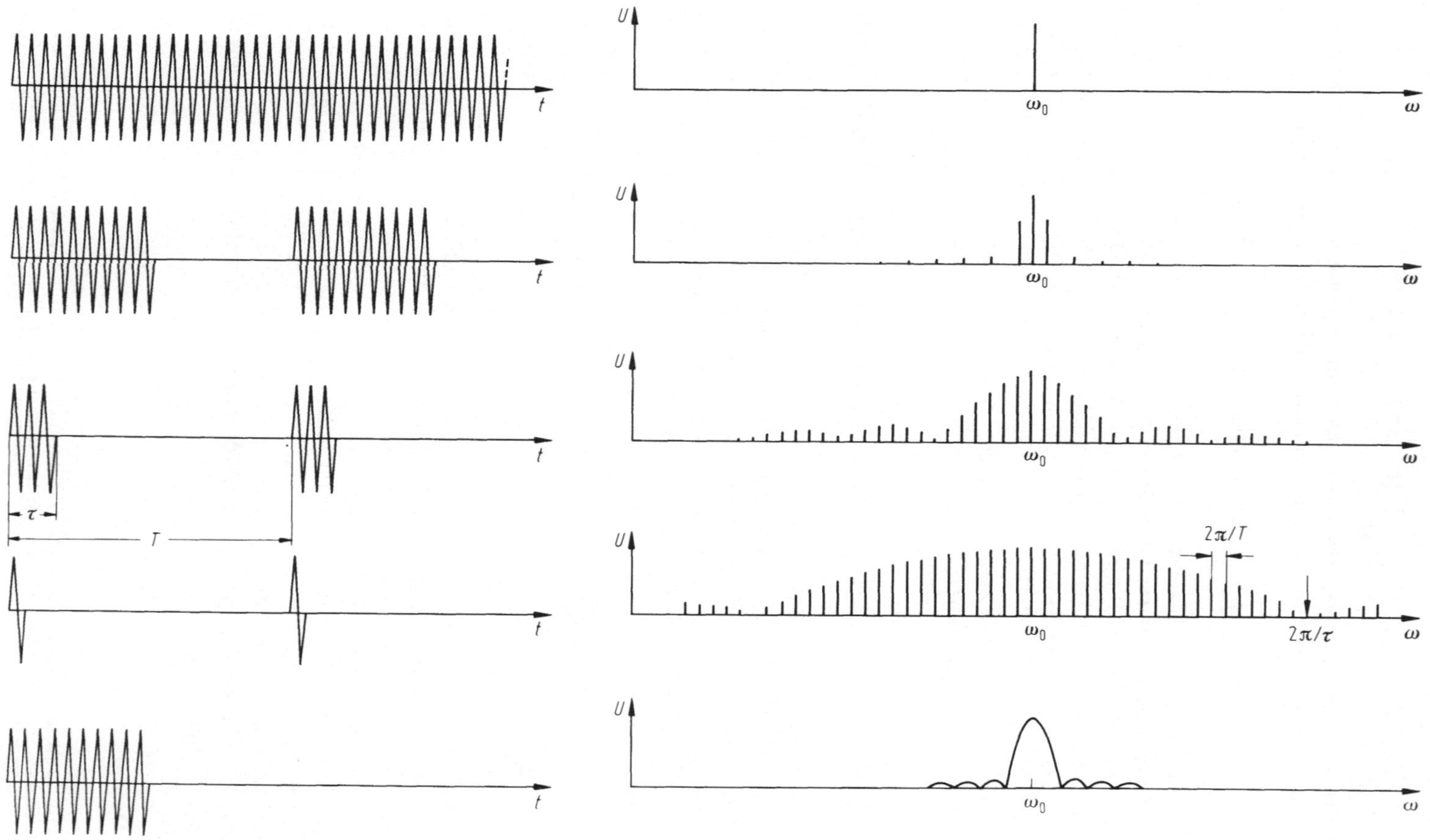

Abb. 1.9. Getastetes Sinussignal (Zeitbereich) und das dabei entstehende Frequenzspektrum

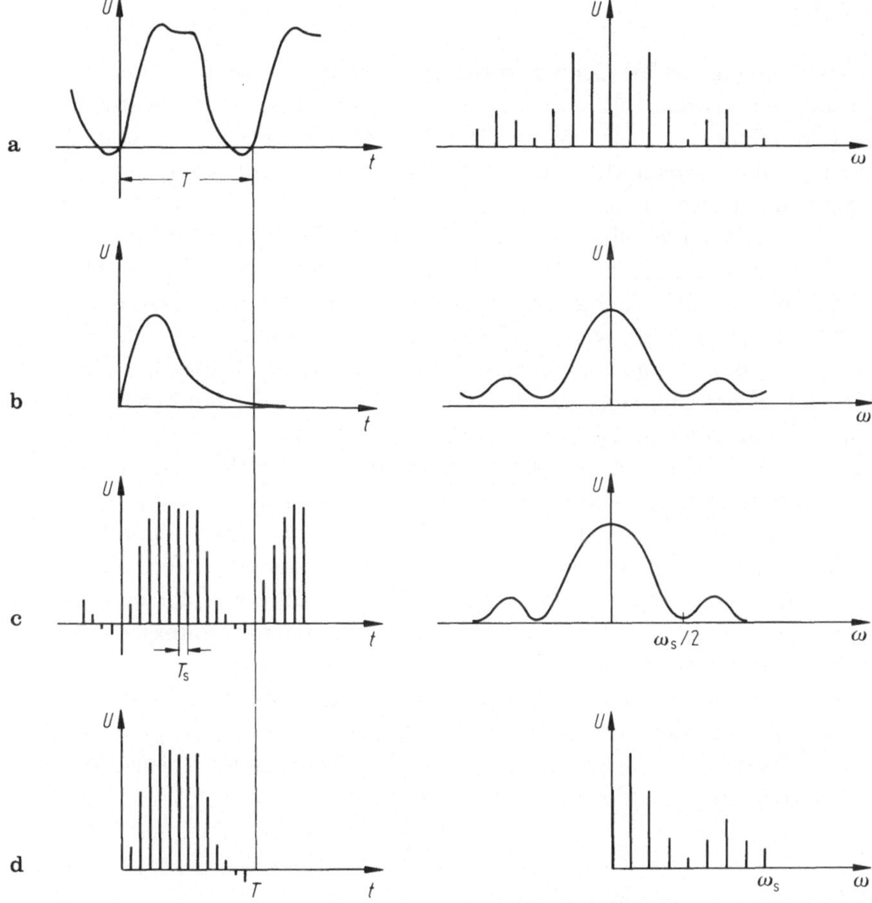

Abb. 1.10 a–d. Fourier-Transformation Zeit/Frequenzbereich, **a** periodisches, **b** einmaliges Signal, **c** Samplingtechnik, **d** DFT

Analysatoren. Je nach Problemstellung werden hier im Datenbereich Zeitdarstellungen (Fahrpläne) oder Wortdarstellungen (z.B. Ziffern) auf dem Bildschirm wiedergegeben. Andere Geräte bevorzugen Bilder in Matrix- oder Histogrammform von den Signalhäufigkeiten.

1.4 Signalerzeugung

In den folgenden Kapiteln wird i.allg. das Vorhandensein von Signalen vorausgesetzt. Sie werden von *Wandlern* verschiedenster Art geliefert, oder für Nachrichten- oder Testzwecke von *Signalgeneratoren* (Oszillatoren), die alle Arten von Schwingungsformen senden. Die Grenze der Wahrnehmbarkeit über dem stets vorhandenen Rauschen behandelt Abschn. 6.3.3.

13

1.4.1 Wandler

Jede Messung physikalischer Größen in Naturwissenschaft, Medizin und Technik geschieht mit Detektoren, Fühlern, Sensoren, Meßumformern oder Meßwertaufnehmern (transducer) — wie immer diese Wandler bezeichnet werden. Allen gemeinsam ist die Umwandlung der Meßgröße in ein proportionales elektrisches Signal, da dieses in nahezu beliebiger Weise optimal ausgewertet werden kann. Diese Wandler sind sehr verschiedener Natur, z.B. induktive, kapazitive, Widerstands-, piezo- oder photoelektrische Sensoren, ferner infrarotempfindliche Kunststoffe, ionensensitive FETs u.a.m. Für die folgende Signalbehandlung muß man daher wissen, ob es sich um eine Spannungs- oder Stromquelle handelt, oder um eine Änderung von Widerstand, Kapazität oder anderen Größen. Eine Übersicht über die wichtigsten Signalwandler mit ihren technischen Grenzen ist in Tabelle 2 zusammengestellt.

Die meisten Typen sind analoge (proportionale) Wandler. Die oft vorteilhafte Digitalisierung (A/D-Wandler, Anpasser) beschreibt Abschn. 2.3. Sog. „intelligente“ Sensoren enthalten bereits Teile einer weiteren Signalbehandlung, etwa Linearisierung, Temperaturkompensation oder sogar digitale Verarbeitung. Oft werden Sensoren über Trennverstärker völlig von der nachfolgenden Elektronik isoliert, um Störungen oder Probleme mit unterschiedlichen Spannungspegeln zu vermeiden.

Schließlich steht auch am Ende einer langen elektronischen Signalbehandlung häufig ein Wandler, der elektronische Signale (wieder) in physikalische Größen zurückverwandelt (Regler, mechanische Steuerungen, optische, akustische oder thermische Größen), oft auch Aktor genannt.

1.4.2 Spannungs- und Stromquellen

Im folgenden wird häufig das allgemeine Konzept der konstanten Spannungs- und Stromquellen benutzt: Abb. 1.11. Die ideale Spannungsquelle (a) liefert unabhängig vom Verbraucherstrom stets die gleiche Klemmenspannung ($R_i = 0$, leerlaufstabil), während die ideale Stromquelle (b) einen Verbraucher-unabhängigen konstanten Strom abgibt ($R_i = \infty$, kurzschlußfest). Dies gilt nicht nur für Gleichspannungen, sondern auch für alle Amplituden von Wechselspannungen und -strömen, natürlich auch für Impulsamplituden.

Eine *reale* Quelle besitzt dagegen einen Innenwiderstand, der die Klemmenwerte vom Lastwiderstand abhängig macht (c,d). Die Werte von R_i können bis in den $\mu\Omega$-Bereich hinein (geregelte Spannungsquelle) bzw. bis über $1\,\text{G}\Omega$ (geregelte Stromquellen) reichen. Konstante Quellen lassen sich technisch gut annähern (Abschn. 6.3.5). Die theoretische Beschreibung kann eine reale Spannungsquelle immer in eine Stromquelle umwandeln, und umgekehrt (Norton-Theorem). Zwei Punkte eines beliebigen linearen, aktiven Netzwerks bilden die Klemmen einer realen Spannungsquelle (Urspannung U_0, Innenwiderstand R_i), die das Netzwerk ersetzen (Helmholtz-Thevenin-Theorem).

Tabelle 2. Wandler (Meßwertumformer)

Physikalische Größe	Wandlerprinzip	Ausgang	Empfindlichkeitsgrenze	Zeitkonst.
mechanisch				
Position	GaS-Hallsonde	U	$200\,\text{V/AT}$	ms
Längen	Dehn.meßstreifen	ΔR	$\Delta R/R \geq 10^{-3}/\mu\text{m}$	s
	elektromagnetisch	ΔB	$0.1\,\text{mV}/\mu\text{m}$	ms
Geschwindigkeit	elektromagnetisch	ΔB	$100\,\text{V/m/s}$	ms
	Doppler-Radar	$\Delta \nu$	$100\,\text{Hz/m/s}$	ms
Beschleunigung	elektromagnetisch	ΔB	$100\,\text{V/m/s}^2$	ms
	Piezoresistor	ΔQ	$5\,\text{V/m/s}^2$	ms
Kraft	Si-Widerstand	ΔR	$10\,\text{V/N}$	μs
Druck	Si-Widerstand	ΔR	$1\,\text{V/b}$	μs
	Piezoresistor	ΔQ	$1\,\text{kV/b}$	μs
	Dehn.meßstreifen	ΔR	$0.1\,\text{V/b an R}$	s
Schalldruck	dynam.Mikrofon	ΔB	$0.5\,\mu\text{V/Pa}$	ms
	Kondensatormikr.	ΔC	$1\,\mu\text{V/Pa}$	ms
	piezoelektr.Mikr.	ΔQ	$10\,\text{mV/Pa}$	ms
thermisch				
Temperatur	Si-Widerstand	ΔR	$\Delta R/R \geq 10^{-2}/{}^\circ\text{C}$	s
	Thermoelement	ΔU	$10\,\text{mV/K}$	Min
	pyroelektr.Krist.	ΔQ	$100\,\text{kV/W}$	ms–s
	Infrarotdetektor	ΔR	$1\,\text{kV/W}$	μs–ms
Feuchte	dielektr. Sensor	ΔC	$\Delta C/C \geq 10^2/\%$	Min
optisch				
Beleucht.stärke	Fotozelle	Q	$10\,\text{nA/lx}$	ns–ms
	Fotomultiplier	Q	$10\,\text{mA/lx}$	ps
	Fotowidstd.(CdS)	ΔR	$\Delta R/R \geq 500/\text{lx}$	ms
	Fotoelement (Si)	U	$1\,\mu\text{A/lx}$	ns–ms
	Fotodiode	Q	$300\,\text{nA/lx}$	ns
	Fototransistor	Q	$300\,\mu\text{A/lx}$	ns
magnetisch				
Magnetfluß	Hallsonde	U	$200\,\text{V/AT}$	ms–μs
	NMR	ν	μT	s
Radioaktivität				
Teilchen, Gamma	Zählrohr	Q	$100\,\text{V/Quant}$	ms
	Szintill.Detektor	Q	V/Quant	ps–ns
	Ge(Li)Detektor	Q	mV/Quant	ns

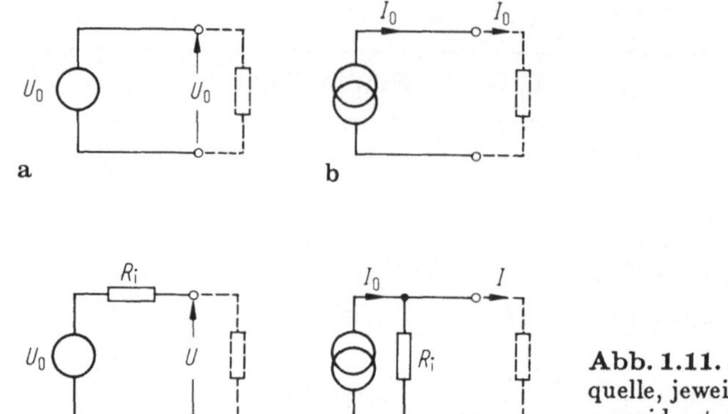

Abb. 1.11. a, c Spannungs- und b, d Stromquelle, jeweils a, b ideal und c, d real mit Innenwiderstand

Reale Wandler sind in der Regel nur angenähert reine Strom- oder Spannungsquellen. Zur richtigen Anpassung (Belastung, Leistungsübertragung, Signalveränderung) muß dies bekannt sein und berücksichtigt werden.

1.4.3 Signalgeneratoren

Nahezu beliebige Signalformen liefern die Oszillatoren der Technik: Signal-, Impuls- und Funktionsgeneratoren, vom mHz- bis in den GHz-Bereich. Sie unterscheiden sich erheblich in den Bereichen und in den einstellbaren Parametern (Frequenz, Amplitude und Impulskenngrößen). Viele Forderungen erfüllen bereits integrierte Schaltkreise.

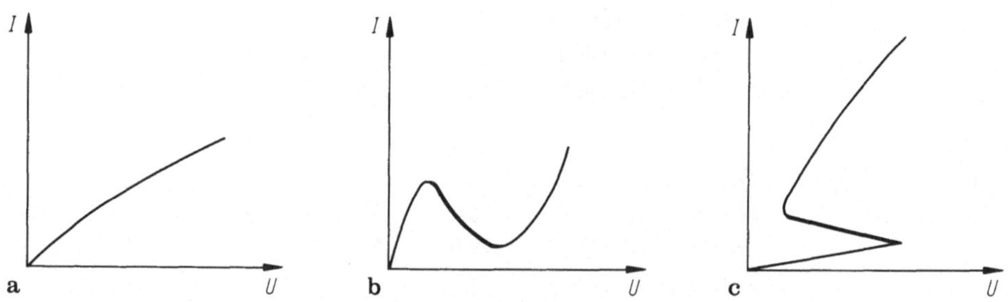

Abb. 1.12. a positiver und b, c negativer Widerstand

Auf den schwingenden Vierpol, den *Oszillator* im weitesten Sinne, wird im Abschn. 6.3.5 kurz eingegangen. Er liegt allen Signalgeneratoren zugrunde und verlangt ein aktives Bauelement. Die Unterscheidung *aktiv* und *passiv* sei an dieser Stelle definiert. Ein passives Bauelement, etwa ein Widerstand, wird immer Energie absorbieren, wenn es an ein beliebiges System angeschlossen wird. Dagegen kann ein aktives Element Signalenergie (z.B. Schwingungen) in das System hinein liefern, er verhält sich wie ein negativer Widerstand.

Physikalisch ist dies kein Verstoß gegen den Energie-Erhaltungssatz, denn das
aktive Element selbst wird ja von einer Stromquelle versorgt. In Abb. 1.12 erscheint die Strom/Spannungskennlinie eines beliebigen positiven Widerstandes
(a) neben zwei möglichen Formen eines negativen Widerstandes (Kennlinien
b und c des Systems). Im stark gezeichneten Bereich der fallenden Kennlinie
lassen sich Schwingungen erzeugen oder vorhandene Widerstände entdämpfen.
Sinusgeneratoren, sowie die Tunneldiode arbeiten nach dem Modell (b), sie
sind kurzschlußstabil und ihre Spannungssteuerung $I(U)$ ist eindeutig. Dagegen gehören alle digitalen Kippschwinger (Abschn. 6.2.3) dem Typ (c) an, sie
sind leerlaufstabil und ihre Stromsteuerung $U(I)$ ist eindeutig.

1.4.4 Rauschen

Eine Signalart, die sich jedem Nutzsignal beigesellt und seine untere Wahr-
nehmbarkeitsgrenze festlegt, ist das Rauschen (noise). Im Gegensatz zu äußeren
Störquellen (Netzbrummen, Störimpulse) entsteht es in jedem Leiter infolge
thermischer Elektronenbewegung, die sich nach genügend Verstärkung überra-
schend als Rauschen hörbar machen läßt. Es sind nicht vorhersagbare Signale,
die sich den Amplituden der Nutzsignale überlagern. Zu diesem stets vorhandenen *thermischen Rauschen* tritt noch das *Stromrauschen* und — materialbe-
dingt — das *Funkelrauschen*.

Thermisches Widerstandsrauschen

(Johnson, Nyquist, resistor noise). An den Enden jedes Widerstandes R erscheint die Summe der dort entstehenden Spannungsimpulse als Rauschspannung U_r. Man wählt den quadratischen Mittelwert über die (nicht kohärenten)
Signale, die *Rauschleistung*, die man dann einfach zu anderen Rausch- oder
Signalleistungen addieren kann. Zu ihrer Berechnung schließt man an das Ersatzschaltbild für die Rauschquelle (Abb. 1.13: Rauschspannung U_r mit rauschfreiem Widerstand R) den Verbraucherwiderstand R_L an, der ebenfalls rausch-
frei sein soll. Bei „Leistungsanpassung" $R_L = R$ wird die maximal mögliche
Rauschleistung $U/2$ mal $I/2$ übertragen, sie beträgt $P_r = (U_r/2)^2/R$. Nach Nyquist ist diese übertragbare (abgebbare, verfügbare) *Rauschleistung* (in 1 Hz
Bandbreite) nur von der atomaren Bewegungsenergie kT abhängig, nämlich

$$P_r = kTb$$

(mit der Bandbreite b in Hz, der Temperatur in K und der Konstanten $k =
1.38 \cdot 10^{-23}$ Ws/K). Damit beträgt die effektive *Rauschspannung* $U_r^2 = 4kTbR$
oder in praktischen Einheiten $U_r = 0.128 \sqrt{bR}$ (Einheiten μV, kΩ, kHz). Oft
wird die *Rauschleistungsdichte* $P_r/b = kT$ (W/Hz) oder die *Rauschspannungs-
dichte* $U_r/\sqrt{b}$ (z.B. nV/$\sqrt{\text{Hz}}$) verwendet. Nur beim absoluten Nullpunkt verschwindet das Rauschen.

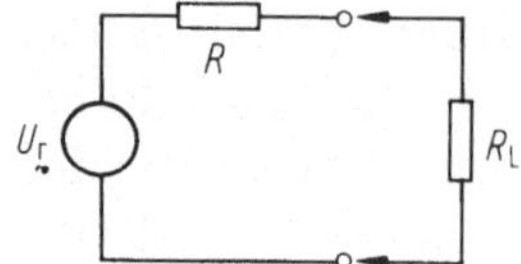

Abb. 1.13. Ersatzschaltbild für thermisches Widerstandsrauschen

Ohne angeschlossenen Verbraucher entsteht im Leerlauf an dem rauschenden Widerstand die „innere Rauschleistung" P_r', von der aber nur $1/4$ auf einen angepaßten Verbraucher übertragen werden kann: $P_r'/4 = P_r = kTb$. Entsprechend beträgt die innere Rauschleistungsdichte $P_r'/b = 4kT$.

Die thermische Rauschleistung (pro Hz) ist nur von der Temperatur T, nicht aber von der Natur oder Größe des Widerstandes R abhängig. Dagegen steigt die Amplitude der Rauschspannung U_r mit R an; das führt häufig zu Kompromissen bei der Anpassung an die eigentliche Signalquelle, etwa am Eingang eines Verstärkers. Man sucht ein Optimum zwischen Rausch- und Leistungsanpassung.

Thermisches Rauschen ist immer vorhanden, ohne Stromfluß durch R von außen. Es können sich aber weitere Rauschquellen dazu überlagern:

Stromrauschen

(Schottky, shot noise). Fließt ein Strom durch eine Grenzschicht, so verursacht die statistische Schwankung der Zahl der Ladungsträger und ihrer Rekombination ein Rauschen (Schroteffekt). Es ist nicht frequenzabhängig und tritt natürlich auch bei allen p-n-Übergängen auf. Das Stromverteilungsrauschen in Elektronenröhren zählt ebenso dazu wie das Sekundäremissions-Rauschen. Man gibt generell den effektiven Rauschstrom an mit $I_r^2 = q_e I/t = 2q_e Ib$, mit der Elementarladung $q_e = 1.6 \cdot 10^{-19}$ As. Der mittlere Strom I kann auch der Leckstrom durch eine Halbleiter-Sperrschicht sein und statt der Beobachtungszeit t kann die Bandbreite b treten (vgl. Abschn. 2.3.1). Im Rauschverhalten sind MOS-Feldeffekt-Transistoren (Abschn. 6.1.3) den bipolaren Typen (mit ihrem Basisstrom) überlegen.

Funkelrauschen

(flicker noise). Auch die Statistik des Leitermaterials (Widerstands-Fluktuationen, Sperrschichtstrukturen, oft bei Wandlern) bewirkt ein nicht ganz geklärtes Rauschen, das sich vorwiegend bei niedrigen Frequenzen ≤ 1 kHz abspielt und etwa mit $1/\omega$ abnimmt. Weitere Effekte (z.B. Popcorn-Rauschen) stören gelegentlich in Transistoren und Operationsverstärkern. Das Rauschverhalten (Rauschzahl, effektive Rauschtemperatur) der Bausteine, sowie Rauschmessungen werden im Abschn. 6.3.3 besprochen.

Rauschspektrum

Die Amplituden einer (idealen) Rauschquelle sind Gauss-verteilt, sie treten also auf mit einer Wahrscheinlichkeit $P(U_r) \sim \int_{U_1}^{U_2} \exp(-U_r^2/2)\, dU_r$. Etwa 68 % aller Rauschsignale liegen unterhalb der (so definierten) effektiven Rauschamplitude $U_{r\,\text{eff}}$. Größer als $2U_{r\,\text{eff}}$ (Crestfaktor 2) sind nur noch 4.6 %, größer $3U_{r\,\text{eff}}$ nur noch 0.27 % usw. Sehr große Signale sind zwar sehr selten, aber noch vorhanden.

Sind sämtliche Frequenzen mit konstanter spektraler Rauschleistungsdichte P_r/b (W/Hz) im Rauschen vorhanden, spricht man in Analogie zur Optik von *weißem* Rauschen. Bei Scheinwiderständen (Impedanzen) rauscht der Realteil. Ein mit C belasteter Widerstand R liefert die Rauschspannung $U_r^2 = 4kTb/[1+(\omega RC)^2]$, also ein farbiges Rauschen mit abnehmenden höheren Frequenzanteilen. Ein „rosa" Rauschen erscheint hinter einem Tiefpaßfilter mit $-3\,\text{dB}/\text{Oktave}$ Abfall. Ein Rauschsignal besitzt kein definiertes Fourierspektrum, da die Frequenzanteile zu jedem Zeitpunkt wechseln.

Ein *Phasenrauschen* entsteht bei kurzzeitigen Frequenzschwankungen eines Oszillators, die neben der Signalfrequenz flache Seitenbänder produzieren und Nutzsignale bei hohen Frequenzen stören können (Spektralreinheit wichtig bei Synthesizern).

Digitales Rauschen. Auch im digitalen Bereich treten besondere Formen von Rauschen auf, etwa das Quantisierungsrauschen beim A/D-Wandler (Abschn. 2.3.2). Ferner spricht man von digitalem Rauschen bei einer nicht vorhersagbaren Folge von Sprüngen $(0 \leftrightarrow 1)$, aus denen ja ein digitales Signal selbst bestehen kann. Ein digitaler Pseudo-Zufallsgenerator (Schieberegister mit Rückkopplung) liefert ein sog. Pseudorauschen. Es ist zwar wegen des (lang)periodischen Rauschmusters vorhersagbar, kann aber bis zu Frequenzen von 1/10 bis 1/20 der Taktfrequenz als nahezu weiß behandelt werden.

Gesamtrauschen. Alle Rauschleistungen addieren sich zum gesamten Rauschen, solange sie voneinander unabhängig sind. Die Verarbeitung verrauschter Signale wird dann geprägt vom Verhältnis Signal-/Rausch-Amplitude (Abschn. 6.3.3).

1.5 Signalbiographie

Die Hauptsorge gilt im folgenden dem Lebenslauf der Signale. Im Gegensatz zum Begriff der „Signalverarbeitung", der meistens im Rechnerbereich (Datenverarbeitung) angesiedelt ist, möge hier die „Signalbehandlung" oder -Beeinflussung betont werden. Die wichtigsten Methoden, Hilfsmaßnahmen und Meßverfahren werden nach den Gesichtspunkten der Veränderung, Sortierung, Weiterleitung und Speicherung geordnet. Dabei tauchen immer wieder einige wenige Haupt-Eingriffe auf:

Integrier- und Differenzierstufen (im Frequenzbereich: Filter),
die Multiplikation von Signalen im weiten Sinne und — hierzu gehörig —
Analog/Digital-Umwandlungen.

Als verbindende Substanz erscheint überall der (Operations-)Verstärker in
allen möglichen Varianten. Das Hauptziel aller Operationen erstrebt meist die
Verbesserung des Signal/Störverhältnisses. Beim Eindringen in Detailprobleme
sollte man diese große Linie nicht vergessen. Entlang des gesamten Signalweges
müssen genügend Kontrollpunkte überwacht werden.

2 Signalveränderung

Die elektronische Literatur behandelt sehr häufig die analoge und digitale Technik getrennt, vorwiegend mit dem Schwerpunkt auf den Bauelementen und Vierpolen mit ihren Eigenschaften. Der Anwender betrachtet jedoch zunächst sein Signal, das er bei allen Änderungen sorgfältig kontrollieren muß. Er fragt daher:

1. welche Änderungen können oder müssen vorgenommen werden, und
2. welche unerwünschten Änderungen erleidet das Signal auf seinem Transportweg durch verschiedene Vierpole?

Jede Veränderung beeinflußt den Informationsgehalt, im Zeit- oder Frequenzbereich. Vom Phänomenologischen her soll hier nach vier Veränderungen aufgeschlüsselt werden: Änderungen der *Signalform*, der *zeitlichen* Parameter, Umwandlung *analog/digital*, und Änderung des *Frequenzspektrums* (auch wenn dieses in Zeit- und Formänderung bereits enthalten ist).

Streng formal unterscheidet man zwischen Veränderungen im Sinne von Signal-*Wandlern* (Abschn. 1.4.1) und Signal-*Umsetzern*. Im zweiten Fall ändert man den Signalmodus selbst, also etwa Zeit/Amplitude/Frequenz, oder analog/digital. Im folgenden wird der eingebürgerte Begriff „D/A-Wandler" beibehalten.

Nicht übersehen werden sollte bei aufwendigen Systemen die Möglichkeit, die Signale gleich an Ort und Stelle zu digitalisieren und mit Mikroprozessor weiter zu manipulieren. Anstelle vieler Transportprobleme hat man es dann nur noch mit Software zu tun.

In der Fülle der Details verschwindet oft ein ganz allgemeines Prinzip: zwei Prozesse sind es, die vorwiegend Signalveränderungen hervorrufen, die Integration (oft auch die Differentiation) und die Multiplikation. Beide werden ausführlicher besprochen.

2.1 Änderung der Signalform

(Änderung der Amplitude, mathematische Operationen).

Hier handelt es sich vorwiegend um analoge Signale, da die Rechteckform digitaler Signale in der Regel festliegt und nach etwaigen Verformungen leicht regeneriert werden kann. Die reine Signalform kann viel leichter überwacht werden als ihr Frequenzspektrum. Wenn die Information etwa in der Anstiegszeit enthalten ist, darf diese nicht verändert werden. Daher ist ein visuelles Verfolgen des Signals im Oszilloskop unerläßlich.

Unter *Formänderungen* fallen natürlich auch reine Amplitudenänderungen. Dabei stellt der *lineare* Fall $U_a(t) = GU_e(t - T)$ bei konstantem G und T die reine *Verstärkung* $(G \geq 1)$ bzw. *Abschwächung* $(G < 1)$ dar. Beide ändern die Amplitudenverhältnisse des Signalspektrums und damit seinen Informationsgehalt überhaupt nicht. Anders im *nichtlinearen* Fall: generell ändert sich die Form, also auch die Information.

Allgemein erfordert fast jedes am Meßort erzeugte Signal eine Verstärkung, sei es Ladung, Strom oder Spannung, bis eine Amplitude erreicht oder eine Schwelle überschritten wird, die einen beabsichtigten Vorgang ermöglicht (Speicherung, Triggerung, Kombination mit anderen Signalen usw.).

2.1.1 Lineare Amplitudenänderung

Verstärkung. Die Verstärkung wird ausführlich im Abschn. 6.3 bei den Bausteinen behandelt; hier genügen einige globale Richtlinien. Für jede Anwendung gibt es eine Auswahl passender Verstärkerformen: Spannungs-, Ladungs-, Strom- und Leistungsverstärker; Gleich-, Wechselspannungs- und Impulsverstärker; Schmal- und Breitband-, Hoch- und Niederfrequenztypen.

Andere Gesichtspunkte kommen hinzu. Oft ist es technisch unmöglich oder nicht ratsam, den Verstärker unmittelbar an der Signalquelle aufzubauen. Um das Signal/Rauschverhältnis möglichst hoch zu bewahren, wird ein *Vorverstärker* an den Wandler oder Detektor gelegt. Er soll weniger eine Verstärkung erreichen, als vielmehr eine Anpassung an ein Verbindungskabel zum *Hauptverstärker*. Seine weitere Aufgabe liegt bei impulsförmigen Signalen darin, die angelieferten Ladungsmengen pro Ereignis wieder abzubauen, damit der Arbeitspunkt (auch bei hohen Signalraten) den linearen Aussteuerbereich nicht verlassen kann. Dazu muß ein Differenzierglied die Spannungswerte je Signal wieder auf Null bringen, mehr oder weniger rasch, je nach zu verarbeitenden Signalraten. Diese Vorverstärker lassen sich oft mit in die Sonde einbauen, kühlen, oder zur Linearisierung von Kennlinien verwenden.

Alle weitere Behandlung der Signale, die eigentliche Verstärkung, eine weitere Impulsformung oder die Anpassung an die folgende Last geschieht dann im Hauptverstärker. Auf Probleme der Abschirmung und Erdschleifen geht Abschn. 4.2 ein.

Ein Sonderfall ist die Verstärkung extrem niedriger Spannungen (Ladungen, Ströme) mit dem *Elektrometerverstärker*, wie er von früher her genannt wird. Sein Eingangswiderstand liegt bei $10^{-12} \ldots 10^{-14}\,\Omega$ (JFET bzw. MOSFET), bei Offsetströmen in A in der gleichen Größenordnung. Das niedrigste Rauschen besitzen ausgesuchte Elektrometerröhren.

Passive Abschwächung. Abschwächer reduzieren die Eingangsamplitude U_e auf den Wert $U_a = \beta U_e$, am einfachsten mit einem Spannungsteiler (Abb. 2.1a). Der Abschwächungsfaktor $\beta = R_2/(R_1 + R_2) < 1$ gilt nur im Leerlauf (ohne Lastwiderstand) und nur bei reellen Widerständen, d.h. bei so niedrigen Frequenzen, daß Kapazitäten ohne Einfluß bleiben. Wird dagegen ein Verbraucherwiderstand (Last $R_L = \alpha R_2$) parallel zu R_2 angeschlossen, verringert sich der Abschwächungsfaktor β auf $\beta_L = R_2/(R_1 + R_2 + R_1/\alpha)$. Bei höheren Frequenzen werden die Widerstände zu Impedanzen, d.h. komplex: eigene und Zuleitungskapazitäten führen zum Fall (b). Die Spannungsteilung auf den Sollwert β ist nur erfüllt, wenn

$$\beta = \frac{R_2}{(R_1 + R_2)} = \frac{X_2}{(X_1 + X_2)} = \frac{C_1}{(C_1 + C_2)}, \quad R_1 C_1 = R_2 C_2 = R_m C_m$$

ist (bei m Spannungsteilergliedern). So lassen sich frequenzunabhängige Spannungsteiler, Oszilloskop-Tastköpfe usw. mit variablen kleinen Kapazitäten abgleichen. Je nach Überwiegen von C_1 oder C_2 erleidet ein Rechteckimpuls eine Verformung durch Differenzieren oder Integration (vgl. Abschn. 2.1.3).

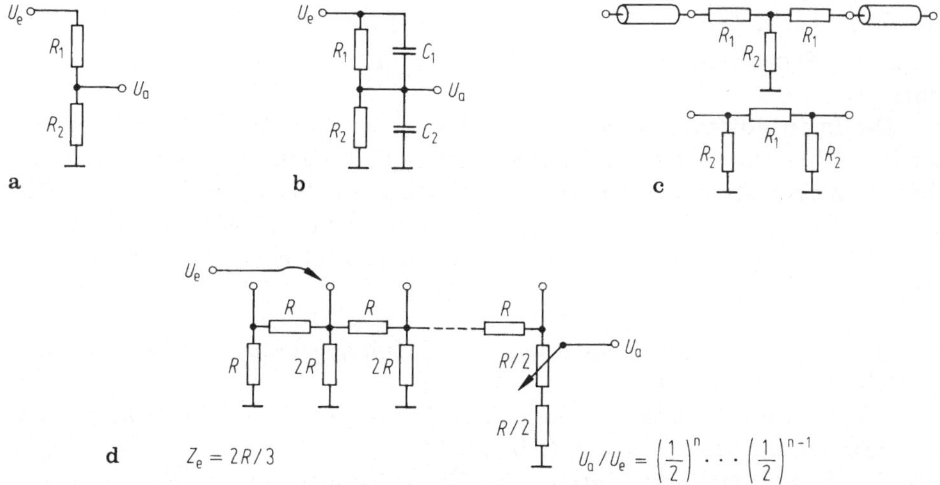

Abb. 2.1 a–d. Spannungsteilerformen. a ohmscher Teiler, b frequenzkompensiert, c T- und Π-Teiler für niederohmige Kabel, d R-2R-Spannungsteilerkette

Abschwächer hinter Kabeln (Abschn. 6.1.2) werden als symmetrische T- oder Π-Glieder mit dem Wellenwiderstand Z als Kabelabschluß ausgeführt: (c). Der gewünschte Wert von β, sowie der jeweils von links oder rechts sichtbare Gesamtwiderstand Z ergeben die Bedingungen

$$\text{T–Glied:} \quad R_1 = \frac{Z(1 - \beta)}{(1 + \beta)}, \qquad R_2 = \frac{Z\,2\beta}{(1 - \beta^2)}$$

$$\Pi\text{–Glied:} \quad R_1 = \frac{Z(1 - \beta^2)}{2\beta}, \qquad R_2 = \frac{Z(1 + \beta)}{(1 - \beta)}.$$

Bei niedrigen Werten von Z vernachlässigt man oft die Kapazitäten. Das gilt auch für den Kettenabschwächer in Abb. 2.1d, der n Stufen bis $\beta = (1/2)^n$ besitzt, wobei der Eingangswiderstand in jeder Schaltstellung $Z = 2/3\,R$ beträgt. Dieser Teiler läßt sich natürlich auch rückwärts betreiben. Das kann wichtig sein bei kapazitiver Belastung, denn sie würde je nach Einstellung die Signalform verändern, wenn die Teilerimpedanz nicht konstant wäre. Der Ort eines Abschwächers — vor oder hinter einem Verstärker — beeinflußt nicht nur das Signal/Rausch-Verhältnis (Abschn. 6.3.3), sondern auch die *Übersteuerungsmöglichkeit* der folgenden Verstärkerstufe.

Impulsformung. (pulse shaping). Bei der Verarbeitung analoger Signalimpulse stellt die Impulsform oft ein äußerst wichtiges Kriterium dar zur möglichst fehlerfreien Analyse der Amplituden- und Zeitparameter. Diesem Zweck dienen Impulsformer, die zwar den zeitlichen Verlauf drastisch ändern können, die Amplituden- und Zeitaussage dagegen nicht verfälschen. Oft muß ein Kompromiß geschlossen werden zwischen hoher Amplitudengenauigkeit (breite Maxima) und hoher Zeitauflösung (kurze Impulse), die zweite Forderung tritt auch bei hohen Signalraten auf. Die Probleme werden in Abschn. 3.1 und 3.2 beschrieben.

Die Impulsformung wird üblicherweise in den Impulsverstärker gelegt. In der Regel besteht sie aus einem Differenzier- und einem Integrierglied (meist gleicher Zeitkonstanten), vorwiegend aus passiven, häufig auch aktiven RC-Gliedern (manchmal Differenzierkabel). Sie werden im folgenden unter den mathematischen Operationen ausführlich behandelt. Erstrebenswert sind folgende Signaleigenschaften:

- Die Amplituden sollen rasch wieder auf Null abgefallen sein (Amplitudenfehler z.B. in Abb. 3.3);
- Bipolare, also zweifach differenzierte Signale erlauben eine präzise Zeitmessung im Nulldurchgang (Abschn. 3.2.2);
- Das Signal darf kein Unter- oder Überschwingen zeigen, ein unipolares Signal besitzt also *keinen*, ein bipolares Signal nur *einen* Nulldurchgang;
- Bei hohen Signalraten vermeiden symmetrische bipolare Formen eine mittlere Verschiebung des Nullpegels im Verstärker;
- Zur Amplitudenmessung eignet sich ein Gauss-förmiges Signal besonders gut (das man durch weitere Integratorstufen bilden kann).

Schließlich führen digitale Impulsformerstufen die äußerste Reduktion der Information auf eine Ja/Nein-Aussage herbei. Dafür liefern sie konstante digitale Signale, die fehlerlos zählbar und speicherbar sind (Näheres behandeln die Triggerstufen in Abschn. 3.1.2 und der Monoflop in Abschn. 6.2.3).

2.1.2 Nichtlineare Formänderung

Weicht die Übertragungsfunktion vom linearen Verlauf ab, dann bleibt die Information nicht oder nur bedingt erhalten. Sie wird zwar bei exponentiellen (logarithmischen) Kennlinien nicht verändert, jedoch geht ein Teil verloren, wenn mindestens ein Knick in der Übertragungsfunktion enthalten ist: *Begrenzer* und *Diskriminatoren*. Nur unter- bzw. oberhalb dieses Knickes ist die Kennlinie linear.

Begrenzer

Amplituden, die einen vorgegebenen Schwellenwert erreichen, werden auf diesen Wert begrenzt. Nachfolgende Stufen können dadurch vor zu hohen (Stör-) Amplituden) geschützt werden. Abbildung 2.2a zeigt das Prinzip mit einer Diode. Liegt sie in Serie, leitet sie bis zum Erreichen der Schwellenspannung U_s, darüber sperrt sie; bei der Parallel- (Shunt-)Diode ist es umgekehrt. Beide Fälle sind für positive und negative Signale dargestellt. Auch Zenerdioden (Abschn. 6.1.3) werden sinngemäß verwendet. Für sehr hohe Überspannungen gibt es sog. Suppressordioden, auch spannungsabhängige Widerstände (VDR) und Gasentladungsstrecken sind im Gebrauch.

Grenzfälle stellen der Komparator (Abschn. 3.1) und der Schmitt-Kreis (Abschn. 6.3.5) dar, die eine extrem scharfe Begrenzung, besser gesagt: eine Ein-Bit-Digitalisierung des Signals bewirken. Ein Anwendungsbeispiel ist die Umwandlung eines Sinussignals in eine rechteckartige Form. Im übrigen arbeitet jeder Verstärker als Begrenzer, wenn er übersteuert wird. Immer dann, wenn eine Signalverformung unwesentlich ist (z.B. in der HF-Technik: Amplitudenbegrenzung), können derartige Begrenzer eingesetzt werden.

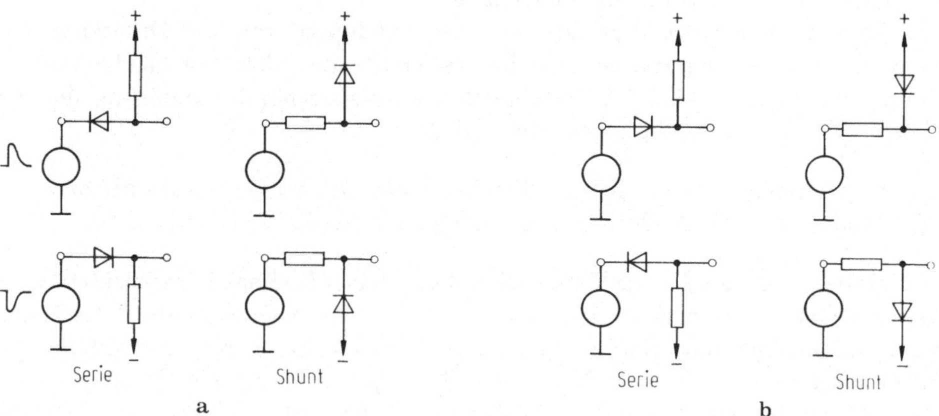

Abb. 2.2. a Diodenbegrenzer und **b** -diskriminator für positive (obere Reihe) und negative Signale (untere Reihe)

Diskriminator

Komplementär zum Begrenzer werden hier alle Amplituden unterdrückt (diskriminiert), die unter einer gegebenen Schwelle (Vorspannung, bias) liegen (vgl. auch Abschn. 3.1). Abbildung 2.2b zeigt in gleicher Anordnung wie in (a) Serien- und Paralleldiskriminator für positive und negative Signale. Es lassen sich nicht nur störende Rauschsignale unterdrücken, sondern man kann auch ein Amplitudenspektrum oberhalb der Schwelle mit einem nachfolgenden Verstärker spreizen (biased amplifier). Da das Signal, das über die Schwelle hinaussieht, gegenüber der ursprünglichen Form verändert ist, hat sich auch sein Signalspektrum verwandelt; eine reine Amplitudenanalyse oberhalb der Schwelle wird jedoch nicht beeinträchtigt. Zeitlich erscheint jedes Signal verzögert über der Schwelle, abhängig von der Amplitude: wichtig bei jeder Kombination mit anderen Signalen. Das Herausheben eines Amplitudenbereiches oberhalb einer Schwelle (offset) eröffnet Möglichkeiten, mit erhöhter Genauigkeit Signale zu messen (Amplitudenspreizung, ADC usw.).

Im Sprachgebrauch wird unter dem Begriff des Diskriminators oft auch eine Triggerstufe mit einstellbarer Schwelle (z.B. Schmitt-Kreis, Abschn. 6.3.5) verstanden, also eine Art analog/digitaler Impulsformung. Sie wird zur Amplitudenmessung (Abschn. 3.1.3) verwendet.

2.1.3 Mathematische Operationen

Obwohl viele analoge Signale zur leichteren Weiterverarbeitung digitalisiert werden, können sie häufig einfacher und rascher unmittelbar analog mathematisch behandelt, also in irgend einer Weise verändert werden. Dazu gehören im folgenden: *Summen*- und *Differenz*bildung, *Integration* und *Differentiation*, *logarithmische* Verstärkung, und — besonders bedeutsam — alle *Multiplikationen* (einschließlich Division und Potenzieren). Auf die digitalen (dualen) Operationen wird im Abschn. 6.2 eingegangen.

Zwei besonders wichtige Operationen sind Integrieren und Differenzieren, zwar nicht im streng mathematischen, aber im angenäherten elektronischen Sinn. Gemeint ist dabei im Zeitbereich die entsprechende Änderung der Signal*form*, also Erzeugung eines neuen Signals:

1. proportional zum zeitlichen Mittelwert des Signals (Integration), bzw.
2. proportional zu Änderungen des Originalverlaufs (Differentiation).

Dabei wird jeweils die Proportionalität der (Maximal-)Amplituden, also der oft wichtigste Informationsgehalt beibehalten. Im Frequenzbereich heißt das nichts anderes als das Abschneiden der hohen bzw. tiefen Frequenzanteile, die oft genug als unerwünschte Störungen überlagert sein können. Diesen beiden Operationen begegnet man in der Elektronik auf Schritt und Tritt, häufig auch in diesem Buch.

Summe, Differenz

In Abschn. 6.3.2 wird der invertierende und der Differenzverstärker besprochen. Die virtuelle Null am Eingang erlaubt rückwirkungsfreies Einkoppeln mehrerer Kanäle auf diesen Summationspunkt. So ergibt sich die Ausgangsspannung zu $U_a(t) = \sum_m k_m U_{em}(t)$, wobei jedes k_m das Vorzeichen und einen etwaigen Gewichtsfaktor enthält. Der Differenzverstärker liefert entsprechend $U_a(t) = U_e^+(t) + U_e^-(t)$.

Vertauscht man beim invertierenden Verstärker einen Widerstand mit einem Kondensator, entsteht ein Integrier- bzw. Differenzierglied (Abb. 2.3b und 2.4b). Die RC-Glieder und die Operationsverstärker sind ausführlich im Kap. 6 besprochen. Als mathematische Operationen sind aber Integration und Differentiation hier einsortiert, obwohl sie natürlich auch zeitliche Veränderungen sind (Abb. 2.2).

Integration

Ein elektronischer Integrator (Abb. 2.3) leistet das Aufsummieren von Spannung oder Strom über eine bestimmte Zeit und liefert eine dem Integral proportionale Signalamplitude. Im Zeitbereich benutzt man zur Untersuchung von Vierpolen als Standardsignal immer die *Sprungfunktion*, einen Rechteck-Stufenimpuls. Im Frequenzbereich bedeutet diese Formänderung auch eine Änderung des Frequenzspektrums (Tiefpaß). Fall (a) zeigt das einfache RC-Glied:

$$U_a = \frac{Q}{C} = \frac{1}{C} \int I \mathrm{d}t = \frac{1}{RC} \int (U_e - U_a)\mathrm{d}t \approx U_e\big(1 - \exp(-t/RC)\big).$$

Die mathematische Integration, die Gerade $U_a = (1/C)\,I\mathrm{d}t = U_e t/RC$ wird nur im allerersten Teil des exponentiellen Anstieges angenähert, umso besser, je größer die Zeitkonstante RC gegenüber der Signaldauer ist. Ein zusätzlicher Operationsverstärker (b) liefert aber eine fast ideale Integration:

$$I_C = \frac{\mathrm{d}Q}{\mathrm{d}t} = C\frac{\mathrm{d}U_a}{\mathrm{d}t} = -\frac{U_e}{R} \quad \text{ist} \quad U_a = -\frac{1}{RC} \int U_e \mathrm{d}t = -\frac{1}{C} \int I_e \mathrm{d}t = -\frac{Q}{C}.$$

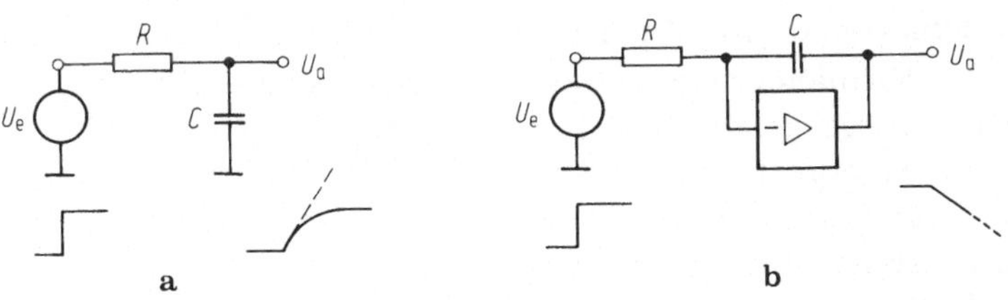

Abb. 2.3 a–b. Integrationsstufe, a passives RC-Glied, b aktiv mit Operationsverstärker

Der Vergleich mit dem Frequenzbereich zeigt: aus einem Signal $U_e = U_1 \cos \omega t$ wird das Integral $U_a = (U_1/\omega RC) \sin \omega t$, wobei der Amplitudenfaktor $1/\omega RC$ die Tiefpaßfunktion beschreibt und vom Operationsverstärker als Verstärkungsfaktor $-G = U_a/U_e = X_C/R = 1/\omega RC$ diktiert wird. Dabei wird ein Anfangswert der Ladung mit Null vorausgesetzt (beim Integrier- wie beim Differenzierglied), notfalls wird durch Rücksetzen vor einem neuen Prozeß der Urzustand wieder hergestellt. Dabei kann C durch einen Parallelwiderstand ausreichend schnell entladen werden. Das Prinzip von Abb. 2.3.b liegt auch dem Ladungsverstärker (Abschn. 6.3.5) zugrunde.

Eine Integrationsfunktion (Tiefpaßverhalten) besitzen alle Vierpole, demnach auch alle Verstärker. Das bedeutet, daß sehr kurze, steilflankige Signale stets verformt — also mit längerer Anstiegszeit — wieder herauskommen. Die Sprungfunktion erscheint also mit einem Anstieg, der nach der Zeit $t = \tau = RC$ erst den Amplitudenwert $U_a = (1 - e^{-1})$ oder etwa 63 % erreicht hat bzw. dessen Anstiegszeit (10/90 %) $t_r = 2.2\,\tau$ beträgt. Eine am Ausgang von (a) liegende Lastkapazität C_L (etwa ein folgender Vierpoleingang) vergrößert C auf den Wert $C + C_L$, erhöht also die Zeitkonstante auf den Wert $R(C + C_L)$.

Wird die Zeitkonstante sehr groß gewählt, dann ändert sich während der (viel kürzeren) Signaldauer die Amplitude nur wenig. Eine große Kapazität zwischen einem Punkt eines Systems und Null verhindert also stark jede Spannungsänderung und hält das Potential an diesem Punkt eine Weile „fest": Glättung von Spannungsschwankungen, „Siebglied" gegen Hochfrequenz oder 50 Hz-Störungen.

Stören können auch Eingangsfehlströme und Offset-Spannungen, die dann durch äußere Kompensationen ausgeglichen werden müssen (vgl. Abschn. 6.3.2).

Eine besondere Eigenschaft des Integrators nach (b) ist der konstante Stromfluß, der C präzise linear auf- bzw. entlädt, da der invertierende Verstärkereingang auf konstantem virtuellen Nullpotential liegt. Viele elektronische Methoden machen hiervon Gebrauch, etwa Zeitmessungen (z.B. mit dem ZAK, Abschn. 3.2.1), Horizontalablenkung im Oszilloskop, Analog/Digital-Wandler (Abschn. 2.3.2), Sägezahngeneratoren, u.a.m. In der Röhrentechnik war das Prinzip unter dem Namen „Miller-Integrator" bekannt.

Differentiation

Wenn aus einer zeitlichen Signaländerung ein ihr proportionales (neues) Signal erzeugt wird, spricht man von elektronischem Differenzieren (Zeitbereich), auch wenn häufig der mathematische Prozeß nur angenähert wird. Die Folge ist eine (manchmal erwünschte) Formänderung (Verkürzung) des Signals, ohne daß die Amplitudeninformation preisgegeben wird. Damit verbunden ist natürlich eine Beschneidung des Frequenzspektrums (Frequenzbereich: Hochpaßfunktion). Beispiele sind etwa: Unterdrückung von Anteilen tiefer Störfrequenzen, oder Signalverkürzung, um das Aufstocken von dicht aufeinander folgenden Signalen zu verringern (vgl. Abschn. 3.1.4).

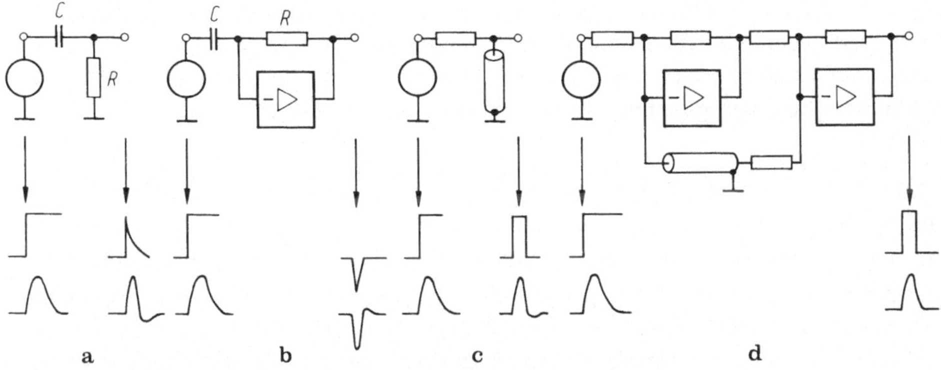

Abb. 2.4 a–d. Differenzierstufen mit Signalformen.
a RC-Glied, b Operationsverstärker als Differenzierer, c, d Kabeldifferentiation

Abbildung 2.4 zeigt das Differenzieren mit einfachem RC-Glied (a), mit Operationsverstärker (b) und mit Laufzeitkabel (c, d). Bei Anlegen eines Stufensignals ist im Fall (a)

$$U_a = RI = RC\,\frac{\mathrm{d}U_C}{\mathrm{d}t} = RC\,\frac{\mathrm{d}(U_e - U_a)}{\mathrm{d}t} \approx RC\,\frac{\mathrm{d}U_e}{\mathrm{d}t} = U_e\mathrm{e}^{-(t/RC)}$$

nur näherungsweise das Differential der Eingangsspannung. Statt einer Deltafunktion besteht immer ein exponentieller Abfall, entsprechend der Zeitkonstanten RC (Sprungantwort, Abschn. 6.3.4). Die Näherung wird umso besser, je kürzer das RC-Produkt gegen die Signaldauer ist. Genau wie in Abb. 2.3a erhöht eine Lastkapazität C_L am Ausgang die Zeitkonstante auf den Wert $R(C + C_L)$, da über den verschwindend kleinen Innenwiderstand der Spannungsquelle U_e beide Kapazitäten parallel liegen.

Ein Operationsverstärker (Fall b) sorgt auch hier mit seinem virtuellen Nullpotential für Gleichheit der Ströme durch C und R und führt zu $I_C = I_R = C\mathrm{d}U_e/\mathrm{d}t = -U_a/R$ und damit zu $U_A = -RC\mathrm{d}U_e/\mathrm{d}t = -U_e\exp(-t/RC)$, also zu einer genügend genauen Differentiation des Eingangssignals.

Wieder kann man die Wirkung im Frequenzbereich betrachten: Das Eingangssignal $U_e = U_1\cos\omega t$ wird zum Ausgangssignal $U_a = U_1\omega RC\sin\omega t$ differenziert. Der Amplitudenfaktor ωRC beschreibt hier die Hochpaßeigenschaft des Differenzierbausteins und folgt unmittelbar aus der Verstärkung des Operationsverstärkers $G = R/X_C = \omega RC$. Sein Frequenzgang bei hohen Frequenzen, sowie der Innenwiderstand der speisenden Signalquelle beeinflussen das Verhalten des Differentiators (b), sogar bis zum Anfachen von Schwingungen.

Zwei weitere Formen einer „Differentiation" zeigt Abb. 2.4c und d. Das Eingangssignal wird jeweils vom invertierten, um t_d verzögerten Signal überlagert und so in eine verkürzte Form gebracht: $U_a = G[U_e(t) - U_e(t - t_d)]$. Hier interferiert also quasi das Signal mit sich selbst. Wichtige Anwendungen sind die Zeitmarkengewinnung (Abschn. 3.2.2) und das Verhindern von Aufstocken der

Signale auf der Abfallflanke der Vorgänger. Jedes nicht kurzgeschlossene Kabelende wird gegen Mehrfachreflexionen mit seinem Wellenwiderstand abgeschlossen. Stets addieren sich (inkohärent) die Rauschspannungen der beiden Signalflüsse (bei zwei gleichen Rauschquellen auf den Faktor $\sqrt{2}$).

Reale und Mehrfachdifferentiation. Wie üblich wird der Idealfall eines Stufenimpulses zur Beschreibung des Differenzierens mit passiven RC-Gliedern benutzt (vgl. Abb. 6.6). Die Realität liefert aber Signale mit endlichen Anstiegs- und Abfallzeiten. Ein solcher realistischer Stufenimpuls mit endlicher Anstiegszeitkonstante τ_1 läßt sich aus einer idealen Sprungfunktion nach Integration herstellen. Diesen differenziert man jetzt mit einem zweiten RC-Glied mit einer Zeitkonstanten τ_2. Normiert auf τ_2 ergibt sich die universelle Kurvenschar in Abb. 2.5a. Sie macht sowohl die Verkürzung der differenzierten Signale, wie auch ihre Amplitudenabnahme mit sinkendem Verhältnis τ_2/τ_1 deutlich. Umgekehrt zeigt Fall (b), wie sich das Ausgangssignal ändert, wenn bei fester Differenzierzeitkonstanten τ_2 der Anstieg τ_1 des Eingangssignals variiert wird: je steiler der Anstieg, desto höher die Ausgangsamplitude. Hier befinden wir uns in der realen Welt: die Formen (a) und (b) stellen Impulse dar, wie sie meistens von Quellen (Wandlern) angeboten werden. Sie liefern kurzzeitig Ladungsmengen an, die zu ansteigender Spannungstreppenfunktion führen. Diese müssen jedoch ständig mehr oder weniger rasch abgebaut werden, um immer wieder vom Null-Bezugspotential beginnen zu können.

Werden jetzt genau diese Signale, die also bereits einer ersten Differentiation entsprechen, noch einmal — mit τ_3 — differenziert (Fall c), ergibt sich eine neue Kurvenschar mit einem neuen Phänomen: es entsteht ein Unterschwingen, also jeweils ein Nulldurchgang. Im Bild ist $\tau_1 = \tau_2$ und die zweite Differentiation τ_3 auf das Eingangssignal U_{a1} (Amplitude gleich 1) bezogen und auf τ_1 normiert. Jede weitere Differentiation bringt einen weiteren Nulldurchgang ein.

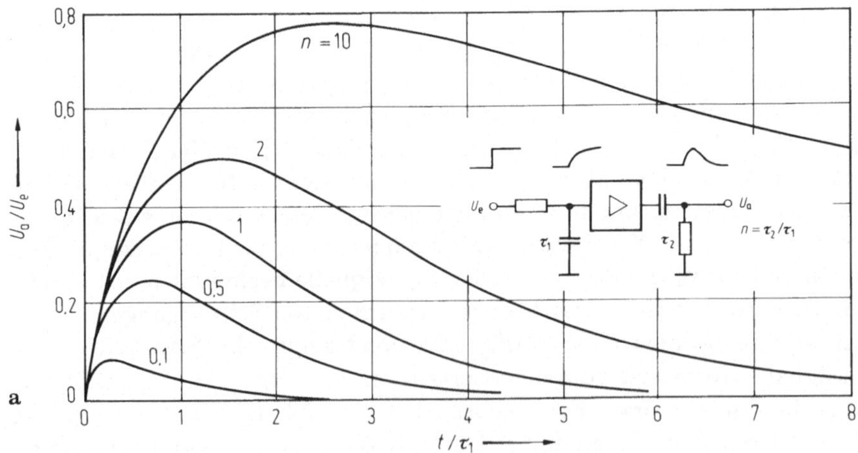

Abb. 2.5 a. Legende s. gegenüberliegende Seite

30

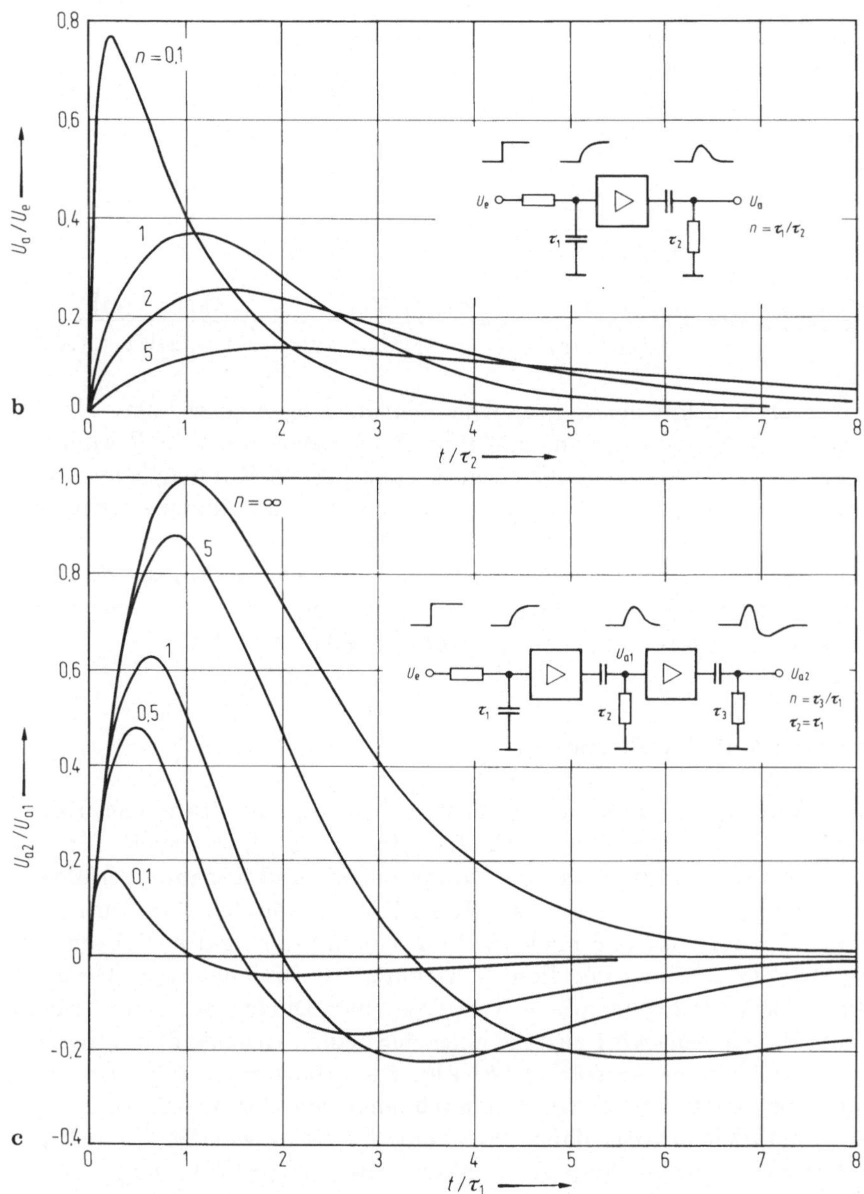

Abb. 2.5 a–c. „Differentiation" eines realen Impulses mit endlicher Anstiegsflanke (τ_1). a mit verschiedenen Differenzier-Zeitkonstanten, b Differentiation verschiedener Signalanstiege mit gleicher Differenzierkonstanten τ_2, c zweifache Differentiation (normiert)

Die Verwendung von Nulldurchgängen wird im Abschn. 3.2 beschrieben.

Der Abb. 2.5 liegen folgende Gleichungen im Frequenz- und Zeitbereich zugrunde (Laplace-Transformation, Abschn. 6.3.4):

31

$$F(s) = \frac{1}{s} \frac{1}{1 + s\tau_1} \frac{s\tau_2}{1 + s\tau_2} \qquad \text{(Abb. 2.5a, b) oder}$$

$$\frac{U_a}{U_e} = \frac{\tau_2}{\tau_2 - \tau_1} \left[\exp(-t/\tau_2) - \exp(-t/\tau_1)\right],$$

$$F(s) = \frac{1}{s} \frac{1}{1 + s\tau_1} \frac{s\tau_2}{1 + s\tau_2} \frac{s\tau_3}{1 + s\tau_3} \qquad \text{(Abb. 2.5c) oder}$$

$$\frac{U_a}{U_e} = \tau_2\tau_3 \left(\frac{\exp(-t/\tau_1)}{(\tau_2 - \tau_1)(\tau_1 - \tau_3)} + \frac{\exp(-t/\tau_2)}{(\tau_2 - \tau_1)(\tau_3 - \tau_2)} + \frac{\exp(-t/\tau_3)}{(\tau_3 - \tau_2)(\tau_1 - \tau_3)} \right).$$

Die Kurven sind mit den angegebenen Normierungen gezeichnet. Die Bedeutung der Abb. 2.5 liegt darin, daß ihre RC-Glieder und ihre Wirkungen viel häufiger vorkommen, als erwartet wird: etwa bei RC-Koppelgliedern oder bei Tiefpaßeigenschaften von Vierpolen. Soll immer eine Differenzierwirkung möglichst vermieden werden, muß die Zeitkonstante wesentlich größer sein als die Signaldauer (Impulsbreite), etwa am Eingang von Oszilloskopen (Betriebsart „AC"). Umgekehrt ist die Wirkung eines Integriergliedes umso schwächer, je kleiner seine Zeitkonstante gegenüber der Signaldauer bleibt.

Logarithmieren und Umkehrung

Nicht nur in Analogrechnern braucht man Verstärker mit logarithmischer Kennlinie, sondern auch bei vielen Meßmethoden, etwa in der Photometrie, für verschiedene Sensoren (Wandler) und bei Kompressions- und Expanderverfahren. Abbildung 2.6.a und b zeigt die beiden Kennlinien, die in den Bausteinen auf einen Punkt U_{ref} normiert und manchmal mit einem Skalenfaktor/Dekade versehen werden. Zur Realisierung dieser Charakteristik bis über sechs Dekaden hinaus eignet sich die exponentielle Kennlinie einer Diode oder eines Transistors. Dieses Bauelement wird anstelle einer der beiden Gegenkopplungswiderstände im invertierenden Verstärker (Abschn. 6.3.2) eingesetzt und bewirkt so die gewünschte exponentielle Amplitudenabhängigkeit der Verstärkung. Der Operationsverstärker arbeitet dabei als Strom/Spannungswandler $U_a = RI_e$.

Der *Logarithmierer* (a) folgt der Funktion (Kompressorkennlinie):

$$\text{(Diode:)} \qquad U_f = -U_a = U_T \ln \frac{I_e}{I_s} = U_T \ln \frac{U_e}{RI_s}$$

$$\text{(Transistor:)} \qquad U_{BE} = -U_a = U_T \ln \frac{I_C}{I_{C0}} = U_T \ln \frac{U_C}{RI_{C0}},$$

also U_a proportional zu $\ln U_e$.

Die Umkehrung, oft *Antilog*-Schaltung genannt (b) bildet entsprechend (die Expanderkennlinie):

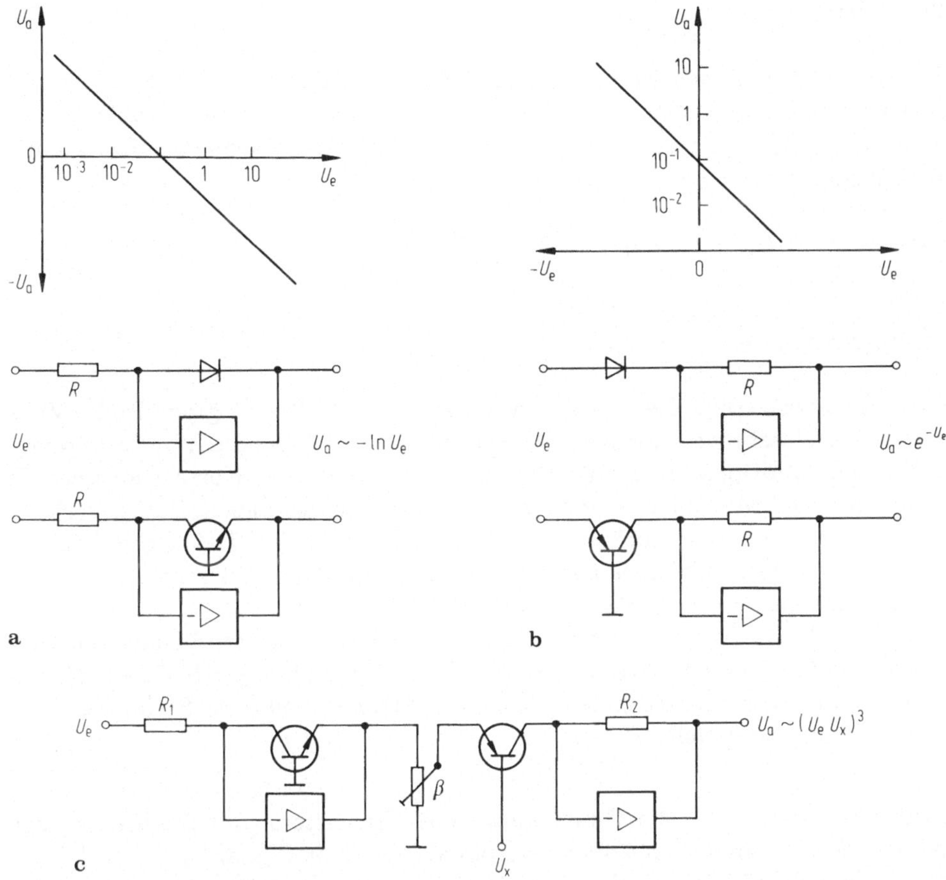

Abb. 2.6 a–c. Erzeugung logarithmischer Kennlinien. a Log-Verstärker (Kompressor),
b Antilog-Verstärker (Expander), c Potenzierstufe (auch als Kompander)

$$\text{(Diode:)}\qquad U_f = -U_e = U_T \ln \frac{U_a}{RI_s} \quad \text{oder} \quad \ln U_a = -\frac{U_e}{U_T} + \text{const}$$

$$\text{(Transistor:)}\quad U_{BE} = -U_C = U_T \ln \frac{U_a}{RI_{C0}} \quad \text{oder} \quad \ln U_a = -\frac{U_e}{U_T} + \text{const},$$

also $\ln U_a$ proportional zu U_e.

Schließlich kann die Kombination beider Funktionsbausteine (Kompander) einen weiten Amplitudenbereich zuerst komprimieren, um ihn dann nach der Behandlung (Transport, Filterung, Digitalisierung usw.) wieder zu expandieren. Bandbreite und Dynamik können Werte von 10 MHz und 100 dB erreichen. Fertige ICs besitzen immer zur Temperaturkompensation zwei gleiche gekoppelte Stufen. Damit kann die stets vorhandene Drift von U_T unter 10^{-4} gedrückt werden.

Potenzieren

Es liegt nahe, zwischen Kompressor und Expander eine Spannungsteilung und eine weitere Referenzspannung U_x anzubringen, um auch Potenzfunktionen zu erzeugen (c). Damit lassen sich dann drei unabhängige Parameter, U_x, U_e und β realisieren:

$$U_a = I_s R_2 \exp\left[-\frac{U_x}{U_T}\left(\frac{U_e}{R_1 I_s}\right)^\beta\right].$$

Multiplikation

Oft unbemerkt, spielt die Multiplikation zweier Signale eine große Rolle. Viele geläufige, oft sehr verschiedene Operationen, wie HF-Modulation, Samplingverfahren, Multiplexer, Fourier-Analysatoren und die Korrelationstechnik sind prinzipiell Multiplikationen. Die Verbesserung des Signal/Rauschverhältnisses durch getastete (lock-in-)Verstärker gehört hierzu. Das Grundkonzept der Multiplikation zieht sich, ähnlich wie Integration und Differentiation, durch die gesamte elektronische Signalverarbeitung.

Anstelle der früher üblichen logarithmischen Verstärker, die aus der Multiplikation $U_1 U_2$ eine leichter realisierbare Addition $\ln U_1 U_2 = \ln U_1 + \ln U_2$ bildeten, sind heute als fertige Bausteine sog. Stromverteilungs-(Steilheits-)multiplizierer im Gebrauch.

Multiplizierbaustein. Die Verstärkung eines Transistors (mit Steilheit S, vgl. Abschn. 6.1.3) hängt vom Collectorstrom ab. Wird ein Signal U_1 verstärkt und gleichzeitig der Strom durch ein zweites Signal U_2 verändert, dann stellt das Ausgangssignal das Produkt $U_1 U_2$ dar: Abb. 2.7a. Hier erhält der Differenzverstärker (Abschn. 6.3.2) das Signal U_1 am Differenzeingang und erzeugt am Ausgang $U_a = G U_1 = S R_L U_1 = R_L U_1 I_E/U_T = R_L U_1 U_2/R_E U_T$, denn I_E wird von der konstanten Stromquelle $I_E \approx U_2/R_E$ geliefert (vgl. Abb. 6.45a). Die Nachteile dieser Grundschaltung sind:

1. wenn U_1 oder U_2 gleich Null sind, ist $U_a \neq 0$,
2. auch negative Werte von U_2 sollen zulässig sein (sog. 4-Quadrant-Multiplizierer), und
3. der Aussteuerbereich von U_1 ist sehr klein.

Fehler (1) wird durch zwei über Kreuz gekoppelte Paare, Fehler (2) durch zwei Konstantstromquellen mit Differenzeingang U_2 beseitigt: Abb. 2.7b. Auch kann mit einer log/antilog-Kompression des Amplitudenbereiches von U_1 Nachteil (3) wesentlich verringert werden (nicht gezeichnet). Die konstanten Stromquellen sind symbolisch angedeutet. Ist eine der beiden Eingangsspannungen eine vorgegebene Gleichspannung (etwa U_2), so läßt sich mit ihr die Ausgangsamplitude U_a diktieren, es entsteht also ein regelbarer Verstärker.

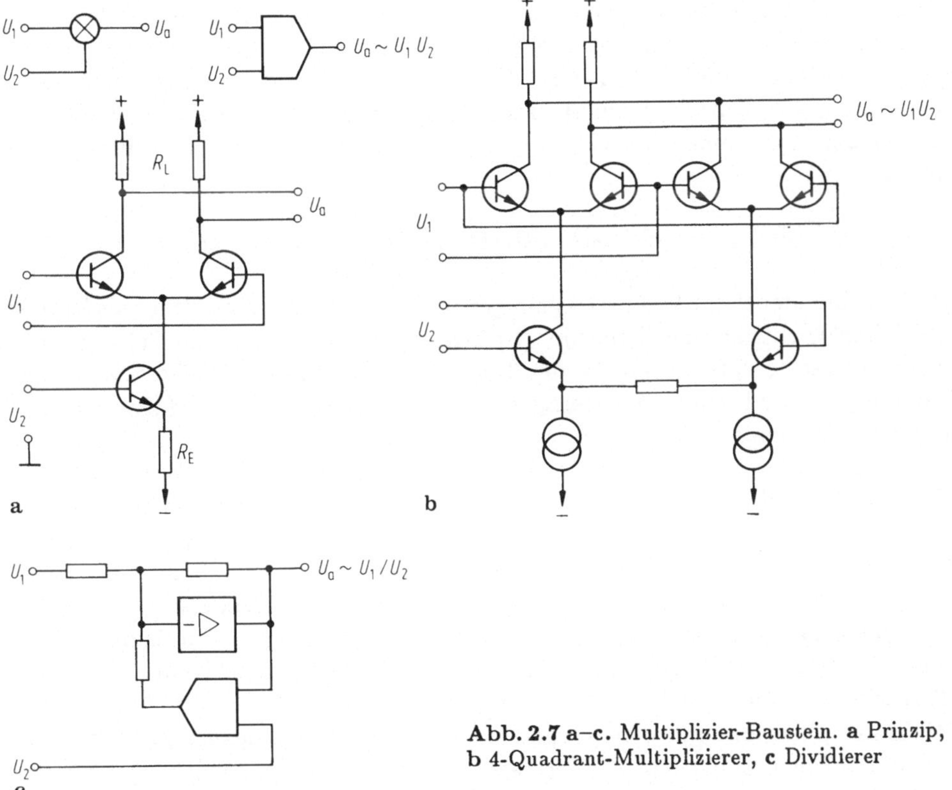

Abb. 2.7 a–c. Multiplizier-Baustein. a Prinzip,
b 4-Quadrant-Multiplizierer, c Dividierer

Die ideale Produktfunktion $U_a = U_1 U_2 / U'$ (mit einer Konstanten U' meist 10 V, etwa 2/3 der Betriebsspannung) läßt sich in der Realität nur annähernd erreichen:

$$U_a = (1 + \Delta G)(U_1 + \Delta U_1)(U_2 + \Delta U_2)/U' + \Delta U_a + N(U_1, U_2) = U_1 U_2 / U' + F,$$

wobei ΔG und ΔU die Abweichungen je von Verstärkung und Spannungswerten sind, und N nichtlineare Fehler enthält. Hersteller geben den Gesamtfehler F an, der unter 10^{-3} liegen kann. Die obere Grenzfrequenz kann 10 MHz erreichen und erlaubt die Anwendung in sehr schnellen Echtzeitsystemen.

Quotientenbildung. In Abb. 2.7c wird als *Dividierer* der Multiplizierbaustein verwendet: die Ausgangsspannung ist $U_a U_2 / U'$, damit ist $k_1 U_1 = -k_2 U_2 U_a / U'$ oder $U_a = k U_1 / U_2$ (k sind Bausteinkonstanten).

Beispiele der Multiplikation

Fünf sehr verbreitete Multiplikationen werden als Beispiele vorgeführt: Mischung, Sampling, PLL, Regelung und Korrelation.

Multiplikative Mischung. (Modulation/Demodulation von Sinussignalen). Allen Prozessen liegt das Schema von Abb. 2.8 zugrunde: multipliziert wird Signal U_1 mit Signal U_2, und das Produkt U_a hängt stark von der spektralen Zusammensetzung der Einzelsignale ab. Im Fall (a) enthalten U_1 und U_2 jeweils nur eine einzige Frequenz und der Ausgang liefert die Summen- und Differenzfrequenz

$$U_a = (U_1 \sin \omega_1 t)(U_2 \sin \omega_2 t) = (U_1 U_2/2[\cos (\omega_1 - \omega_2)t + \cos (\omega_1 + \omega_2)].$$

Besitzt eines der Signale (hier U_1) ein ganzes Frequenzspektrum (hier als Trapez gezeichnet), enthält das Produkt (b) zwei spiegelsymmetrische Seitenbänder links und rechts vom Signal U_2, der Trägerfrequenz. In den HF-Überlagerungsempfängern wird durch Mischung ein Signal auf eine höhere („Zwischen"-) Frequenz transponiert.

Neben dem üblichen Zweiseitenbandverfahren mit Träger kennt man die Einseitenbandübertragung, da eines der Seitenbänder für die Information entbehrlich ist. Die Nachrichtentechnik überträgt oft viele verschiedene Informationen über viele Seitenbänder von nur einem Träger. In allen Fällen wird das ursprüngliche Signal im Empfänger durch Demodulation, also durch Rückmultiplikation mit dem richtigen Träger zurückgewonnen. Ein anderes Verfahren summiert mehrere Signal/Träger-Produkte auf einem Kanal, wobei die Trägerfrequenzen verschieden sind (Frequenzmultiplexer). Mit Filtern und Rückmultiplikation mit den Trägerfrequenzen (Demultiplexer) gewinnt man alle die auf dem einen Kanal übertragenen Signale wieder zurück. Die zahlreichen Modulationsverfahren werden hier nicht behandelt. Eine nützliche Anwendung findet die Modulation, wenn sie langsam sich ändernde Gleichspannungen zur Weiterbehandlung mit einer Niederfrequenz multipliziert. Damit lassen sich Drift, Leckströme usw. kompensieren.

Unter den Begriff der Mischung fallen auch die unerwünschten Modulationsprodukte, die durch sog. Intermodulation eines Signals mit Störfrequenzen an nichtlinearen Kennlinien(teilen) entstehen (vgl. Abb. 6.36). Sie führen zu Summen- und Differenzfrequenzen, die dann im Nutzspektrum liegen können (Abschn. 6.3.2).

Sampling-Technik. Das in Abschn. 2.2.2 behandelte Sampling-Verfahren tastet ein Signal laufend zu bestimmten Zeitpunkten ab: Multiplikation des Signals U_1 mit dem Rechtecksignal U_2. Da letzteres ein Spektrum besitzt (Abb. 1.8), besteht das Produkt aus vielen Komponenten: Abb. 2.8, rechte Spalte. Je nach der Form (Spektrum) des Nutzsignales U_1 lassen sich Frequenzen oder Bänder auf hohe Träger transformieren. Ganz ähnlich funktioniert das Auftasten eines Verstärkers als Tor: Analogschalter (Abschn. 3.2.3). Schließlich gehören alle Impulsmodulationsarten hierher, bei denen Amplitude, Dauer, zeitliche Position oder ein Digitalcode die Information übernehmen. Sehr üblich ist die Impulscode-Modulation (PCM) mit einem ADC im Sender und einem DAC im Empfänger.

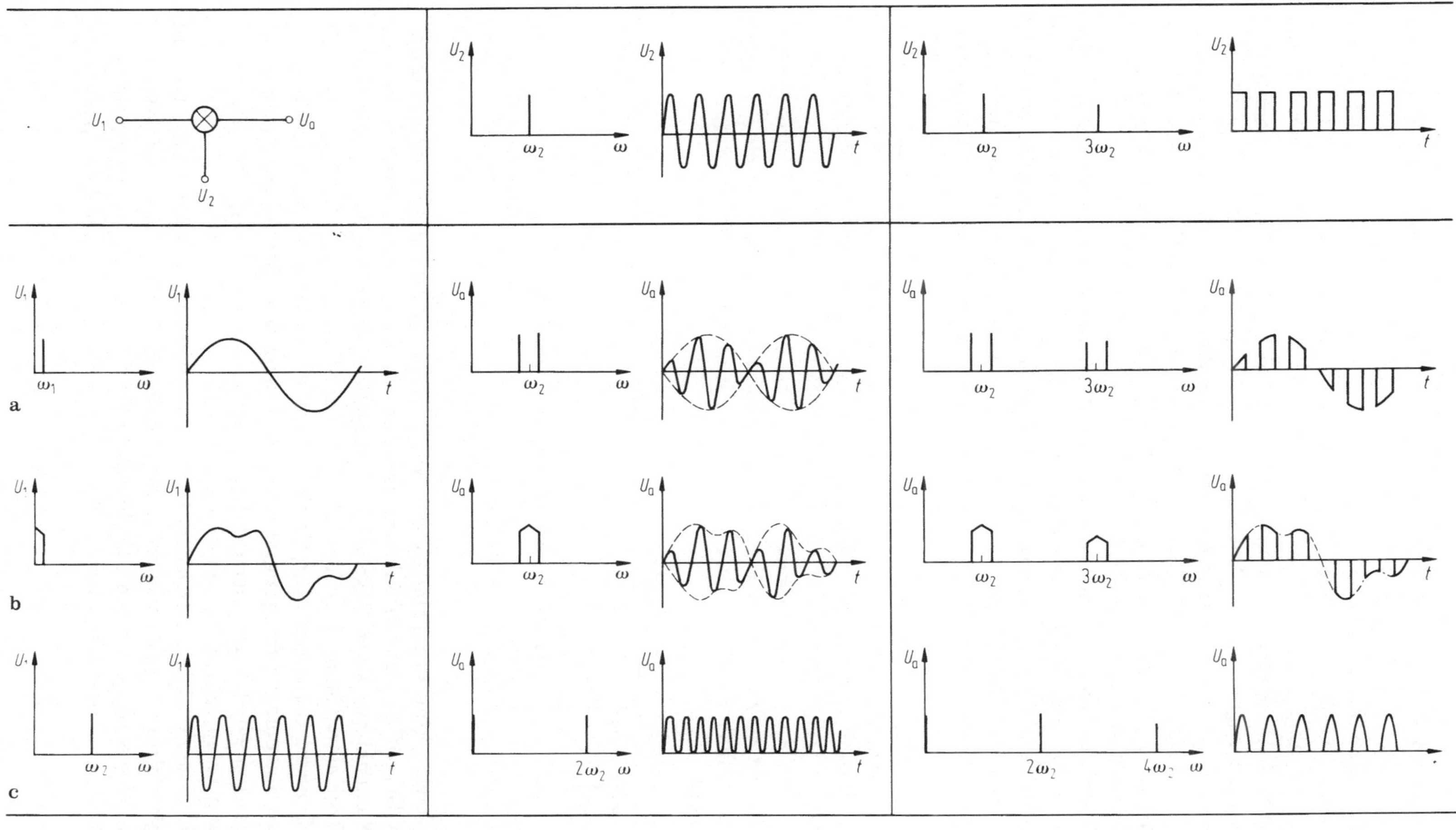

Abb. 2.8 a–c. Multiplikation eines Signals U_1 (linke Spalte) mit Signal U_2 (Sinus bzw. Rechteck). **a** Signal U_1 als Sinus, **b** Signal U_1 als Spektrum, **c** $\omega_1 = \omega_2$. (Die Produktamplituden sind um den Faktor 2 vergrößert gezeichnet)

Phasendetektor. Ein Sonderfall ist $\omega_1 = \omega_2 = \omega$ (Abb. 2.8c). Hierbei entsteht $U_a = U_1 U_2(1 + \cos 2\omega t)/2$, also eine Gleichspannungskomponente. Nach diesem Prinzip arbeiten die Phasendetektoren (lock-in-Verstärker). Sie multiplizieren das gestörte Signal mit einem Rechteckimpuls gleicher Frequenz und heben so durch n-maliges periodisches Aufaddieren die Signale nU_s aus dem Störrauschen $n\langle U_r^2 \rangle$ hervor. Dabei mittelt sich die Störamplitude immer mehr in dem Zeitschlitz zugunsten des Nutzsignals heraus. Diese höchst effektive Methode verbessert den Störabstand periodischer Signale um den Faktor $\sqrt{n}$, da $nU_s/\sqrt{n\langle U_r^2 \rangle} = \sqrt{n}\,U_s/\langle U_r\rangle$. Durch zyklisches schrittweises Verschieben des Zeitfensters („boxcar integrator") läßt sich auch ein ganzer verrauschter Signalverlauf abtasten und abbilden.

Von besonderer Bedeutung ist der *Phasenregelkreis* PLL (phase locked loop), der in Abb. 2.9 gezeigt ist. Ein Referenzsignal U_1 wird mit dem frequenzgleichen Signal U_2 eines variablen, spannungsgesteuerten Oszillators (VCO) multipliziert. Von dem Produkt wird durch einen Tiefpass TP nur die Gleichspannungskomponente U_0 herausgefiltert, die den Oszillator so steuert, daß der so gebildete Regelkreis starr einrastet. Jede Veränderung der Frequenz von U_1 verändert U_0 und zieht den VCO nach (so kann z.B. U_0 die Demodulation eines frequenzmodulierten Signals U_1 darstellen). Wird zwischen den VCO und den Multiplizierer bei x ein Frequenzteiler eingesetzt, dann läßt sich der VCO auf sehr hohe Frequenzen einrasten, deren Konstanz lediglich durch U_1 (etwa einen Quarzoszillator viel niedrigerer Frequenz) bestimmt wird. PLL-Bausteine werden häufig verwendet bei Frequenz-Synthesizern, bei Hochfrequenz-Überlagerungsempfängern und bei UKW-Systemen. Hier muß auf die Literatur verwiesen werden.

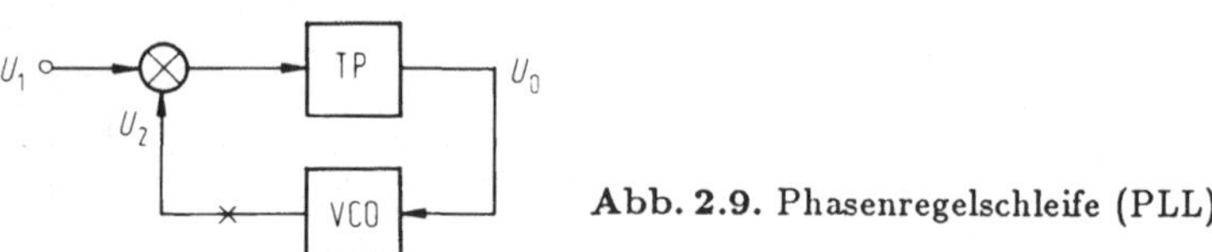

Abb. 2.9. Phasenregelschleife (PLL)

Regelkreis. Eine zu regelnde Größe wird ständig gemessen und notfalls durch einen Eingriff auf einem Sollwert gehalten. In Abb. 2.10 ist das Prinzip und die Nomenklatur eines Regelkreises angegeben. Je größer die Verstärkung G der Regelabweichung $W - X$, desto näher wird der Istwert $X = WG/(1 + G)$ zum Sollwert G gezogen. Die Größe Y kann etwa eine Störung oder die ungeregelte Spannungsversorgung aus dem Lichtnetz sein. Schließlich ist auch ein gegengekoppelter Verstärker ein Regelsystem, das die Energie der Stromversorgung entsprechend der Führungsgröße am Verstärkereingang in den Verbraucher leitet. Die zahlreichen Varianten des Regelverhaltens (P-, D- und I-Regler: Proportional-, Differential- und Integralregler), die Vorwärts- und Rückwärtsregelung, sowie die Stabilitätskriterien gegen Eigenerregung sind Gegenstand spezieller Literatur. — Auf die Beschreibung geregelter Spannungs-

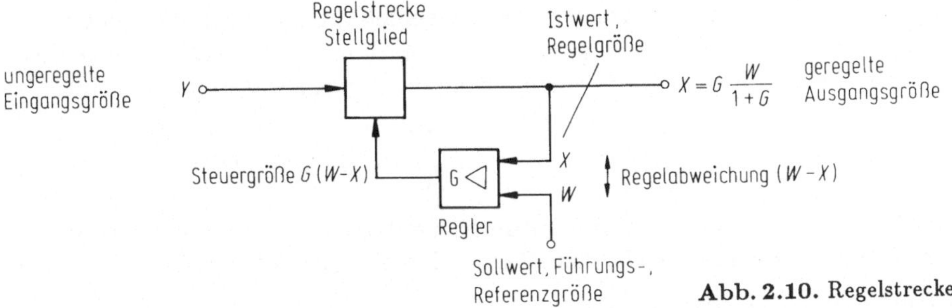

Abb. 2.10. Regelstrecke

und Stromversorgungen sei hier verzichtet, da sie nicht unmittelbar zur Signal-behandlung gehören. Eine große Auswahl an Linear- und Schaltregelnetzteilen gehört zur Standardausrüstung eines Labors.

Fourier-Analyse und elektronische Korrelationsrechnung. Die Zerlegung eines Signals in seine Spektralfrequenzen (Abschn. 1.3.2) erfordert eine große Zahl von Multiplikationen und Additionen, die von speziellen Bausteinen analog, und daher enorm schnell ausgeführt werden können: Array-Multiplizierer. Eng verwandt ist die Korrelationstechnik, die ein Ähnlichkeitsmaß quantitativ zwischen zwei Signalen (Datensätzen) im Zeitbereich berechnet, die keinen strengen funktionalen Zusammenhang besitzen (z.B. Zusammenhang zwischen zwei biologischen Prozessen; Spracherkennung, u.a.m.). Hierzu werden je zwei Probenwerte (samples, Datenpunkte) beider Signale miteinander über die ganze Periode hinweg multipliziert und der Mittelwert C (Kreuzkorrelations-Koeffizient) gebildet: Abb. 2.11.a. Er wird noch auf den Bereich $-1 \ldots +1$ normiert.

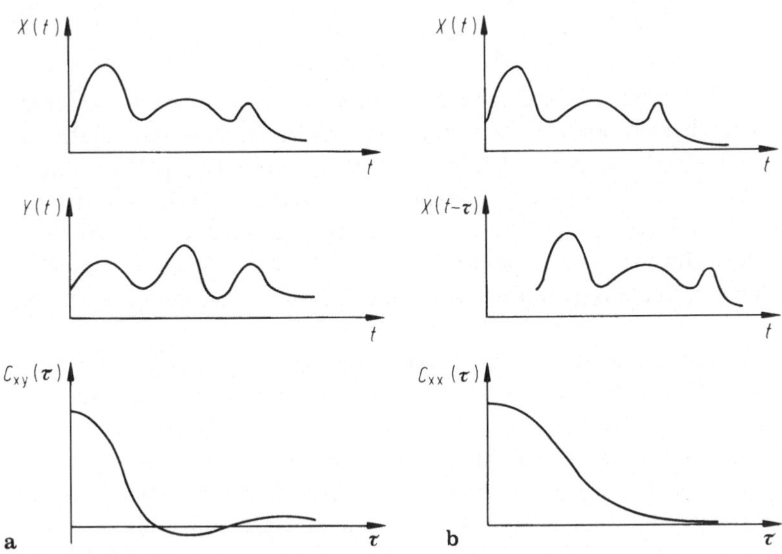

Abb. 2.11. a Kreuz- und **b** Autokorrelation von Signalen

Das Verfahren wird dann mit wachsender Verschiebung τ der Signale gegeneinander wiederholt, bis zuletzt die (Kreuz-)Korrelationsfunktion $C(\tau)$ Aufschluß über Ähnlichkeiten, Strukturen, Verzögerungen, Periodizitäten usw. ergibt:

$$C_{xy}(\tau) = \langle X(t)Y(t-\tau)\rangle = \frac{1}{T}\int_0^T X(t)Y(t-\tau)\,dt.$$

Dieser Multiplikation (Faltung) im Zeitbereich entspricht, nach Fouriertransformation in den Frequenzbereich, das (Kreuz-)Leistungsspektrum, also die Multiplikation von $X(\omega)$ mit $Y(\omega)$:

$$P_{xy}(\omega) = X(\omega)Y(\omega) = 2\int_{-\infty}^{\infty} C_{xy}(\tau)\cos\omega\tau d\tau.$$

Dabei kann $X(t)$ bzw. $X(\omega)$ auch ein Signal, $Y(t)$ bzw. $Y(\omega)$ eine Filterfunktion o.ä. sein, jeweils nach Fouriertransformation, im Zeit- oder Frequenzbereich.

Die oben gezeigten Beispiele des lock-in-Verstärkers und des boxcar-Integrators sind Korrelationsmessungen zwischen Signal- und Referenzschaltimpulsen.

Genauso läßt sich auch ein einzelnes Signal (Datensatz) alleine auf periodische Anteile, auffallende Strukturen etc. untersuchen: Multiplikation eines Probenwertes mit einem sukzessiv verschobenen zweiten Wert desselben Signals ergibt dann die *Autokorrelation* (Abb. 2.11b):

$$C_{xx}(\tau) = \langle X(t)X(t-\tau)\rangle = \frac{1}{T}\int_0^T X(t)X(t-\tau)dt \quad \text{und,}$$

wieder fouriertransformiert, das Leistungsspektrum (Autospektralfunktion)

$$P_{xx}(\omega) = 2\int_{-\infty}^{+\infty} C_{xx}(\tau)\cos\omega\tau d\tau.$$

Elektronische Geräte leisten alle nötigen Multiplikationen und Summationen und zeigen schon nach sehr kurzen Zeiten Fourierspektren und Korrelationsfunktionen auf dem Oszilloskop an. Bildet man von einem (logarithmischen) Leistungsspektrum wieder die (logarithmische) Autospektralfunktion, dann erhält man — frequenzlinear aufgetragen — das sog. „Cepstrum", das jede Änderung oder Periodizität eines Spektrums stark hervorhebt (z.B. bei NF-Analysen, Signalechos, Seismogrammen, Amplitudenmodulationen eines Spektrums u.a.m.).

Die zweite Transformation eines Spektrums $FT^{-1}[F(\omega)]$, hier also $FT^{-1}[P_{xx}(\omega)] = C(\theta)$ ist dem Übergang zur Autokorrelationsfunktion $C(\tau)$ äquivalent.

Alle diese Prozesse können in „Echtzeit"(real time), unmittelbar während des Signalablaufs ausgeführt werden, also etwa bei der Verarbeitung von Sprache, von medizinischen Signalen (EKG, EEG), von akustischen Klängen usw. Im Gegensatz dazu steht die Nicht-Echtzeit-Verarbeitung in einem Rechner, nachdem alle Daten oder Signale gespeichert worden sind.

Zum Schluß sei auf die Möglichkeit hingewiesen, spezielle Funktionen zu approximieren, z.B. um nichtlineare Kennlinien von Signalquellen (Sensoren) zu linearisieren. Jeder Fall muß individuell gelöst werden, etwa durch Kombination von linearen mit nichtlinearen Widerständen in spannungsabhängigen Netzwerken, durch vorgespannte Dioden in Spannungsteilern, die bei wachsender Signalamplitude nacheinander ein- oder ausschalten, o.ä.

2.2 Änderung der Zeitparameter

Trotz Überschneidungen mit anderen Abschnitten werden hier drei typische Signalveränderungen eingereiht: *Verzögerung, Abtasten und Dehnung* von Amplitudenwerten (Samplingtechnik) und *Spannungs/Frequenzwandlung.* Die Umsetzung des *Zeit/Amplituden-Konverters* ist in den Abschn. 3.2.1 verlegt worden.

2.2.1 Verzögerung von Signalen

Im einfachsten Fall werden kurze Verzögerungen mit (richtig abgeschlossenen) Laufzeitkabeln oder -Ketten bewirkt (Abb. 2.12a), längere Zeiten (ab ms) erfordern dagegen mehr Aufwand.

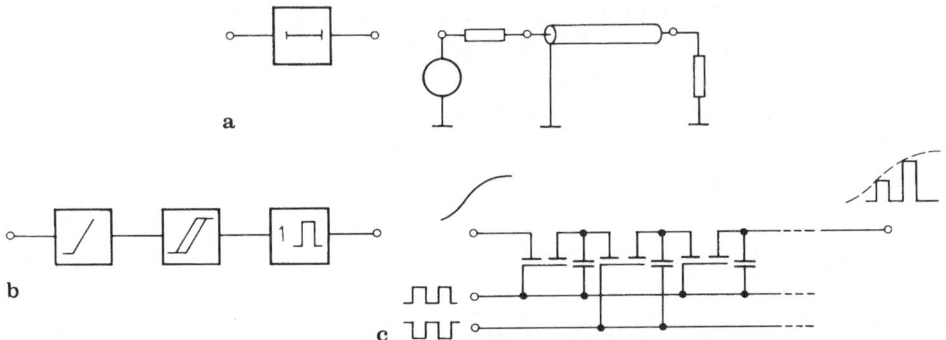

Abb. 2.12 a–c. Verzögerung von Signalen. a Symbol und Laufzeitkabel, b Verzögerung digitaler Signale mit Sägezahn, c analog mit Eimerkette

Digital

In jedem digitalen (dualen) System gibt es eine gemeinsame Taktleitung, die Signale (Wörter) in ganzzahligen Vielfachen einer Taktperiode verzögern kann. Der hierzu notwendige Baustein ist das *Schieberegister* (Abb. 6.30a), das pro Takt jedes Bit der Information um eine Stufe nach rechts springen läßt. Bausteine bis zu vielen hundert Bit können die einlaufenden Bitmuster je nach Taktfrequenz entsprechend verzögern, bei MOS-Technik bis zu 10 MHz, bei bipolaren Bausteinen ein Vielfaches hiervon. Mit solchen Schieberegistern können Daten sogar mit einem anderem (etwa höherfrequentem) Takt *ein*gelesen als *aus*gegeben werden.

Eine *nicht* quantisierte Verzögerung digitaler Impulse erzielt man mit analogem Hilfsmittel (Abb.2.12b): das einlaufende Signal triggert einen linearen Sägezahn an (z.B. Integrator, Abschn. 2.1.3), der je nach Anstiegsgeschwindigkeit nach Ablauf der gewählten Verzögerungszeit eine Triggerschwelle (z.B. Schmitt-Kreis) überschreitet und das Signal neu erzeugt (z.B. mit Monoflop), nur eben verzögert. Auf ganz ähnliche Art lassen sich auch Rechteckimpulse wählbarer Breite produzieren. Dieses Verfahren besitzt zu jedem Zeitpunkt des Sägezahns die gleiche zeitliche Genauigkeit und ist einem variablen Monoflop vorzuziehen (Abschn. 6.2.3), dessen Impulsflanken als Verzögerungsmarken benutzt werden.

Analog

Die Verzögerung von Analogsignalen über den Mikrosekundenbereich hinaus wird durch analoge Schieberegister erreicht, die unter dem Sammelnamen *Eimerkettenbausteine* (CCD charge coupled devices und Varianten) bekannt sind: Abb. 2.12c. So macht etwa die Bildaufzeichnung weitgehend Gebrauch davon. Ähnlich wie im folgenden Sampling-Verfahren wird das Signal in abgetastete Amplitudenwerte zerhackt. Sie werden über eine große Zahl (500 ... 2000) von FET-Schaltern Stufe für Stufe in Form von Umladungen der Kapazitäten weitergereicht. Die Taktfrequenz f_s wird so gewählt, daß ein Baustein mit K Stufen zu einer Gesamtverzögerung von $T = K/2f_s$ führt. Dabei muß f_s mindestens doppelt so groß wie die höchste Signalfrequenz sein, wie im nächsten Abschnitt beschrieben wird. Diese dynamischen Speicher werden mit hohen Speicherkapazitäten hergestellt.

2.2.2 Sampling-Verfahren

Eine besondere Art von analoger Signalverarbeitung stellt die Zeitquantisierung eines Amplitudenverlaufs dar (Abb. 1.1). Dieses „Zeitfenster" tastet momentane Amplitudenwerte periodisch ab und speichert diese Proben (samples) für kurze Zeit.

Eine sehr einfache Form ist der *Maximalwertspeicher* (Spitzenwertmesser, Dehner, pulse stretcher) für einzelne Signale (Abb. 2.13a), dessen Kondensator über eine Diode (und Komparator) auf den Spitzenwert der Signalamplitude aufgeladen und nach Abfrage wieder entladen wird. Als Schalter dienen FETs.

Der nächste Schritt ist das regelmäßige Abtasten eines fortlaufenden (stationären) Signals. So werden z.B. viele Meßstellen zyklisch abgefragt und die Signale über einen Multiplexer (Abschn. 3.2.3) auf einer einzigen Leitung nacheinander zur Auswertung geschleust. Oder ein beliebiges Signal — das gilt ganz

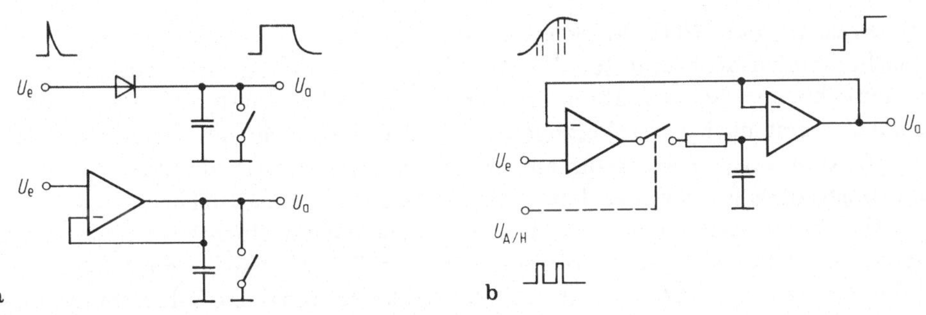

Abb. 2.13 a–b. Abfragen von Amplituden. a Impulsdehner, b Abtast/Halte- (Sample/Hold-) Kreis

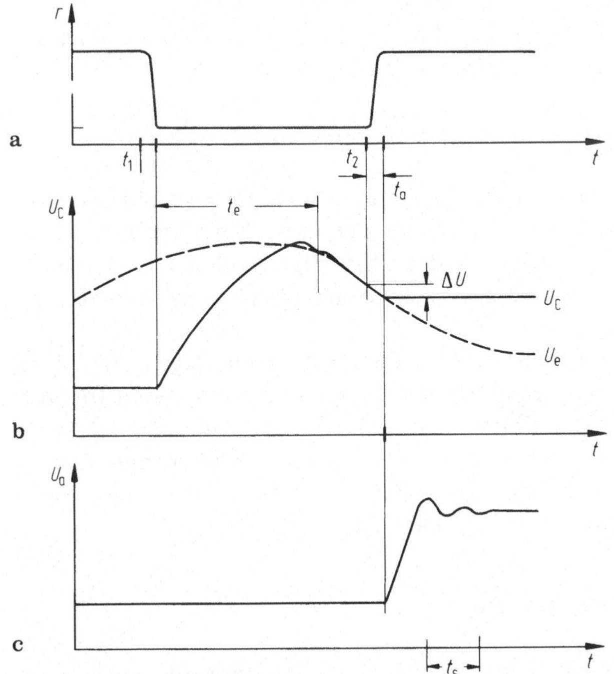

Abb. 2.14. Widerstands- und Spannungsverläufe im Abtast/Halte- (Sample/Hold-)Kreis

allgemein — läßt sich mit einer genügend großen Zahl von Proben abtasten, digitalisieren und schließlich speichern. Diese Funktion erfüllt dann der A/D-Wandler (Abschn. 2.3.2) mit der dazugehörigen Abtasteinrichtung.

Technisch wird jeder Amplitudenwert mit dem *Abtast/Haltekreis* (A/H, S/H sample/hold) festgehalten (Abb. 2.13b). Der Kondensator wird bei jedem A/H-Signal auf den neuen Amplitudenwert umgeladen; er selbst liegt geschützt zwischen zwei Pufferverstärkern. Abbildung 2.14 zeigt den Ablauf eines A/H-

Prozesses: (a) den Wert des Schalterwiderstandes r, (b) die Spannung U_C am Speicherkondensator und (c) die Ausgangsspannung U_a. Der angelegte Tastimpuls beginnt bei t_1 („abtasten") und endet bei t_2 („halten"). Der Schalter „schließt" erst nach einer Verzögerung, und C lädt sich mit der Zeitkonstanten rC vom vorigen Wert bis zum neuen Momentanwert des (gestrichelten) Eingangssignals um, dem er dann folgt (Erfassungs-, Einspeicherungzeit t_e, acquisition time). Kritisch ist jetzt das verzögerte Wiederöffnen des Schalters: um diese Reaktionszeit t_a (aperture time) wird der Signalverlauf zu spät abgetastet und es entsteht ein Abtastfehler ΔU, der die kleinstmögliche Schrittbreite aller folgenden Digitalisierungen festlegt (Amplitudenauflösung). Die Kapazität C (evtl. von außen vergrößert) bestimmt die Anstiegssteilheit (slew rate)

$$\frac{\mathrm{d}U}{\mathrm{d}t} = \frac{\mathrm{d}}{\mathrm{d}t}\left[U\bigl(1 - \mathrm{e}^{-t/rC}\bigr)\right] = \frac{U}{rC},$$

und damit auch im Frequenzbereich den Anstieg im Nulldurchgang eines Sinussignals $U = U_0 \sin \omega t$ bei der Grenzfrequenz ω_g:

$$\frac{\mathrm{d}U}{\mathrm{d}t} = \frac{\mathrm{d}}{\mathrm{d}t}\,(U_0 \sin \omega_g t) = U\omega_g = \frac{\Delta U}{t_a} \quad \text{oder} \quad \omega_g = \frac{1}{2^n t_a}.$$

Dieser fundamentale Zusammenhang zwischen Aperturfehler (Amplitudenauflösung) $\Delta U/U = 1/2^n$ (vgl. ADC), Grenzfrequenz ω_g und Aperturzeit t_a ist in Abb. 2.15 wiedergegeben und gilt für jede derartige Signalbehandlung. Immer ist ein Kompromiß zu schließen zwischen diesen Größen, je nach Spezifikationen der einzelnen Fabrikate.

Einschwingvorgänge stören (Abb. 2.14c), die das Ausgangssignal erst nach einer Beruhigungszeit t_s (settling time) auf den Endwert gleiten lassen (oft mit einer Fehlerbreite, z.B. $\pm$ 0.01 % definiert). Während einer Haltezeit t_H sollte die Ausgangsspannung U_a möglichst wenig abfallen (droop): näherungsweise ist $\Delta U_a = I_L t_H / C$ bei einem Leckstrom I_L. Industrieprodukte erreichen Werte von $t_a \geq 20\,\mathrm{ns}$, $t_s \geq 100\,\mathrm{ns}$ und $(\mathrm{d}U/\mathrm{d}t) \leq 500\,\mathrm{V}/\mu\mathrm{s}$.

Abtast-Theorem und Frequenzspektrum

Die grundlegende Frage, wieviele Abtastpunkte pro Signalperiode nötig sind, wird vom Abtast-Theorem (Shannon) beantwortet: die höchste vorkommende Signalfrequenz f_g (Grenzfrequenz, auch: Nyquist-Frequenz) muß mindestens zweimal pro Periode abgetastet werden. Die dazu nötige *Sampling-Frequenz f_s* muß also der Bedingung gehorchen:

$$f_s \geq 2f_g \qquad \text{(Nyquist-Kriterium)}.$$

Das Signalspektrum muß demnach „bandbegrenzt" sein, notfalls durch steile (Tiefpaß-)Filter. Die realisierbare mögliche Filtersteilheit wird in der verschärften Bedingung $f_s = 2f_g(1+r)$ mit dem roll-off–Faktor r ($0 \leq r \leq 1$) berücksichtigt, f_s wird also größer gewählt.

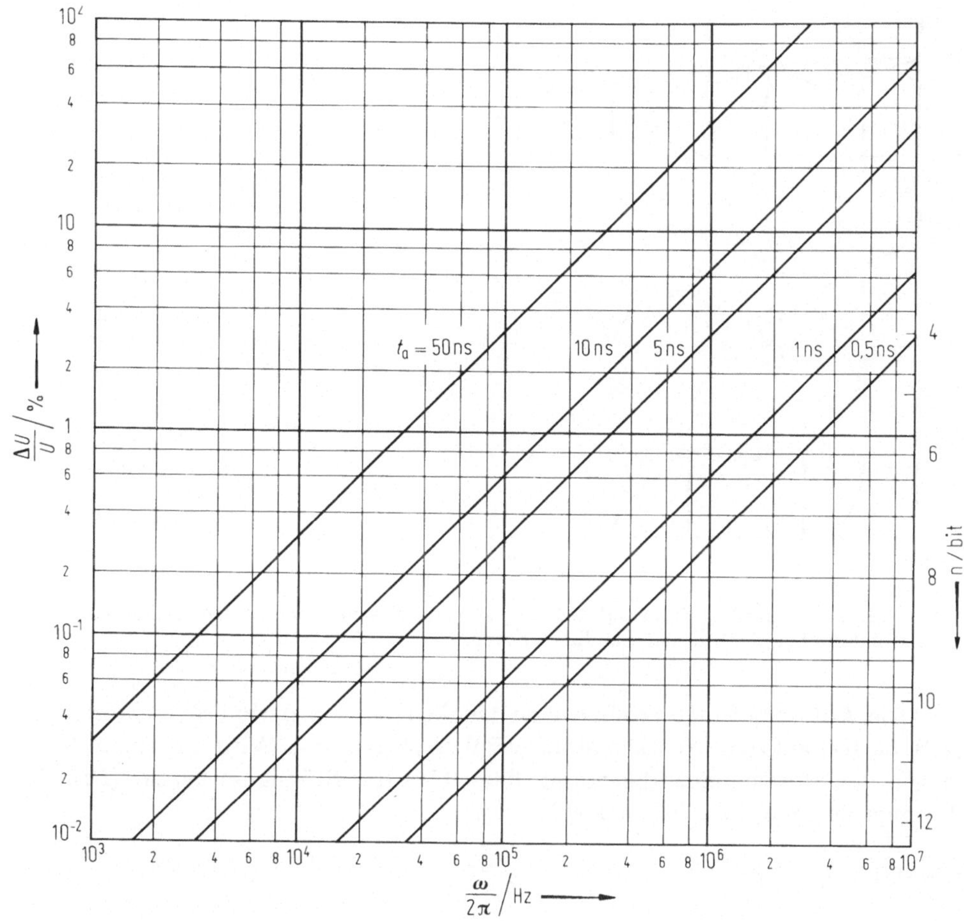

Abb. 2.15. Amplitudenauflösung (Fehler in % bzw. Bitzahl) als Funktion von Grenzfrequenz und Aperturzeit

In Abb. 2.8 wurde schematisch das Produktspektrum aus Signalband und Abtastimpulsen gezeigt, also die Amplitudenmodulation der Sampling-Impulse. Nun werden in Abb. 2.16 zwei Sampling-Typen noch genauer dargestellt: in (a) das Nadel-Sampling (Dirac-Sampling) mit Abtastung durch nadelartige Impulse der Breite τ, und in (b) das Treppen- oder Delta-Sampling (Abtast/Halte-Prinzip), wobei der jeweils neue Amplitudenwert, also die Differenz (Delta) zum vorigen Wert gespeichert wird. In beiden Fällen ist die Sampling-Frequenz $f_s = 1/\tau_s$ gleich groß. Während in (a) die erste Nullstelle bei $1/\tau_s \gg f_s$ liegt, fällt sie in (b) mit f_s zusammen. Hier erkennt man auch am Verlauf der Einhüllenden, daß die Signalamplituden bis zur Grenze f_g zunehmend abgeschwächt werden, stärker als beim Nadel-Sampling: je kürzer die Nadelimpulse, desto geringer ist der Amplitudenverlust. — Schließlich muß am Ende, nach dem Transport und der Aufarbeitung, ein Tiefpaß alle Frequenzen oberhalb der Signalgrenzfrequenz ausfiltern.

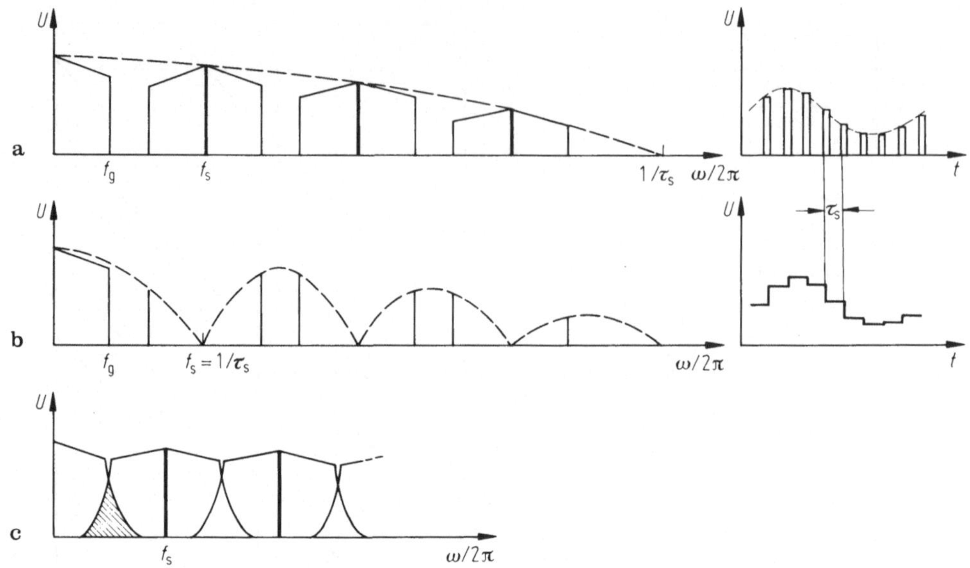

Abb. 2.16 a–c. Sampling und resultierende Spektren. **a** Nadel-, **b** Treppen-(Delta-)sampling, **c** Aliasbildung bei nicht idealer Bandbegrenzung

Die Abtastmethode eröffnet eine Möglichkeit, ein periodisches Störsignal (z.B. 50 Hz) auf dem Nutzsignal unschädlich zu machen: Wird mit einem Vielfachen der Störfrequenz abgetastet, dann fällt das Störsignal heraus (Prinzip des digitalen Filters, Abschn. 2.4.2).

Überfaltung, Alias

Während die Fälle (a) und (b) fast ideale obere Frequenzgrenzen f_g angeben, zeigt Fall (c), daß es zu Überschneidungen kommen kann, wenn die Abtastfrequenz f_s nicht hoch genug liegt, und/oder wenn das Signalspektrum nicht steil genug begrenzt ist. Dann fallen unerwünschte neue Frequenzen (alias) durch diese Rückfaltung in den Bereich des Signalspektrums (schraffiert). Man berücksichtige immer, daß Filterflanken stets nur endlich steil sind und wähle f_s genügend groß. Bei Impulsübertragung, vor allem im Digitalbereich, spricht man von Nachbarzeichen-Beeinflussung.

Mit der Abtastmethode lassen sich mehrere ganz verschiedene Signale auf nur einer Leitung dann übertragen, wenn die (schmalen Delta-)Abtastimpulse zwar gleiche Abtastfrequenz besitzen, jedoch gegeneinander jeweils um eine Zeitspanne versetzt sind (Zeitmultiplexer).

Sub-Sampling (undersampling)

Ein anderes Verfahren (z.B. die Sampling–Oszillographie) tastet das Signal bei jedem Auftreten nur einmal, aber jedesmal um eine kleine, schrittweise zu-

46

nehmende Verzögerung neu ab. Geeignetes Antriggern durch das Signal selbst
ertastet dieses genügend oft und reproduziert es dadurch von neuem, nur sehr
viel langsamer (vgl. den stroboskopischen Effekt). Hier ist also eine Verletzung
des Nyquist-Kriteriums erlaubt.

2.2.3 Spannungs/Frequenz–Konverter (VFC)

An der Grenze zwischen analogem und digitalem Bereich liegt die Umwand-
lung einer Spannungs-(oder auch Strom-)amplitude in eine ihr proportionale
Frequenz von digitalen Ausgangsimpulsen. So lassen sich Signale in eine analoge Frequenz im Bereich von Null bis zu 1 MHz hinauf umformen, transpor-
tieren, speichern oder zählen. Darauf beruht auch das Prinzip von manchen
ADCs (Abschn. 2.3.2). Den verschiedenen Bausteinen liegt der oft verwendete
Integrator zugrunde, also die Erzeugung eines linearen Spannungs–Sägezahns
(Abb. 2.17): Die positive Eingangsspannung U_e läßt die Ausgangsspannung linear abfallen, bis die Triggerschwelle des Monoflops unterschritten und ein
kurzer Impuls an den Ausgang geliefert wird, aber auch zurück an den Integrator, um den Kondensator wieder aufzuladen. Der Vorgang wiederholt sich
umso rascher, je steiler der lineare Spannungsabfall verläuft, d.h. je höher die
zu integrierende Eingangsspannung liegt.

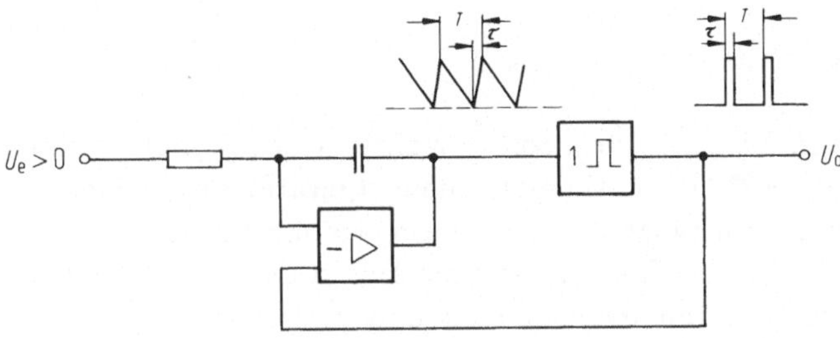

Abb. 2.17. Spannungs/Frequenz-Konverter (VFC)

Ein häufiger Anwendungsfall ist die Spannungs- oder Stromintegration
über längere Zeiten (etwa ab Minutenlänge aufwärts), besonders bei langsamen
Veränderlichen (Temperatur, Dehnungsmeßstreifen, lang andauernde Ladungs-
anlieferungen). Die digitale Ausgangsinformation läßt sich dann bequem zählen, speichern, vorwählen u.a.m. Spezielle Ausführungen geben die Impulse in
einem Zeitraster synchron mit einem vorgegebenen Rechnertakt ab, wobei die
mittlere Ausgangsfrequenz dadurch proportional zur Eingangsspannung bleibt,
daß jeweils ein Teil der Impulse unterdrückt wird.

Ein VFC stellt bereits einen Sonderfall einer Analog/Digital-Wandlung dar
und wird sogar bei sehr kleinen Signalamplituden einer ADC-Stufe vorgezogen,
wenn diese noch nicht zuverlässig arbeitet.

Die umgekehrte Wandlung (FVC) von Frequenzen in proportionale Spannungen entspricht einer Mittelwertbildung (Abschn. 5.1), einer Gleichrichtung, oder auch einer Behandlung mit DAC (Abschn. 2.3.3). Derartige Bausteine werden oft in der Telemetrie eingesetzt.

2.3 Analog/Digital-Wandler

Während die physikalische Welt analog abläuft und ihre Signale analoge Größen sind (Zeiten, Lichtmengen, Energien, Temperaturen etc.), spielt sich die Verarbeitung, der Transport und vor allem die Speicherung immer häufiger digital ab. Musik und Sprache wird digitalisiert, und ihr gespeichertes Muster wieder verarbeitet (Schallplatten, Spracherkennung, synthetische Sprache). Alle Daten, Befehle und Muster werden dann wieder in die analoge Sphäre zurück konvertiert, um die Information sichtbar (hörbar) zu machen oder um Prozesse zu steuern. Zur Digitalisierung gehören stets Zeit- und Amplitudenquantisierung (Abb. 1.1).

Zunächst werden Vor- und Nachteile analoger und digitaler Signalbehandlung gegenübergestellt, dann folgen ADC und DAC, sowie Signaltransport-Systeme mit diesen Bausteinen.

2.3.1 Vergleich analog/digital

Während analoge Signale in Echtzeit, also sofort während des Signalvorgangs verarbeitet werden können (z.B. in mathematischen Operationen), leiden sie unter Störanfälligkeit und sind schwierig zu speichern. Demgegenüber sind digitale Signale störsicher, leicht speicherbar, und sie lassen sich von Rechnern bequem verarbeiten, wenn auch mit großem Aufwand und in der Regel erst *nach* Ablauf der Signalvorgänge.

Besonders wichtige Größen, die Amplituden- und Zeitauflösung, sowie die Grenzfrequenzen beider Systeme, können quantitativ verglichen werden.

Digital

Eine Meßgröße wird durch eine duale Zählzahl (k Stufen) dargestellt, die von einer Taktfrequenz (Zählfrequenz) f_T gebildet wird, die man während einer bestimmten Meßzeit (z.B. Samplingzeit) T_s zählt. Die Stufenzahl je Probe ist $k = T_s f_T + 1$. Nach dem Abtasttheorem $f_s \geq 2f_g$ (Abschn. 2.2.2) ist die Grenzfrequenz f_g höchstens $f_g = 1/(2T_s)$ und damit besteht eine Verknüpfung von Auflösung und Grenzfrequenz bei n Bits

$$k = \frac{f_T}{2f_g} + 1 = 2^n \quad \text{oder} \quad n = \operatorname{ld} k.$$

Sie erlaubt immer nur einen Kompromiß zwischen f_T und f_g.

Die *Kanalkapazität* C ist die maximal mögliche Bit-Flußrate (pro s), also Abtastfrequenz $1/T_s$ mal der Bitzahl n:

$$C = \frac{1}{T_s}n = 2f_g \mathrm{ld}\, k,$$

wobei n durch die Stufenzahl $k = 2^n$ und $1/T_s$ durch die Grenzfrequenz f_g ersetzt wurde. Aus diesen Beziehungen ergibt sich die *digitale Kanalkapazität*

$$C_d = 2f_g \mathrm{ld}\left(1 + \frac{f_T}{2f_g}\right).$$

Analog

Die reale Amplitudenauflösung ist nicht beliebig fein, sondern jede Amplitude U besitzt generell eine Unsicherheit $\pm\Delta U$ (Schwankungen, Rauschen, Meßunsicherheit usw.), so daß in einem bestimmten Amplitudenbereich U nur eine Unterscheidung von höchstens $k = 1 + U/2\Delta U$ Amplitudenschritten möglich oder sinnvoll ist. Die Grenzfrequenz bleibt eine davon ganz unabhängige Größe. Das bedeutet: hohe Amplitudenauflösung kann gleichzeitig bei hoher Grenzfrequenz erreicht werden. Die *analoge Kanalkapazität* läßt sich entsprechend angeben zu

$$C_a = 2f_g \mathrm{ld}\left(1 + \frac{U}{2\Delta U}\right).$$

Abbildung 2.18 zeigt beide Kanalkapazitäten: bei hohen Grenzfrequenzen ist die Analogtechnik überlegen. Nur das Rauschen setzt schließlich eine Grenze.

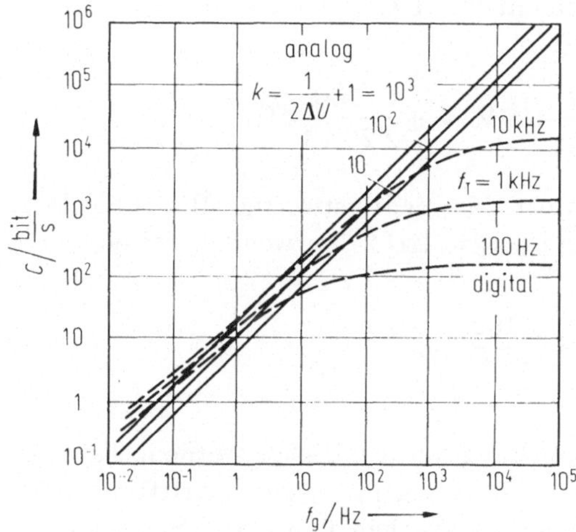

Abb. 2.18. Kanalkapazität, analog und digital, als Funktion von Grenz- und Taktfrequenz

Fehlerangaben

Zu beachten ist, daß *analoge* Meßgeräte einen (konstanten) Fehler in % vom *End*wert angeben. Ein beliebiger abgelesener Meßwert hat also einen von seiner Größe abhängigen prozentualen Fehler. *Digitale* Instrumente dagegen geben einen Fehler in % vom (jeweiligen) *Meß*wert plus 1 digit (letzte Dezimalstelle) an. Er ändert sich daher nur wenig bei den unterschiedlichen Ablesungen. Im Allgemeinen machen die Hersteller von Konvertern typische Genauigkeitsangaben (oder sie sollten es tun). Dazu gehören einmal die statischen Fehler, wie Offset, Konstanz des Verstärkungsfaktors und die Nichtlinearität. Genauso wichtig sind auch dynamische Fehler, wie Frequenzabhängigkeiten, Rauschen, Drift usw. Auf sie wird weiter unten jeweils eingegangen.

2.3.2 ADC (A/D-Wandler)

In allen Bereichen der Technik hat die Digitalisierung von Signalen große Bedeutung erlangt. Analoge Größen werden

1. abgetastet (Abtast/Haltekreis),
2. in diskrete Werte (Amplitudenstufen) quantisiert, deren Schrittbreite ΔU (oft ungünstig mit Q bezeichnet) konstant ist, und
3. häufig in bestimmter Weise codiert (in Codewörter umgesetzt).

Jeder dieser Rasterstufen wird eine bestimmte Amplitudenzahl zugeordnet, wobei durch Kombination der n Bits maximal $k = 2^n$ Stufen gebildet werden. Die gewünschte Auflösung steigt mit der Bitzahl. Der gesamte analoge Amplitudenbereich zwischen 0 und $U_{\max}$ wird so in die 2^n Werte (n-Bit-Codewörter, einschließlich Null) gerastert, oder in $2^n - 1$ Intervallschritte zu je ΔU, also $U_{\max} = \Delta U(2^n - 1)$. Der ADC rundet also jede Signalamplitude auf oder ab, mit einer Unsicherheit von einem Bit. Demnach bestimmt der Fehler von $\pm 1/2$ Bit die Auflösung:

$$\pm\frac{1}{2}\,\mathrm{LSB} = \pm\frac{1}{2}\frac{\Delta U}{U_{\max}}100\,\% = \pm\frac{1}{2}\frac{100}{2^n-1}\,\%.$$

Als Bitfehler gilt natürlich im Codewort das niedrigstwertige Bit (LSB least significant bit). Oft wird die Näherung $U_{\max} = \Delta U\,2^n$ verwendet, um einfacher rechnen zu können:

$$\frac{1}{2}\,\mathrm{LSB} = \frac{100}{2^{n+1}}\,\%.$$

Bei höheren Bitzahlen kann die Abweichung vernachlässigt werden. Tabelle 3 zeigt die Bitzahlen zusammen mit der Auflösung in %, der Schrittbreite ΔU bei $U_{\max} = 10\,\mathrm{V}$, sowie das Quantisierungsrauschen (s.u.). Bei Sinussignalen läßt sich auch leicht die Effektiv-Amplitude angeben:

Tabelle 3. Amplitudenraster mit den Werten der Auflösung und des größten Störabstandes über dem Quantisierungsrauschen

Bitzahl	Stufenzahl	Amplituden-Auflösung $\pm\Delta U/2U$ %	Quanten-Schritt $\Delta U/\text{mV}$ bei $U_{\max} = 10\text{V}$	Störabstand dB
4	16	3.3	666.6	35
6	64	0.79	158.7	47
8	256	0.2	39.2	59
10	1024	0.05	9.77	71
12	4096	$1.2 \cdot 10^{-4}$	2.44	83
14	16348	$3 \cdot 10^{-5}$	0.61	95
16	65536	$7.6 \cdot 10^{-6}$	0.152	107
18	262144	$1.9 \cdot 10^{-6}$	0.038	119
n	2^n	$\frac{1}{2}\frac{100}{2^n-1}$	$\frac{10^4}{2^n-1}$	$20(\lg 2^n + \lg\sqrt{12})$

$$U_{\text{eff}} = \frac{U_{\max}}{2\sqrt{2}} = \Delta U\frac{2^n-1}{2\sqrt{2}} \approx \Delta U\frac{2^{n-1}}{\sqrt{2}}.$$

Dabei ist $U_{\max} = U_{\text{ss}}$, der ADC überstreicht also einen Eingangsbereich von $-U_{\max}/2$ bis $+U_{\max}/2$. Manche Bausteine arbeiten von $-U_{\max}$ bis $+U_{\max}$, dann ist natürlich U_{eff} doppelt so groß.

Übertragungsfunktion

In Abb. 2.19a verläuft die ideale ADC-Kennlinie (conversion plot) symmetrisch um die gestrichelte Gerade. Vom Hersteller werden meist bestimmte Fehler angegeben, so etwa Offset: Parallelverschiebung, Verstärkungsänderung: Drehung der Geraden um den Nullpunkt, Linearitätsfehler: Krümmung. Abweichungen von der Linearität sind schwerwiegend, sie müssen sehr genau bekannt sein. Die „integrale Linearität"(größte Abweichung in % vom Endwert) erreicht 10^{-3}, während die noch wichtigere „differentielle Linearität"(Abweichung Istwert-Sollwert in % vom augenblicklichen Sollwert) kaum unter 0.1 % realisiert werden kann. DA-Wandler sind um eine Größenordnung besser. In besonderen Fällen arbeiten AD-Wandler mit logarithmischer Kennlinie, um bei allen Amplituden konstanten Störabstand zu wahren. In Abb. 2.19b ist eine Signaldigitalisierung angedeutet.

Monotonie: Falls die Summe benachbarter Fehler zu einer absteigenden Treppenstufe in (a) führt, ist der monotone Anstieg gestört (ein unerlaubter

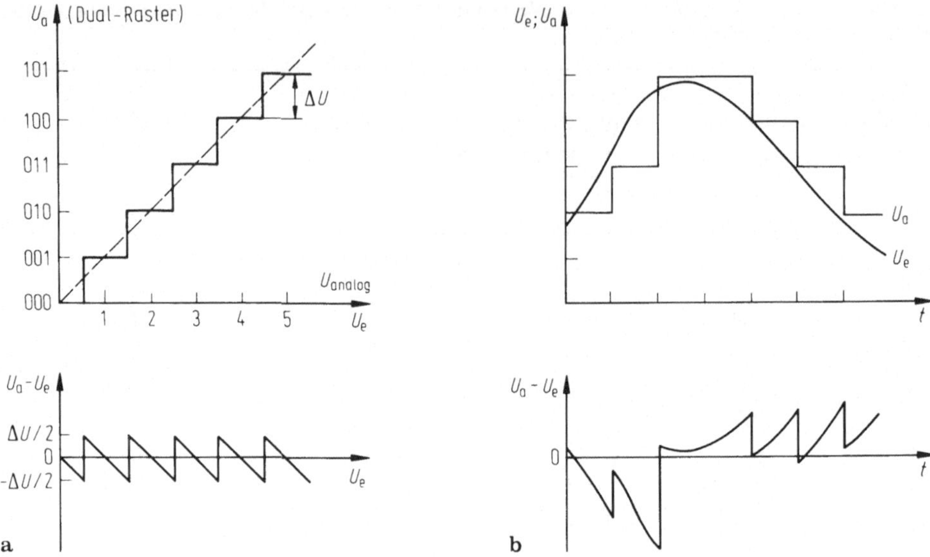

Abb. 2.19 a–b. Analog/Digital-Wandler (ADC). **a** Kennlinie, **b** Digitalisierung eines Signals (unten jeweils das Quantisierungsrauschen)

Kanalfehler). Dieser Fall läßt sich mit einem negativen Widerstand in analogen Regelkreisen vergleichen (Schwingungsanfachung). Der oben beschriebene Spannungs/Frequenzkonverter (VFC) ist immer monoton.

Verzerrungen

Neben diesen Eichfehlern treten noch andere Einflüsse auf. Eine typische Fehlergröße, störend vor allem bei kleinen Signalamplituden, ist das *Quantisierungsrauschen* (untere Teile in Abb. 2.19). Die digitalisierte Spannung am Ausgang entspricht ja nur im Mittelpunkt jeder Stufe genau der Eingangsamplitude. Ober- und unterhalb besteht eine Differenz $U_a - U_e$, deren sägezahnartiger Verlauf zwischen $-\Delta U/2$ und $+\Delta U/2$ einen Effektivwert des Quantisierungsrauschens von $U_q = \Delta U/2\sqrt{3}$ besitzt (vgl. Tabelle 1). Dem Ausgangssignal überlagert sich scheinbar dieses fiktive „Rauschen", mit dem man für den idealen ADC einen Störabstand (Signalamplitude U_{max} zu Quantisierungsrauschen U_q) definieren kann:

$$A = 20 \log \frac{\Delta U \, 2^n}{\Delta U/\sqrt{12}} = 20(\log 2^n + \log \sqrt{12}) = (6n + 10.8) \ \text{dB}.$$

Oft bezieht man sich auf den Effektivwert eines Sinussignals $U_{eff} = U_{max}/2\sqrt{2}$, dann wird $A = (6n + 1.76)$ dB. Mit jedem weiteren Bit der gewählten Auflösung verbessert sich der Störabstand um 6 dB.

Eine andere Bezugsgröße ist das Rauschen $U_{r\,\text{eff}}$, das schon das Analogsignal mitbringt (vgl. Abschn. 6.3.3). Damit läßt sich ein ADC-Rauschfaktor mit $F = U_{r\,\text{eff}}/\Delta U$ definieren. Ein Wert $F = 0.5$ bedeutet, daß bereits 32 % der Signale falsch einsortiert werden. Falsch registriert werden natürlich auch Signalamplituden, die über den ADC-Eingangsbereich hinausgehen: Begrenzungsverzerrungen. Schließlich kann sich auch der Aperturfehler des Abtast/Haltekreises (Schwankung der Abtastzeiten) störend hinzuaddieren. Die genaue Berechnung von verschiedenen Störabständen, Kanaldynamik und Klirrfaktor ist oft zur Kontrolle des Informationsverlustes wichtig.

Ausführungsformen

Aus der Fülle verschiedener Konstruktionen haben sich drei Prinzipien herausgeschält: das *Parallelverfahren*, der integrierende Spannungs/Zeit-Wandler (Sägezahn- oder *Rampenverfahren*) und der *Stufenumsetzer* (sukzessive Approximation). Sie unterscheiden sich erheblich in der Konversionszeit (digitization time, Zeit zur Bildung des Digitalsignals). Voraus geht immer ein S/H-Kreis, der den abgetasteten Amplitudenwert genügend lange konstant anbietet.

Parallelkonverter. In Abb. 2.20a (flash-ADC) führen die Signale an eine vertikale Kette von 2^{n-1} Schwellen (Komparatoren oder Triggerstufen), die nur unterhalb der Signalamplitude ansprechen, oberhalb dagegen nicht, um so am Ausgang eine (entsprechend codierte) parallele digitale Information abzuliefern. Trotz der Schnelligkeit (Komparator-Vorgang unter 10 ns; über 10 MHz Signalfrequenz bei 6 Bit) kommt man kaum über 8 ... 9 Bit hinaus, weil die Präzision und Konstanz der Schwellen die Eigenschaften der anderen Verfahren nicht erreichen. Dafür erlauben sie durch Mitführen der Spannungsteilerspeisung durch das Signal selbst eine einfache Kompression oder Expansion der Übertragungsfunktion, z.B. zur Verbesserung des Signal/Rauschverhaltens. Eine einfache Anwendung findet der Parallelkonverter z.B. bei digitalen Leuchtbandanzeigen von analogen Größen.

Alle übrigen ADC-Verfahren erreichen eine wesentlich höhere Auflösung mit dem Prinzip der Spannungs/Zeit-Konversion: hier wird ein Amplitudenwert in eine zeitliche Impulsfolge umgewandelt; zur Quantisierung wird also linear die Zeit (bzw. die Frequenz) benutzt anstelle von vielen, fehlerbehafteten Spannungsschwellen:

Die Rampenverfahren. Sie wandeln (integrierend, Abb. 2.10b, c) die anliegende Spannung in einen linearen Sägezahn um (Wilkinson-Prinzip, single slope), der nach einer bestimmten Zeit — proportional der Eingangsamplitude — eine Schwelle erreicht und jetzt die inzwischen angelaufene und gezählte Taktimpulsfolge (bis zu 100 MHz) stoppt (b). Sie wird in einen Zähler eingezählt, als Dualzahl gespeichert („Zählmethode“) und ist streng proportional der Eingangsspannung. Grundsätzlich läßt sich hierzu auch der VFC (Abschn. 2.2.3)

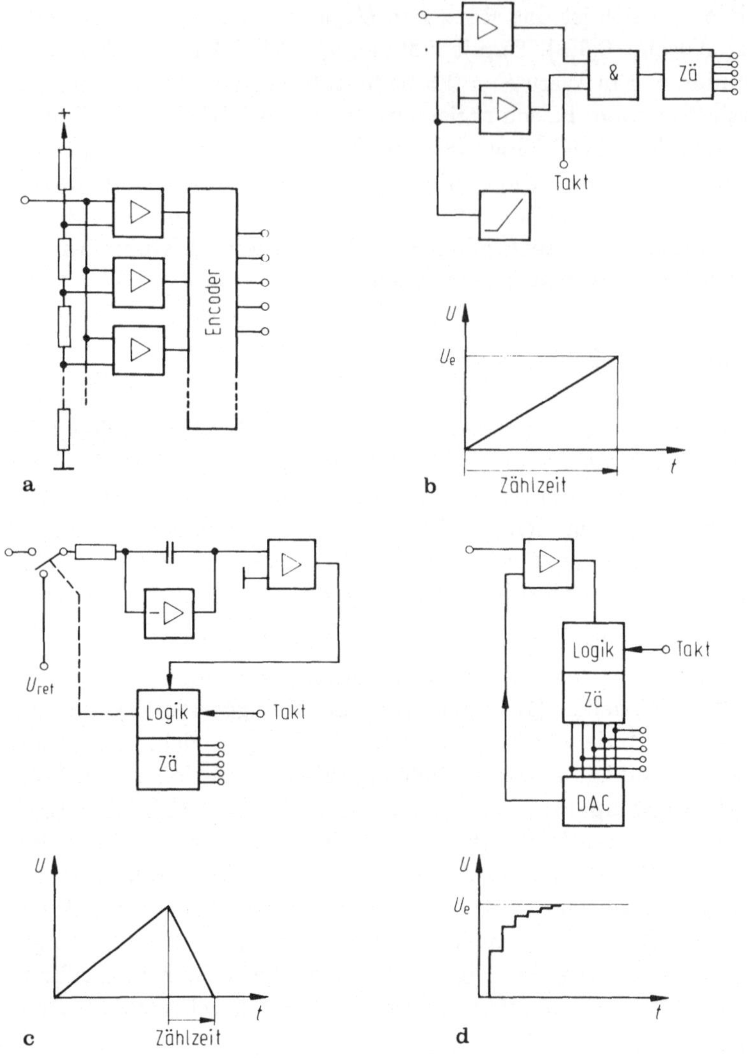

Abb. 2.20 a–d. Analog/Digital-Wandler (ADC). **a** Parallel-(Flash-)Typ, **b** Einfach-Sägezahn, **c** Dual-Rampe, **d** Stufenumsetzer (sukzessive Approximation)

verwenden. — Es gibt Verfahren für auf- oder absteigende Sägezähne, das Prinzip ist unverändert.

Häufig wird pro Zyklus ein auf- *und* absteigender Sägezahn gesteuert (dual ramp ADC), dessen Aufladezeit konstant ist und dessen erreichte Amplitude vom Eingangssignal abhängt. Seine anschließende Entladungszeit (mit konstantem Strom) bildet dann die amplitudenproportionale Zählzeit (bis 12 Bit): (c). Temperaturfehler des Integrators mitteln sich dadurch heraus. Eine Steuerlogik sorgt für den Zeitfahrplan und für das Sperren des Einganges während der Konversion. Oft wird in Ruhe der Eingang auf Null geschaltet (auto zero), um

Offsetfehler usw. schon im Kondensator C zu speichern. Die gesamte Konversionszeit T_c (vom messenden Anwender aus gesehen: Totzeit) liegt bei einfachen Modellen über 100 ms: $T_c = T_0 + kT_T$ mit $T_{c\,\text{max}} = T_0 + 2^n/f_T$, nur sehr schnelle Typen erreichen etwa 1 μs. Dabei ist T_0 eine konstante, systembedingte Zeit und kT_T eine vom gerade gezählten Kanal k abhängige Zeitspanne, die durch die Taktfrequenz $f_T = 1/T_T$ bestimmt wird. Die größte verarbeitete Amplitude verlangt 2^n Schritte, also die längste Konversionszeit. Wesentlich schneller arbeitet der

Stufenumsetzer. Hier (Abb. 2.20d) zählt, über eine Logik gesteuert, ein Zähler einen DAC gerade solange hoch, bis sein (Analog-)Ausgang am Komparator den Wert des Eingangssignals erreicht hat. Die geringste Stufenzahl benötigt das heute meist verwendete Wägeverfahren, bei der jede folgende Stufenbreite halbiert wird. Die Maximalamplitude wird also sukzessiv in $1/2$, $1/4$, $1/8, \ldots$ geteilt und jeweils die Eingangsamplitude auf ihre Lage in der oberen oder unteren Hälfte abgefragt. Mit diesem „Gewichtssatz" braucht man nun nicht mehr 2^n, sondern nur noch n Schritte. Auffällig ist, daß dieser ADC-Typ intern aus einem DAC besteht, der die jeweilige, immer feiner eingeengte und abgefragte digitale Amplitude in eine analoge Größe verwandelt, die dann mit Hilfe des Komparators mit der Eingangsamplitude verglichen wird. Die Konversionszeit hat einen konstanten Wert bei allen Amplituden: $T_c = T_0 + n/f_T = T_0 + nT_T$.

Als Variante leistet der *zyklische AD-Wandler* die Selektion aller Potenzen von $1/2$ mal der Maximalamplitude in *einem* Arbeitsschritt, mit einer Kette von Komparatoren und Operationsverstärkern ($G = 2$). Die letzteren begrenzen die Genauigkeit.

Hochauflösende ADC-Bausteine nach den beiden letzten Verfahren zwischen 10 und 16 Bit erreichen Konversionszeiten ab etwa 10 μs. Wichtig ist, daß der zu konvertierende Amplitudenwert (meist der S/H-Ausgang) während der Wandlungszeit sich nicht — oder höchstens um $1/2$ LSB ändert.

2.3.3 DAC (Digital/Analog-Wandler)

Eine digital codierte Information kann in eine analoge Größe umgeformt werden, wenn sie in dieser Form etwa Steuer- oder Regelaufgaben übernehmen, einen Instrumentenausschlag oder eine Oszilloskopanzeige betätigen soll. Das Prinzip (Kennlinie Abb. 2.19 mit vertauschten Achsen) ist einfach: die digitalen Wörter werden parallel angelegt (ggf. nach Einlesen in ein Schieberegister) und schalten (über FETs) in einem einzigen Taktschritt die passenden Bits einer Widerstandskette. Diese arbeitet wie ein schaltbarer Spannungsteiler und liefert einen den geschalteten Widerständen proportionalen Teil der Referenzspannung U_{ref}.

Abbildung 2.21 zeigt zwei DAC-Formen, den spannungsgesteuerten (UDAC), der in CMOS-Technik aufgebaut wird (a), und den stromgesteuerten (IDAC) mit bipolaren Transistoren (b). Die dual codierte Kette (R–$2R$–$4R \ldots 2^{n-1}R$) für n Bits hat den technischen Nachteil, aus Widerständen ganz

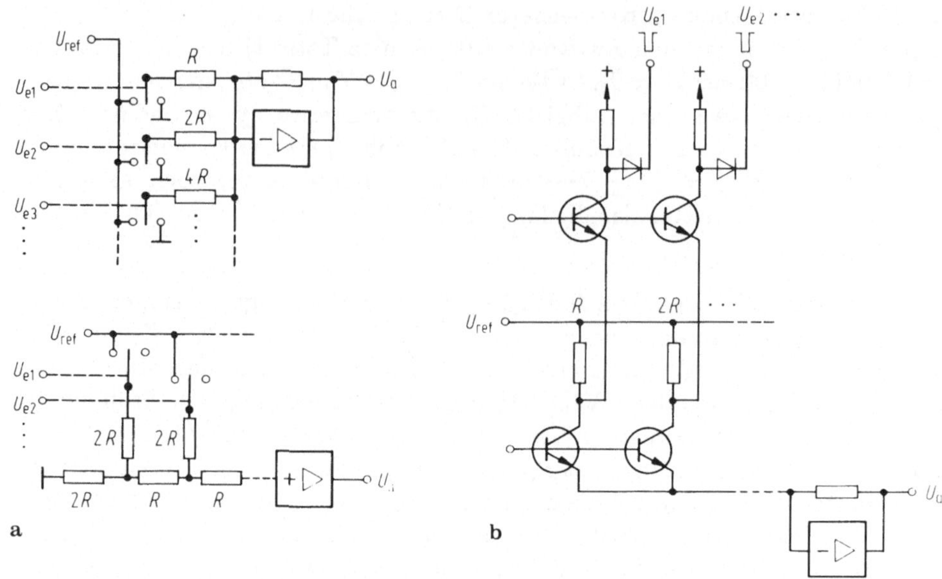

Abb. 2.21 a–b. Digital/Analog-Wandler (DAC), a spannungs-, b stromgesteuert

verschiedener Größenordnungen zu bestehen. Daher wird meistens die Kette $R - 2R$ verwendet (vgl. auch Abb. 2.1). Hier ist $U_a = -U_{ref}B/2^n$ mit $B=$ Summe der geschalteten Bitzahlen. Der Operationsverstärker bietet dann eine Spannung am Ausgang an, die „analog" der digitalen Größe ist — streng genommen natürlich mit einer Rasterung (kleinsten Schrittbreite) von der Größe der kleinsten Bitstufe (ΔU in Abb. 2.19). Das Umladen der stets vorhandenen Schaltkapazitäten ergibt während des Umschaltens bei jedem neuen Signal oft eine Spannungsspitze (glitch), die man durch Schalten von *Strömen* bei konstantem Potential vermeiden kann: IDAC.

Die Genauigkeit der Widerstände erreicht 0.05 %, und Bausteine bis 16 Bit werden hergestellt mit Schaltgeschwindigkeiten im μs-Bereich und mit Linearitätsfehlern bis 10^{-5} herab. Eine Sonderform benützt den Meßverstärker (Abb. 6.47) und schaltet über eine Widerstandskette den Verstärkungsfaktor G um (programmierter Instrumentenverstärker, PGDA programmable gain d/a converter). Hier wird prinzipiell die Größe U_{ref} als Signaleingang genommen. Ganz ähnlich arbeitet der „multiplizierende DAC", etwa bei alphanumerischer Zeichendarstellung auf dem Bildschirm, oder bei der Frequenzeinstellung in aktiven RC-Filtern. In CMOS-Technik kann U_{ref} positiv oder negativ sein, dadurch lassen sich Multiplizierfunktionen realisieren. Ähnlich wie beim ADC lassen sich auch beim DAC verschiedene Wichtungen codieren.

2.4 Änderung des Frequenzspektrums

Jede Änderung einer Signalform (im Zeitbereich) bedeutet natürlich zwangsläufig auch eine Änderung des Frequenzspektrums. Man kann die Betrachtung ausschließlich hierauf beschränken, wie es die Hoch- und Niederfrequenztechnik vorwiegend tut. Die Nachrichtentechnik transportiert häufig Frequenzen und Frequenzbänder in andere Bereiche (Abschn. 2.1.3), aber sie verändert sie auch durch Filter mannigfacher Art. Schließlich verändert jedes elektronische System zwangsläufig ein Signalfrequenzspektrum auf Grund seiner eigenen Übertragungsfunktion.

Eine kurze, allgemeine Übersicht möge hier hilfreich sein. Die Darstellung von Polen und Nullstellen wird in Abschn. 6.3.4 erklärt. Neben die klassischen, passiven und aktiven RLC-Filter sind neuere Verfahren getreten: SC-Filter, Eimerketten und digitale Filter.

2.4.1 Aktive analoge Filter

Die passiven einfachen Hoch- und Tiefpässe (Abschn. 6.1.2) genügen selten höheren Anforderungen (nur ein einziger reller Pol ist vorhanden). Erst in Verbindung mit Operationsverstärkern können sie als „aktive Filter" alle Möglichkeiten von höheren Filterflankensteilheiten ausnützen. Sie verzichten auf Induktivitäten: spulenlose Filter! Die RC-Netzwerke (nur selten RLC-Netzwerke) liegen jetzt im Gegen- oder/und Rückkopplungszweig eines Operationsverstärkers; entsprechend kennt man zwei Gruppen von aktiven Filtern: *normale* Filter (ohne positive Rückkopplung) und *entdämpfte* (angefachte) Filter, die zusätzlich mit positiver Rückkopplung versehen sind. Abbildung 2.22 zeigt beide Gruppen (hier mit einem Beispiel 2. Ordnung), und zwar je als inver-

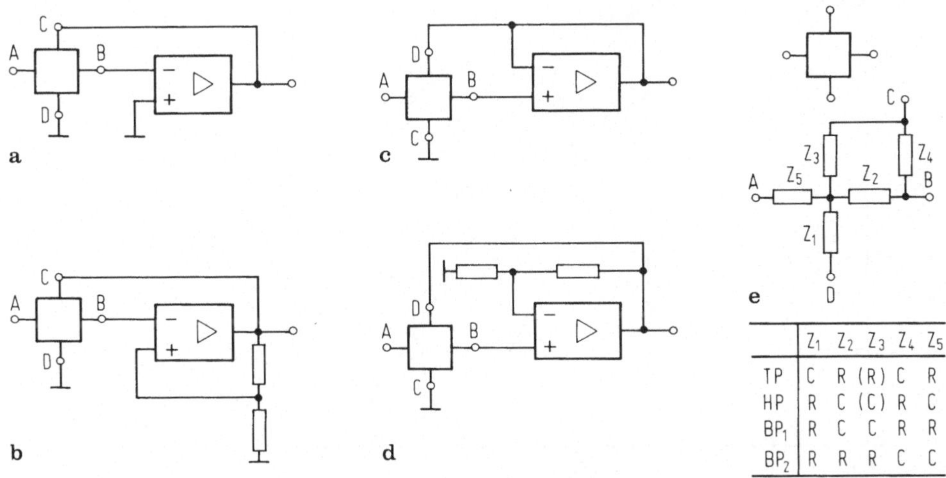

	Z_1	Z_2	Z_3	Z_4	Z_5
TP	C	R	(R)	C	R
HP	R	C	(C)	R	C
BP_1	R	C	C	R	R
BP_2	R	R	R	C	C

Abb. 2.22 a–e. Aktive Filter, **a** invertierend normal, **b** entdämpft, **c** nicht invertierend normal und **d** entdämpft, dazu **e** das Netzwerk. Eingeklammerte Bauelemente können fehlen.

tierenden („Invers-")Verstärker (a, b), und als nicht invertierenden („Eins-")
Verstärker (c, d). Das Netzwerk selbst — in seiner Normalform aus 4 bis 5
Impedanzen bestehend — bestimmt den Filtertyp: Hoch-, Tief- und Band-
pass. Durch Einsetzen der R- und C-Werte in das (richtig angeschlossene)
Netzwerk erhält man sofort die Grundtypen. Die Verstärkung (Abschn. 6.3.2)
$-G = V/(1 + \beta V)$ ist hier auf $-G = 1/[\beta + \frac{1}{V} + F(s)]$ erweitert, wobei
die Übertragungsfunktion $F(s)$ mit dem Grad ihrer Polynome die Polzahl bestimmt. Diese selbst diktiert den Abfall: 6 dB pro Oktave und pro Pol. Bei
Bedarf werden mehrere Stufen hintereinandergeschaltet. Die Güte von sehr
schmalen Bandfiltern definiert das Verhältnis von Mittenfrequenz zur Differenz der beiden Flankenfrequenzen, bei denen $F(s)$ um 3 dB abgesunken ist
(z.B. 2 beim Oktavfilter, $\sqrt[3]{2}$ beim Terzfilter usw.).

Unterlagen für Entwurf und Bau solcher Filter liefert die Spezialliteratur. Durch die Wahl der Koeffizienten lassen sich spezielle Polynome anpassen:
Abb. 2.23 zeigt die drei gebräuchlichen Charakteristiken, deren Steilheit je mit
der Polzahl wächst. Sie unterscheiden sich in der Abfallflanke und der Welligkeit (und im zeitlichen Überschwingen). Typ Bessel hat sehr linearen Phasengang und gleichmäßigen Amplitudenabfall mit der Frequenz. Tschebyscheff fällt
sehr steil ab, zeigt aber Welligkeit im Durchlaßbereich und sein Phasengang ist
ungleichmäßig. Endlich besitzt Typ Butterworth das breiteste flache Durchlaß-
band bei mäßig linearem Phasengang.

Hier mögen auch die vielen Formen keramischer und piezoelektrischer Fil-
ter der HF-Industrie erwähnt werden, ebenso Konstruktionen mit Quarzen.
Eine völlig andere Lösung mit integrierten Schaltkreisen, fast ohne äußere
Bauteile, besteht darin, Widerstände durch periodisch umgeladene Konden-

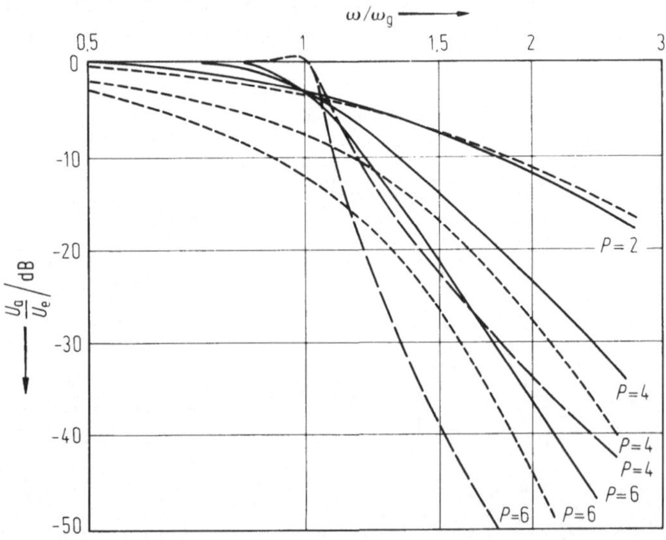

Abb. 2.23. Filterkennlinien mit Polzahlen $p=2, 4, 6$. Typen: Butterworth (ausgezogen), Bessel
(punktiert) und Tschebyscheff (gestrichelt)

satoren zu ersetzen: *SC-Filter* (switched capacitor filter). In ihnen fließt die Ladung $\Delta Q = C\Delta U = C(U_e - U_a)$ mit der Taktfrequenz ν als mittlerer Strom $\langle I \rangle = \Delta Q/\Delta t = C\Delta U\nu = \Delta U/R_f$ genau so, als ob er durch einen äquivalenten Widerstand $R_f = 1/\nu C$ bestimmt wäre.

Ein noch anderes Verfahren benützt das Sampling-Prinzip in Verbindung mit einer Art Eimerkettenschaltung (Abschn. 2.2.1), bei der eine Probenwichtung vorgenommen werden kann. So lassen sich erstaunliche Frequenzänderungen bzw. -filterungen erzielen. Damit ist bereits ein nächster Schritt erreicht: die digitale Filterung.

2.4.2 Digitale Filter

Unter einem digitalen Filter versteht man eigentlich ein Rechenprogramm, oder allgemein einen Abtast-Analogrechner. Das Signal (mit einem Frequenzspektrum bis f_g) wird durch ein Zeitfilter (Abtastung) geschleust, das selbst oberhalb von f_g eine beliebige periodische Funktion sein kann (Fourierreihe). Dieses „Filter" läßt sich durch $2N$ Verzögerungsglieder (je gleich der Sampling-Periode $T_s = 1/(2f_g)$ und mit $2N + 1$ Proportionalgliedern (Amplitudenfaktoren) darstellen: sog. Transversalfilter.

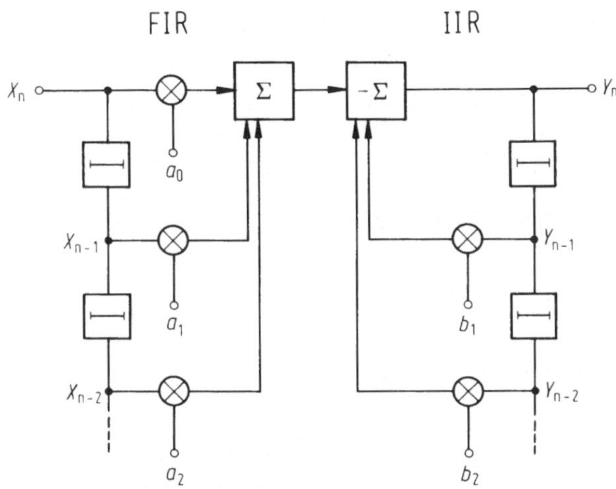

Abb. 2.24. Digitalfilter (linke Hälfte: nicht rekursiv, FIR)

Hierzu haben Rechnerprogramme große Bedeutung erlangt, die ein digitales Signal X_n so aufarbeiten, daß die Proben (samples) Stück für Stück verzögert, mit Faktoren multipliziert und zu vorherigen Proben addiert werden, die man am Eingang X oder/und am Ausgang Y entnimmt. Im ersten Fall spricht man von nicht rekursiven Filtern (finite impulse response FIR), im zweiten Fall (Vor- *und* Rückwärtskopplung) von Rekursivfiltern (infinite impulse response I I R), dargestellt in Abb. 2.24. Das Ausgangssignal

$$Y_n = \sum_{k=0}^{M} a_k X_{n-k} \quad \left(+ \sum_{n=1}^{N} b_k Y_{n-k} \right)$$

liefert gefilterte Signalinformation, also eine, die aus Filtereigenschaften entspringt, wie sie von konventionellen elektronischen Filtern oft überhaupt nicht realisierbar sind. Solche Filter lassen sich leicht steuern (schalten), z.B. für Sprachsynthese. Auch hier sei auf die Literatur verwiesen.

3 Signalsortierung

Dieses Kapitel handelt vorwiegend von der Messung verschiedener Signalgrößen durch ihre Aussortierung nach vier Merkmalen: *Amplituden, Zeit-* und *Formparameter*, und *Frequenzen*. Dabei werden nicht nur die Größen selbst direkt bestimmt oder ihre Häufigkeit untersucht (Spektren), sondern es können auch unerwünschte Signale unterdrückt, oder Zeit- und Amplitudeninformationen miteinander kombiniert werden. Die Grenze der Meßgenauigkeit (die Abweichung jedes Meßwertes vom wahren Wert) wird nicht nur durch die Methode oder die Geräte bestimmt, sondern auch vom Rauschen.

Bei der Sortierung kann man oft zwischen zwei allgemeinen Meßprinzipien wählen, der *Vergleichs*methode (direkter Vergleich der Signalgröße mit einer Referenzgröße) und dem *Kompensations*verfahren (die Signalgröße wird durch eine komplementäre Referenzgröße zu Null kompensiert). Die Referenz- bzw. Nullgröße kann als direktes Ergebnis ausgewertet oder für eine Prozeßsteuerung in einem Regelsystem angewendet werden.

3.1 Amplitudenanalyse

Die Sortierung nach Amplituden ist ein besonders häufiger Meßvorgang, der sich nach den verschiedenen Signalarten richtet. Bei einem *stationären* Signal, gleich welcher Form, ob periodisch oder stochastisch, wird es sich um Spitzen-, Mittel- oder Effektivwertmessungen handeln. Spitzenwerte können nach Abb. 2.13a, Mittelwerte nach Abschn. 5.1 leicht gewonnen werden. Effektivwerte liefert eine Quadrierstufe (Multiplizierer mit zwei zusammengelegten Eingängen, Abschn. 2.1.3) und anschließender Mittelwertbildung. Solche fertigen Bausteine produzieren ganz exakte Effektivwerte, unabhängig von der Form des Signals. In derartigen Anwendungen zeigt sich die Überlegenheit einfacher analoger Bausteine gegenüber digitaler Verarbeitung.

Die Abtastung und Digitalisierung stationärer Signale ist bei der Sampling-Technik besprochen. In diesem Abschnitt werden die Methoden und Probleme der Amplitudenabfrage von *diskreten* Signalen (Impulsen) — periodischen oder stochastischen — beschrieben.

Der im zeitlichen Ablauf erreichte Spitzenwert einer Amplitude wird mit einem Vergleichsmaßstab, also einem Referenzpotential (z.B. einer Schwellenspannung) verglichen. Der vergleichende Baustein, ein Komparator (auch Diskriminator) gibt eine digitale Aussage L oder H ab.

3.1.1 Abfrage eines Amplitudenwertes

Im einfachsten Fall vergleicht der Komparator (Abb. 3.1a) den Scheitelwert von U_e mit einer gegebenen Referenzspannung U_s. Das Ausgangssignal hängt vom Vorzeichen der Differenz $U_e - U_s$ ab und ist stets mit einer Unsicherheit $\Delta U_a = (U_e - U_s)/V$, sowie mit einem etwaigen Offset (Abschn. 6.3.2) behaftet. Einen wesentlich schärferen Schwellenvergleich leistet jedoch erst ein Differenzverstärker mit geringer (positiver) Rückkopplung, ein „umkippender" Verstärker, eine sog. *Triggerstufe* (b). Dieser Bausteintyp kippt beim Überschreiten der Eingangsschwelle extrem rasch um: Schmitt-Trigger, Monoflop (Abschn. 6.2.3).

Eine einzige Schwelle teilt einen Amplitudenbereich nur in zwei Gruppen auf. Das genügt in der Regel nicht, daher ist diese einfache Amplitudensortierung meist nur ein Bestandteil von besseren Analysiersystemen (s.u.).

3.1.2 Triggerstufen

Wegen ihrer großen Bedeutung sei das Wesen von Triggerstufen (Schwellendetektoren) kurz beschrieben. Wenn das Signal die Triggerschwelle U_s überschritten hat, muß es eine Mindestenergie W_0 bzw. eine Mindestladung $Q_0 = \Delta t \Delta I$

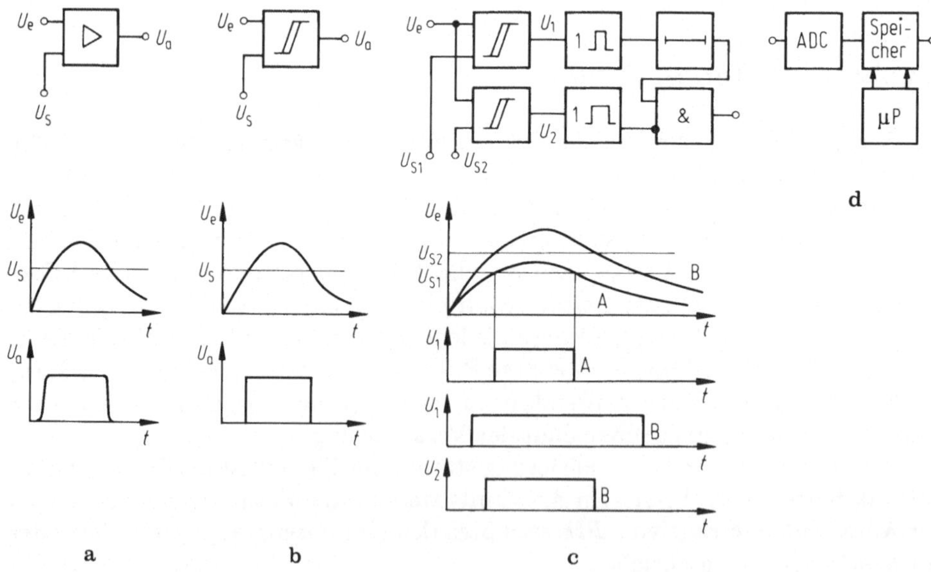

Abb. 3.1 a–d. Amplitudenabfrage. a Komparator, b Schmitt-Triggerstufe, c Fensterdiskriminator, d Vielkanal-Analysator

aufbringen, um die Triggerstufe zum Kippen zu bringen: es ist $W_0 = U_s Q_0 = U_s \Delta t \Delta I = U_s \Delta t \Delta U / R$ (Abb. 3.2). Der Schwellenfehler ΔU — erst bei einer Signalamplitude $U_s + \Delta U$ triggert die Stufe ! — beträgt

$$\Delta U = \frac{W_0 R}{U_s \Delta t} = \frac{U_s Q_0 R}{U_s \Delta t} = \frac{Q_0 R}{\Delta t}$$

bei gleichzeitiger Unsicherheit in der Zeit Δt. Die Kurven zeigen die Abhängigkeit von der Anstiegsrate $\dot{U} = \Delta U / \Delta t$ (z.B. in V/μs) und sie liefern:

$$\text{Amplitudenfehler} \quad \Delta U = \dot{U} \Delta t = \sqrt{\dot{U} Q_0 R}$$

$$\text{Zeitfehler} \quad \Delta t = \Delta U / \dot{U} = \sqrt{Q_0 R / \dot{U}}.$$

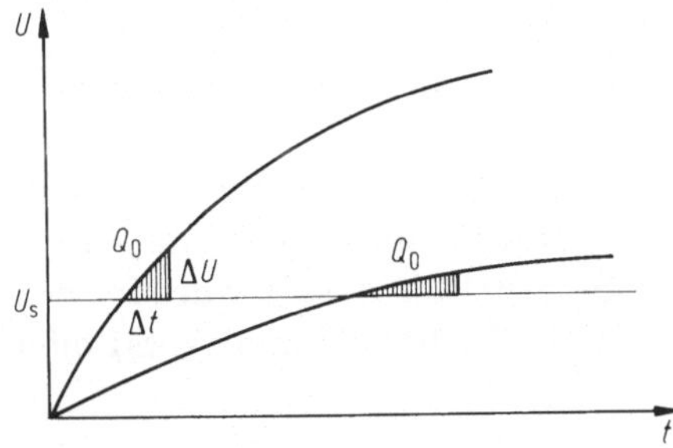

Abb. 3.2. Verhalten einer Triggerstufe an der Schwelle U_s

Die Zeitauflösung wird umso besser, je steiler die Flanke ansteigt, im Gegensatz zur Amplitudenauflösung: eine Art physikalischer Unschärferelation. Die Schwellenhöhe U_s tritt nicht mehr auf, lediglich die Konstante Q_0 der Triggerstufe geht ein (gestrichelte Flächen in Abb. 3.2). In der Realität kommt noch die effektive Rauschspannung U_r hinzu, so daß sich schließlich der gesamte Schwellenfehler ergibt:

$$\Delta U_s = \sqrt{(\Delta U)^2 + U_r^2} \quad \text{und} \quad \Delta t_s = \frac{1}{\dot{U}}\sqrt{(\Delta U)^2 + U_r^2}.$$

Eine Schlüsselstellung nehmen Triggerstufen bei allen Oszilloskopieverfahren ein. Verfeinerungen sind Ein- und Zweipegel-(Fenster-)Triggerung, sowie sequentielle Triggerung: der erste Pegel macht das System empfindlich, der zweite triggert dann.

Weitaus am häufigsten wird der Schmitt-Kreis als Triggerstufe benützt (Abschn. 6.3.5), der infolge seiner Hysterese keine Schwingneigung in Schwellennähe zeigt, wie der Komparator.

3.1.3 Amplitudenanalyse

Der früher gezeigte primitive Diodendiskriminator wird durch eine präzise Triggerschwelle ersetzt: Abb. 3.1b. Solche (Integral-)Diskriminatorschwellen sind z.B. auch immer dann nötig, wenn analoge Signale (also ein ganzes Amplitudenspektrum) lediglich gezählt werden sollen. Dann muß eine exakte Schwelle den Amplitudenbereich für die digitale Zählung definieren.

Der Schritt nun vom integralen zum differentiellen, dem Fenster- oder Einkanaldiskriminator (single channel analyzer) verlangt *zwei* Schwellen (c). Überschreitet das Signal U_e nur U_{s1}, dann liefert der obere Schmitt-Trigger (z.B. über einen Monoflop) ein Signal an den Ausgang. Die untere Triggerstufe verhindert dies, wenn das Signal auch die obere Schwelle U_{s2} übersteigt (die verschieden breiten Monoflop-Signale, die Verzögerung des kürzeren Impulses und die Inhibitschaltung sorgen für den korrekten Zeitfahrplan). Die Hysterese der Schmitt-Kreise verhindert ein Hin- und Herkippen (Flattern) an den Schwellen, etwa bei überlagertem Rauschen. Fertige ICs messen also Amplituden von einer Höhe U_{s1} mit einer Auflösung $\Delta U = U_{s2} - U_{s1}$, etwa bei einer Spannungsüberwachung.

Soll ein ganzes Amplituden*spektrum* aufgenommen werden, greift man zum ADC (d), der weiter oben beschrieben ist: jede einlaufende Signalamplitude wird digitalisiert und abgespeichert. Unter jeder Amplitudenadresse ist die aufsummierte Menge dieser Amplitudenereignisse abrufbar und kann dann insgesamt als Spektrum wieder ausgegeben werden. So arbeiten viele Handelsformen von fest programmierten Vielkanalanalysatoren (multichannel analyzers) oder hierfür programmierte Rechenanlagen.

3.1.4 Amplitudenfehler

Neben jeder unvermeidlichen Quantisierungsunsicherheit ΔU eines ADC gibt es drei weitere Probleme: *Rauschen*, *Signalaufstockung* (pile up) und *Nullinienverschiebung* (baseline shift).

Rauschen

In Abschn. 1.4.4 und 6.3.3 wird das Rauschen beschrieben. Jede wiederholt auftretende, konstante Signalamplitude wird in (Gauss-förmiger) Verteilung um einen Mittelwert registriert, deren Halbwertsbreite gleich 2.35 mal der effektiven Rauschspannung ist. Dieser Amplitudenfehler spielt bei kleinen Signalamplituden auch nach rauscharmer Vorverstärkung eine große Rolle.

Aufstocken

Wie Abb. 3.3a zeigt, unterliegt jede Amplitudenanalyse einem Fehler, wenn das (u.U. dicht) vorausgegangene Signal noch nicht vollständig abgeklungen ist. Die naheliegende Abhilfe verkürzt die Signale (b), z.B. durch Differenzieren. Nun soll zwar jedes Signal so rasch wie möglich auf Null abfallen, andrerseits soll aber sein Amplitudenverlauf (zur Abfrage im Spitzenwert) nicht verzerrt, der Informationsgehalt also nicht gestört werden.

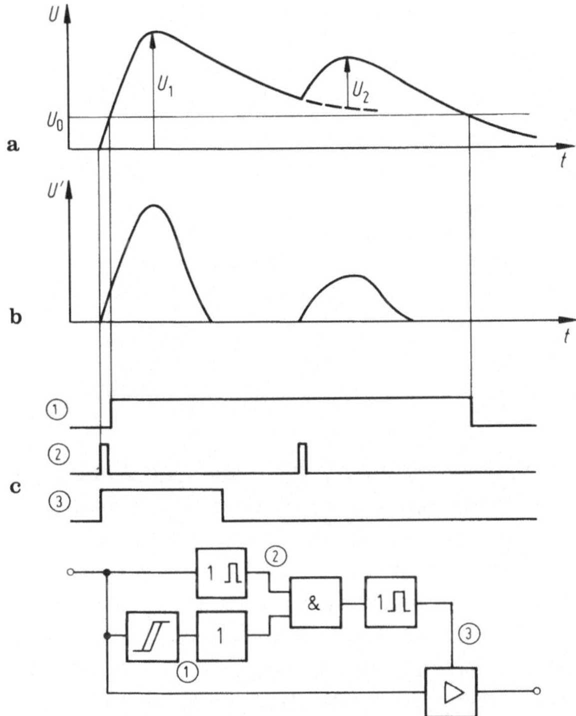

Abb. 3.3 a–c. Signalaufstockung. a Amplitudenfehler, b Verkürzung mit Differenzieren, c Unterdrückung gestörter Signale

Eine andere Art der Aufstockung wird durch unterschwingende Signale verursacht. Dann fallen viele Amplitudenwerte zu niedrig aus, und in der spektralen Darstellung sind die Spitzen auf der linken Flanke verbreitert. Abhilfe ist wie bei der Nullagenverschiebung möglich.

Häufig benutzen Impulsverstärker eine Signalformung durch Kabel oder Filter (Dreieck- oder Gauss-Form). Folgen jedoch zwei Signale sehr dicht aufeinander, muß das zweite Ereignis oder — wenn nicht mehr trennbar — das ganze Ereignispaar über eine Torschaltung unterdrückt werden. Ausfall von Ereignissen ist weniger schädlich als Falschregistrierung. In (c) ist als Beispiel gezeigt, wie ein Schmitt-Kreis ein Mindestniveau U_0 abfragt, das unterschritten werden muß, ehe er das lineare Tor (Analogschalter) wieder freigibt, das sonst nur von ungestörten Signalen geöffnet wird. Die verschiedenen Verfahren, mit Hilfe eines linearen Tores unerwünschte Signale zu verwerfen, lassen sich mit einer Gütezahl bewerten: Amplitude mal Zählrate (Anwendung in der nuklearen Elektronik: Energie mal Zählrate, Grenze etwa bei 1 MeV·MHz).

Nullpegelverschiebung

Hohe Zählraten von Signalen gleicher Polarität produzieren nach RC-Koppelgliedern immer ein mittleres Gleichspannungspotential, das von Null verschie-

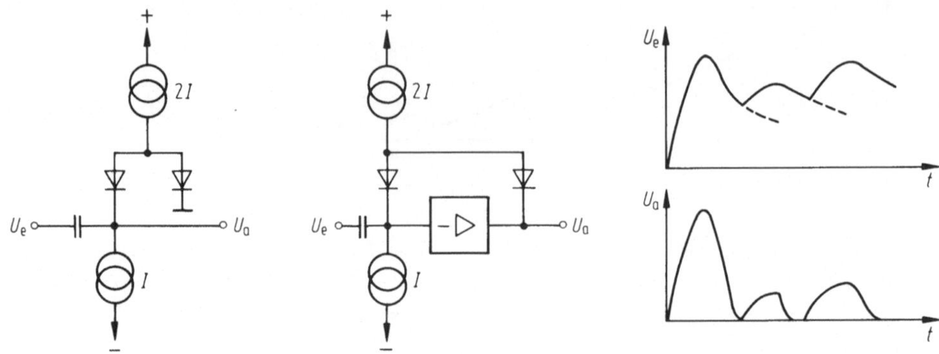

Abb. 3.4. Nullpegel-Ausgleich (baseline restorer)

den ist und daher die Amplitudenanalyse verfälscht. Eine einfache Abhilfe ist die Umformung der Signale durch doppeltes „Differenzieren“ in bipolare Signale von gleicher positiver und negativer Ladungshälfte (ähnlich Abb. 3.6). Aber das Signal/Rauschverhältnis wird dadurch verschlechtert. Eine andere Möglichkeit (baseline restorer) besteht im zwangsweisen Rückholen des Ruhepegels in einen Bereich ΔU um den Nullwert: Abb. 3.4 ohne und mit Operationsverstärker. Der Ausgang folgt dem positiven oder negativen Signalanstieg, entlädt dann aber jeweils mit konstantem Strom I die Ausgangsseite des Kondensators bis in den Übernahmebereich der Dioden. Varianten arbeiten mit Komparator, der einen Entladestrom über einen Transistor öffnet.

3.2 Zeitanalyse

Im Zeitbereich lassen sich zwei Gruppen von Sortiermaßnahmen trennen:
1. Reine Zeitmessungen zwischen zwei Ereignissen, wobei der Zeitabstand zwischen Start- und Stopsignal vom Wert Null bis zu beliebig großen Werten variieren kann: von der Gleichzeitigkeit (Koinzidenz zweier Signale) bis zu Langzeitmessungen,
2. Die Kombination von bestimmten Signalen zu bestimmten Zeiten (Durchlaß oder Sperrung der Information). Hierzu gehören alle „Inspektionskreise“, wie lineare Tore und Analogschalter (Multiplexer).

3.2.1 Zeitmessungen

Die Aufgabe ist stets, zwischen zwei Zeitpunkten (Zeitmarken) die Zeit*differenz* quantitativ zu erfassen. Die wenigsten Schwierigkeiten bereiten Langzeitmessungen, vom Sekundenbereich an aufwärts, da sie digital vorgenommen werden (Abschn. 5.2 und 6.2.3). Ein Taktgenerator (z.B. ein hochkonstanter Quarzoszillator, evtl. mit Frequenzteiler) zählt ab Startimpuls in einen Zähler ein, bis der Stopimpuls den Vorgang zum Ablesen unterbricht. Die Frequenzkonstanz bestimmt die Genauigkeit, umso mehr, je länger die Meßzeiten sind (Bereich Stunden bis Tage). — Bei „Kurzzeitmessungen" sind oft kompliziertere Meßverfahren nötig.

Zeitparameter

Sie bilden etwa Impulsdauer oder Anstiegszeit und erfordern die Ableitung von je zwei Zeitmarken (s.u.) für die zu messende Zeitspanne. Ferner muß — z.B. bei der Bestimmung kurzer Anstiegszeiten von Signalen — die eigene Anstiegszeit der Meßeinrichtung bekannt sein. Denn das immer vorhandene Tiefpaßverhalten des Meßverstärkers (Abschn. 6.1.2) antwortet auf einen idealen Spannungssprung (Stufensignal) mit einer endlichen Anstiegszeit t_M. Eine Signalanstiegszeit t_0 wird dahinter dann auf den Wert $t_r = (t_0^2 + t_M^2)^{1/2}$ verlangsamt, der etwa auf dem Bildschirm eines Oszilloskops (zwischen 10 und 90 % der Amplitude) abgelesen wird. Der wahre Wert t_0 weicht umso mehr vom Meßwert t_r ab, je mehr er sich t_M nähert. Ist $t_0 = t_M$, dann mißt man $t_r = \sqrt{2}\,t_0$, der Meßfehler beträgt also 41 %. Kürzere Signalwerte als t_M sind überhaupt nicht mehr meßbar. Aufwendige Oszillographen leiten Zeitmarken aus internen Triggerschwellen ab und berechnen die Zeiten.

Zeitmessungen selbst bis in den Nanosekundenbereich und darunter lassen sich sehr genau mit einer Transformation der Zeitdauer in eine ihr proportionale Amplitude ausführen:

Zeit/Amplituden-Konverter

(ZAK, time to amplitude converter, TAC). Die Zeitdifferenz zwischen den beiden Zeitmarken Start und Stop wird darin in eine proportionale Amplitude umgewandelt. Aus einem Zeitspektrum läßt sich so ein Amplitudenspektrum bilden, das sich bequem mit der oben gezeigten Amplitudenanalyse speichern und auswerten läßt. Benutzt wird wieder ein Integrator, der (mit konstantem Stromfluß) einen Kondensator linear ab Startimpuls bis zum Stop auflädt. Die erreichte Amplitudenhöhe ist proportional zur Zeitdifferenz und erscheint als analoges Ausgangssignal. Zusätzliche Funktionen eines kompletten Bausteines sind: Blockieren des Starteinganges während des Zyklusablaufs, Rücksetzen nach Zyklusende und Unterdrücken eines Ausgangssignals, wenn nur ein einzelner Eingangsimpuls (ohne zugehörigen Stop- oder Startpartner) innerhalb des Meßbereiches eintrifft. Der Meßbereich selbst kann durch Umschalten der Integratorzeitkonstanten zwischen Nanosekunden und Sekunden gewählt werden.

Zu weniger bekannten Verfahren zählt ein Nonius-artiges Prinzip (Chronotron): das Startsignal läßt eine hochfrequente Impulsfolge der Periodendauer T_1 anlaufen, das Stopsignal nach der Zeit τ startet eine etwas höherfrequente Folge ($T_2 < T_1$), dann tritt ab Start nach der Zeit T_K die erste Koinzidenz

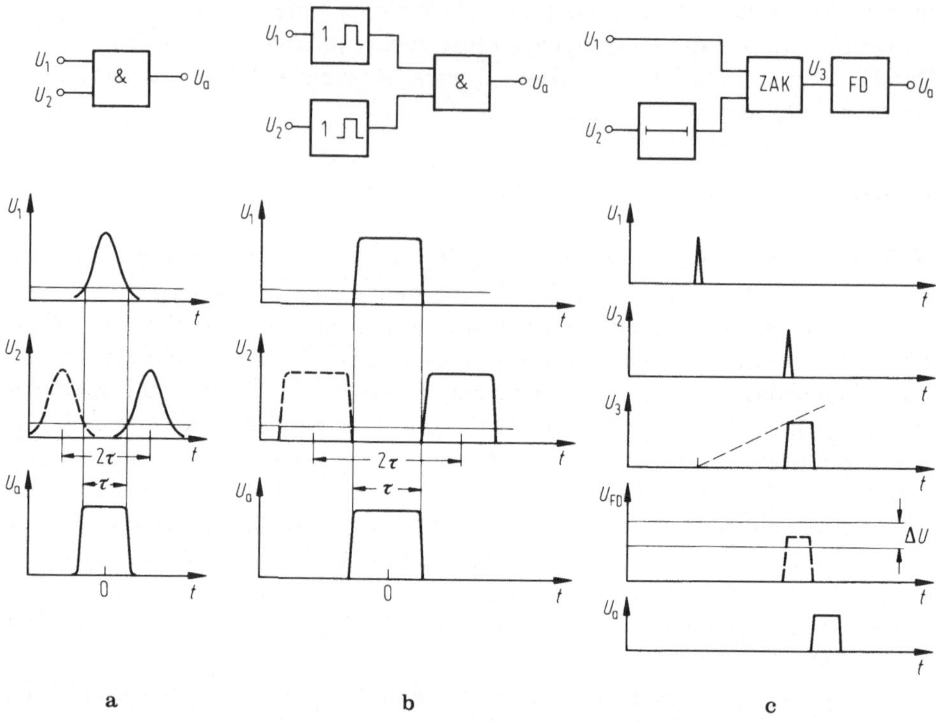

Abb. 3.5 a–c. Koinzidenzmessung. a Prinzip, b Koinzidenzstufe mit definierter Zeitauflösung durch Monoflops, und mit c Zeit/Amplituden-Konverter (ZAK)

zwischen den beiden Reihen ein. Aus $T_K = \tau[1 + T_2/(T_1 - T_2)]$, $T_1 > T_2$ wird τ bestimmt.

Zwei Sonderfälle von Zeitmessung sind: Erfassung gleichzeitiger Signale (*Koinzidenzen*) und *Zeitverteilungen*.

Koinzidenzen. Der trivial aussehende Fall ($\Delta T = 0$), gleichzeitige Ereignisse auszusortieren, kann nicht immer mit einfachen UND-Gattern gelöst werden, da die Zeitmarken relativ zum erzeugenden physikalischen Prozeß schwanken (streuen). Im Idealfall besitzen sie eine Gauss-Verteilung. Zwei sich widersprechende Forderungen sind zu erfüllen: Einmal sollen die Impulse selbst, also die Zeitmarken, so kurz wie möglich sein, andrerseits sollen aber *alle* „gleichzeitigen" Impulspaare innerhalb der Schwankungsbreite als Koinzidenzereignisse gemeldet werden. In Abb. 3.5a sind die Zeitmarken als dreieckförmige Impulse gezeichnet (kürzeste mögliche Anstiegszeit gleich Abfallzeit). Wenn die Ansprechschwelle des UND-Gatters gerade etwa die Impulsbreite τ zuläßt, können sich zwei Ereignisse während der Zeit 2τ überlappen, die so als kürzeste Auflösungszeit definiert wird. Triggert man jedoch mit den Zeitmarken neue Rechteckimpulse definierter Breite τ an, dann kann man die „Koinzidenzauflösezeit" 2τ festlegen (b). Sie sollte nicht breiter sein als die zeitliche Schwankung der Signale selbst.

Eine elegante Methode einer Koinzidenzstufe mit einstellbarer Auflösung (Fall c) benützt einen ZAK (s.o.) mit fester Verzögerung im Stopzweig. Exakt gleichzeitige Signale produzieren Ausgangsimpulse einer bestimmten Höhe, die von einem Fensterdiskriminator mit einstellbarer Breite ΔU abgefragt werden. Die Breite ΔU legt so die Zeitauflösung fest.

Zeitverteilungen. ($\Delta T = f(t)$: Besitzen die Zeitmarkenpaare (über die eigene Streubreite hinaus) als Information eine zeitliche Verteilung, etwa einen exponentiellen Verlauf (Zeitintervallverteilungen, Lebensdauermessungen in der Atomphysik), so ergibt sich ein komplizierteres Zeitspektrum. Es entsteht aus der Multiplikation (Faltung) der zu messenden Funktion $f(t)$ mit der sog. prompten (Apparate-)Kurve $P(t)$, also mit der eigenen plus der elektronisch bedingten Streuung. Gemessen wird also $F(t) = \int f(t)P(t-\Theta)d\Theta$. Diese Funktion nähert sich der wahren Verteilung $f(t)$ umso mehr, je schmäler die prompte Verteilungskurve $P(t)$ gegenüber $f(t)$ ausfällt (Idealfall: Deltafunktion).

3.2.2 Zeitmarken

Eine schwer erfüllbare Vorbedingung für präzise Zeitmessungen ist das Vorhandensein von Zeitmarken: ihre Erzeugung aus beliebigen Signalimpulsformen ist hier erläutert. Sie werden grundsätzlich dann erzeugt, wenn die Signalamplitude eine vorgegebene Triggerschwelle schneidet. Zuerst seien die Zeitfehler, dann die Abfragemethoden besprochen.

Zeitfehler

Jede Zeitmessung ist immer nur so gut, wie die Zeitmarken es erlauben. Diese selbst zeigen Schwankungen, entstanden durch die Eigenschaften des Signals, der Triggerstufe, einschließlich des Rauschens.

Triggerfehler. Zunächst treten zwei grundsätzliche Unsicherheiten auf: einmal schwankt der Zeitpunkt des Triggerns bei verschieden steilen Impulsflanken (vgl. Abb. 3.2) und zum anderen überlagert sich das Rauschen der momentanen Signalamplitude (jitter). Von langzeitlichen Änderungen (Drift) der Schwellenspannungen sei hier abgesehen.

Zeitdispersion. Viel schwerer wiegt die Schwankung (walk) des Triggerzeitpunktes auf Grund der beiden Signalparameter Amplitude und Anstiegszeit, wie in Abb. 3.6a gezeigt ist. Zwei Signale gleicher Anstiegszeit, aber verschiedener Amplitude, triggern zu den Zeitpunkten t_1 und t_2. Zwei Signale gleicher Amplitude, aber verschiedener Anstiegszeit triggern bei t_2 und t_3, immer bezogen auf $t = 0$, den Fußpunkt des Signals. Ein ganzes Amplituden*spektrum* liefert demnach Triggerzeitpunkte, die zwischen einem sehr kleinen Wert und

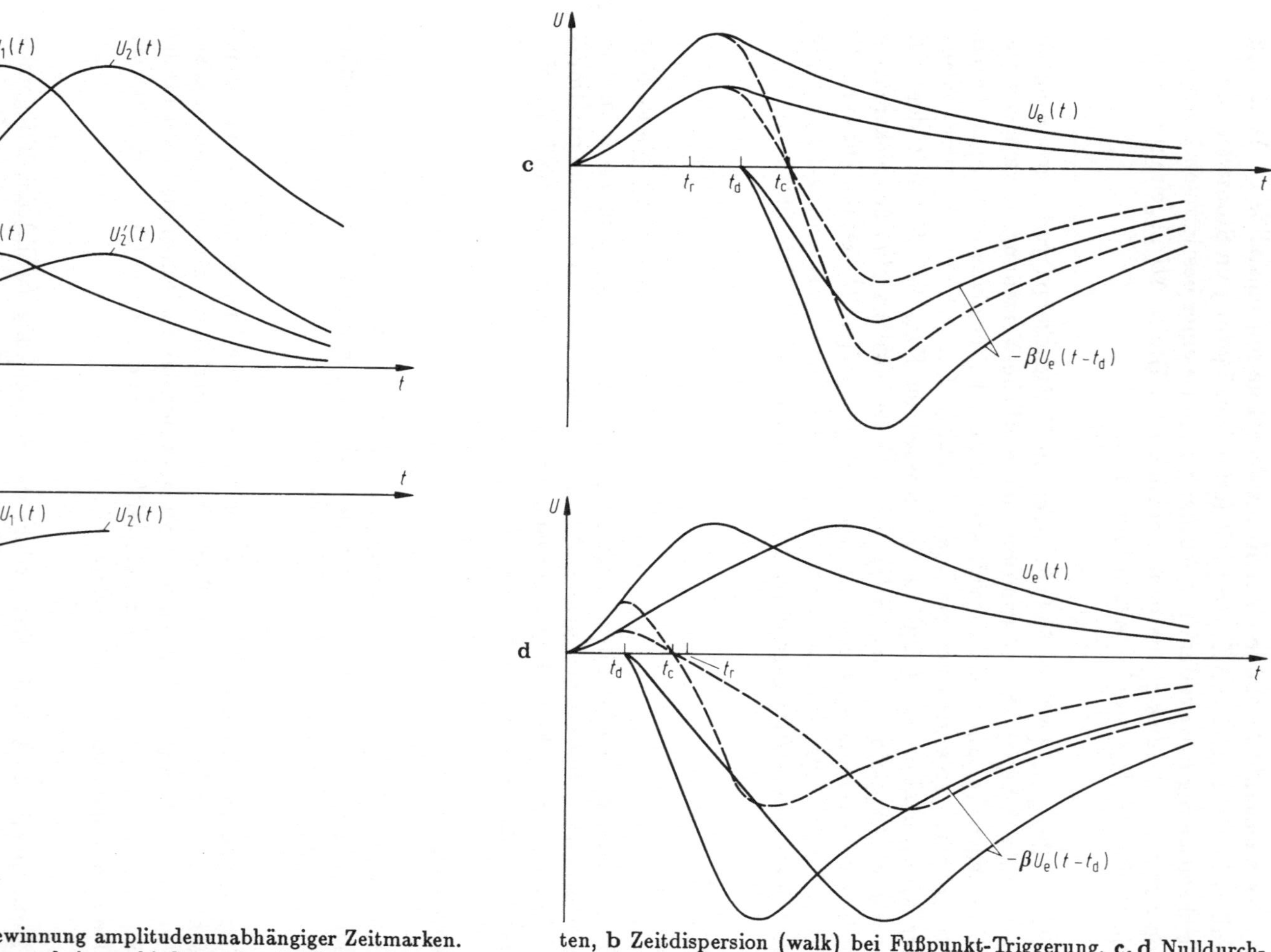

Abb. **3.6 a–d.** Gewinnung amplitudenunabhängiger Zeitmarken. **a** Fußpunkt-Triggerung bei verschiedenen Amplituden und Anstiegszeiten, **b** Zeitdispersion (walk) bei Fußpunkt-Triggerung, **c, d** Nulldurchgang (CF und ARC, siehe Text)

dem Zeitpunkt des Signalmaximums wandern kann (b). Diese Dispersion (auch: time slewing) verhindert exakte Zeitmessungen zwischen Partnern wechselnder Amplitude, zumindest von solchen Zeitspannen, die kleiner als die maximale Anstiegszeit sind. Es gibt Abhilfen:

Zeitabfrage

Fast alle der zahlreichen Abfragemethoden (time pick-off) beruhen auf einer der beiden folgenden Prinzipien.

Fußpunkt-Triggerung. (leading edge timing): Es liegt nahe, die Triggerschwelle U_0 so tief wie möglich (nahe an den Fußpunkt) zu legen. Dadurch kann man aber nur einen (wichtigen) Teil eines Spektrums in den Bereich geringer Zeitdispersion verschieben. Es gibt stets noch größere Amplituden mit hoher Zeitstreuung.

Nulldurchgangsmethoden. Eine andere, vom Autor zuerst beschriebene Methode macht von dem *Nulldurchgang* doppelt differenzierter Signale Gebrauch, der unabhängig von der jeweiligen Signalamplitude ist, solange die Anstiegszeiten gleich bleiben (mathematisch: bei konstantem Fourier-Spektrum der Signale). Dieser Nulldurchgang (zero crossing) wird mit einem Schmitt-Trigger abgefragt (sein Rückkipp-Pegel kann wegen seiner Hysterese auf Null gelegt werden) und anschließend in eine kurze Zeitmarke verwandelt. Die Beziehung $U_a(t) = U_e[f(t) - \beta f(t - t_d)]$ gilt für alle Amplituden. Die nötige Differentiation kann nach Abb. 2.4c, d ablaufen oder aber nach einer verbesserten Variante (CF, constant fraction method) in (c): vom verzögerten Eingangssignal wird das um β abgeschwächte Signal subtrahiert. Dabei ist β ein passend gewählter Bruchteil der Eingangsspannung (oft etwa 1/5). In beiden Verfahren ist die Verzögerung t_d größer als die Anstiegszeit t_r. Schwanken schließlich auch die Anstiegszeiten des Signalspektrums, dann wird die Zeitdispersion noch nicht verhindert. Erst wenn man die Verzögerung $t_d < t_r$ wählt (d), liefert jeder Impuls annähernd die gleiche konstante Nulldurchgangszeit t_c, unabhängig von seiner Amplitude oder/und Anstiegszeit (ARC, amplitude and rise time correction). Dabei muß die Bedingung $t_d/t_c = (\beta - 1)/\beta$ erfüllt sein.

Die Zeitdispersion kann auf diese Weise in einem Amplitudenbereich von über 1 : 100 auf Werte unter 1 ns reduziert werden, solange Schwankungen durch Rauschen genügend gering bleiben.

3.2.3 Signalkombination nach Fahrplan

(Zeitinspektion, Tore). Immer, wenn viele Signale auf mehreren Kanälen eintreffen, kann die Aufgabe entstehen, zeitlich zusammengehörige Signale auszuwählen, seien es gleichzeitige, oder über eine Zeitfunktion miteinander verknüpfte

Ereignisse. Mit anderen Worten: hier interessieren Prozesse, bei denen je ein Signal bzw. Amplitudeninformation mit einer vorgegebenen Zeitselektion verknüpft ist (oder werden soll). Allgemein gilt wieder die Multiplikation eines Zeitfensters mit einer Signalamplitude. Im Prinzip gehört hierzu auch der oben beschriebene Sample/Hold-Baustein, nur ist bei ihm die Fensterfunktion viel kürzer als die Signaldauer. Hier dagegen ist das Zeitfenster breit, mindestens gleich einer vollen Signalperiode oder Impulsdauer. In diesem Fall spricht man von einem *Tor* (gate), das im *digitalen* Bereich einem UND-Gatter (vgl. auch Koinzidenzstufe) entspricht, im *analogen* Bereich aber das gesamte Amplitudenspektrum unverändert passieren lassen muß: *Analogschalter* (analog switch, linear gate).

Viele Bausteine bestehen aus mehreren umschaltbaren Toren: Datenselektor (Multiplexer bzw. Demultiplexer), wie in Abb. 3.7 gezeigt. Die Eingänge U_e werden von den Steuersignalen an den Tor-(gate-, strobe-)eingängen U_G ein- oder umgeschaltet, deren Adressen oft dual codiert sind. Die Übertragungsfunktion beträgt also $F = 0$ oder $F = 1$. Die FET-Schalter erlauben Leckströme bis 1 pA herunter, Frequenzen über 50 MHz, Übersprech- und Durchgangsdämpfungen bis -80 dB, und sehr geringe (etwas frequenzabhängige) Transfer-Amplitudenfehler. Meistens sind sie empfindlich gegen hohe Spannungen, die oberhalb der Betriebsspannung liegen (latch-up-Effekt, oft mit Selbstzerstörung).

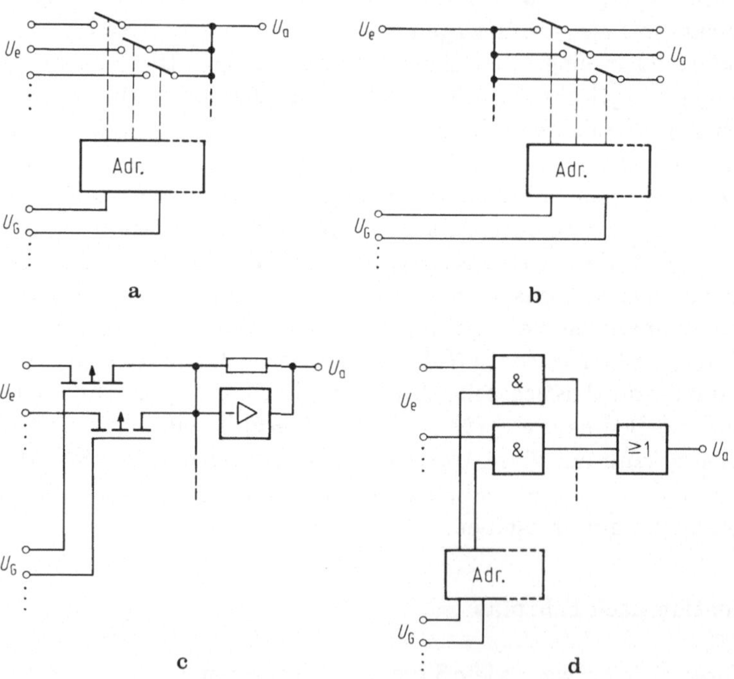

Abb. 3.7 a–d. Signalschalter. **a** Prinzip des Multiplexers und **b** Demultiplexers, **c** Analogschalter, **d** digitaler Multiplexer

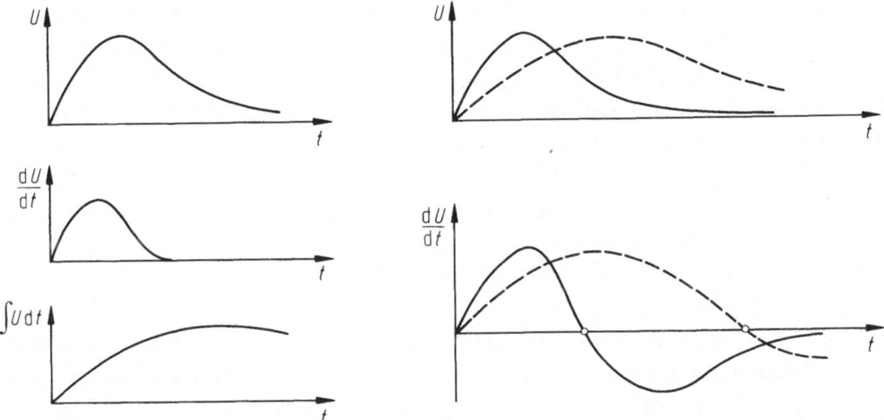

Abb. 3.8 Analyse der Signalform. links: Trennung von Anstieg und Gesamtladung durch Differenzieren bzw. Integrieren, rechts: Trennung verschiedener Anstiegszeiten durch Differentiation

Multiplexer tasten nicht nur regelmäßig einzelne Meßkanäle zeitlich nacheinander ab, sondern können im Sampling-Verfahren von vielen Signalen zyklisch die einzelnen Proben nacheinander auf eine Leitung übertragen (Telefon, mehrere Hörprogramme auf einer Bordleitung im Flugzeug), vgl. Abschn. 4.1. Mit linearen Toren lassen sich aus Spektren bestimmte Signale oder Signalamplituden herausfiltern (Kombination von Tor und Fensterdiskriminator), oder Zeit- und Amplitudenselektion innerhalb eines Systems auftrennen, u.a.m.

3.3 Formanalyse

Häufig trägt die Signal*form* selbst noch weitere Informationen (im Zeitbereich), die über die einfache Aussage von Amplitude und Zeitpunkt hinausgehen.

Impulsabläufe besitzen in Anstiegs- und Abfallzeit weitere Parameter, die Aussagen über die Ladungsanlieferung (Strom) und die Gesamtladung selbst machen können: Abb. 3.8. In diesem Beispiel werden verschiedene Anstiegszeiten durch Differenzieren abgefragt und ausgewertet (evtl. auch nach verschiedenen Nulldurchgängen). Gleichzeitig aber kann die angelieferte Gesamtladung durch Integration des ganzen Impulses herausgeschält werden. *Stationäre periodische Signale* nach ihrer Form auszuwerten, bedeutet in der Praxis Frequenzanalyse und Filtertechnik:

3.4 Frequenzanalyse

Im weitesten Sinne nimmt jedes elektronische System eine Frequenzselektion vor. Vom Anwender her ist sie oft sehr erwünscht: er verbessert damit das Signal/Störspannungsverhältnis, also das Verhältnis vom Gehalt an gewünschter

73

Information zu weniger oder unerwünschtem Gehalt an nicht interessierender Information. Immer werden gezielt Signale aus einem Datenstrom herausgefiltert. Analoge und digitale Filter erscheinen auch im Abschn. 2.1.3 und 2.4.

Im engeren Sinne sind einzelne Frequenzen oder Frequenzbereiche auszusortieren oder auszumessen. Die hierzu nötigen Siebe bestehen aus den verschiedenen Filtertypen — Tief-, Hoch- und Bandpässen — mit ihren wählbaren Eigenschaften, wie sie im Abschn. 2.4 zusammengestellt sind. Sie lassen sich sowohl mit Schwingkreisen bzw. *LC*-Filtern realisieren, in großem Umfang etwa in der HF-Technik, aber auch mit aktiven *RC*-Filtern in dem weiten Bereich mittlerer und niedriger Frequenzen.

Zu unterscheiden ist die Verarbeitung der Frequenz*bänder* als Ganzes von der reinen *Messung* einzelner anliegender Frequenzen. Die erstere bewahrt die Information, die Signalform etc. bei allen Manipulationen, wie z.B. in der Sampling-Technik oder beim Signaltransport. Im zweiten Fall läßt sich allgemein jede Frequenz in eine Folge digitaler Einheitsimpulse umformen (z.B. Schmitt-Trigger mit anschließendem Monoflop), deren zeitlicher Mittelwert danach in eine frequenzproportionale Gleichspannung verwandelt wird (vgl. den Abschn. 5.1). Im Gegensatz zu diesem mehr analogen Verfahren erfaßt die reine Zähltechnik unmittelbar Schwingungszahlen pro Sekunde. Die Aufnahme von ganzen Frequenz*spektren* erfordert höheren Aufwand. Dazu wird von — oft sehr schmalbandigen — Filtern Gebrauch gemacht, durch die das Signalspektrum nach Mischung (Multiplikation) mit einer variablen Steuerfrequenz hindurchgeschoben wird, oft erst nach Transponieren in den Filterbereich. Die Spektrumsanalyse, also der Amplitudenverlauf, wird durch fest programmierte Rechner vorgenommen, das Fourier-Spektrum oder die Korrelationsrechnung gespeichert und nach sehr kurzer Zeit oszillographisch angezeigt (vgl. Abschn. 1.3.2 und 2.1.3). Bei stark verrauschten Signalen lassen sich durch PLL-Kreise (Abschn. 2.1.3) die Frequenzen herauspräparieren und verarbeiten. Eine klassische Methode ist der Vergleich mit einer Referenzfrequenz, die oft durch komplizierte Synthesizer-Systeme erzeugt wird. Die Vielzahl der technischen Geräte und Verfahren muß hier übergangen werden, es ist aber wichtig, die Prinzipien zu kennen.

4 Signaltransport

Die vielfältigen Einflüsse, denen ein Signal auf seiner Reise durch elektronische Systeme ausgesetzt ist oder werden soll, sind in Kap. 2 behandelt. Jedoch sollen hier einige allgemeine Gesichtspunkte für den eigentlichen Transport gestreift werden, sowie die möglichen Ursachen und die Beseitigung von Störsignalen.

Zum Transport eines Signals gehört einmal — bei Bedarf — das Vorbereiten für den Transport (geeignete Sender und Empfänger, Modulation etc.). Als nächstes besteht die triviale Aufgabe, das Signal passieren zu lassen oder es zu sperren. Die einfachste Methode arbeitet mit leitenden oder gesperrten Dioden (z.B. Abb. 2.2, 5.4a), genügt aber keineswegs höheren Anforderungen. Man setzt stattdessen FET-Schalter ein, also Tore (Analog- oder Digitalschalter, Multiplexer, Abschn. 3.2.3).

Ein weiteres Problem ist die Wahl des Übertragungsweges: über Leitungen oder drahtlos (Hochfrequenz, Infrarotstrahlung, Ultraschall), oder über Lichtleiter (Optokoppler). Darüber entscheiden die Bedingungen des Systems, die Art der Signale, die Bandbreite, die Abschwächung und Verzerrung auf dem Weg, Störanteile, usw. Sehr oft eignet sich ein analoges Signal selbst nicht zum direkten Transport, dann wird es auf einen hochfrequenten Träger moduliert (und demoduliert), wie es die klassische Nachrichtentechnik praktiziert (Amplituden-, Frequenz- und Impulsmodulation = Multiplikation zweier Signale, Abschn. 2.1.3). In der Regel wird dabei ein hohes Signal/Störverhältnis erreicht.

Digitale Information erfordert weniger Modulationsaufwand (wie z.B. das Umschalten zwischen zwei Festfrequenzen: FSK frequency shift keying). Längst hat die Störsicherheit und leichte Speichermöglichkeit digitaler Signale dazu geführt, die Information bereits vor dem Transport zu digitalisieren: Zeit- und Amplitudenquantisierung durch Sampling- und A/D-Wandlerverfahren (Abschn. 2.2, 2.3). So wird der analoge Signaltransport über größere Entfernungen (Telemetrie) besser digital ausgeführt (Impulscode-Modulationsverfahren) oder, wenn möglich, bereits am Meßort durch Mikrocomputer und Datenspeicher ersetzt, die dann Sender und Transporteinrichtung einsparen.

In allen Fällen muß der Signalweg so beschaffen sein, daß die vorliegenden Signal*spektren* oder mindestens ihre wesentlichen Teile unverfälscht übertragen werden. Anders gesagt: alle möglichen Einflüsse müssen bekannt sein.

4.1 Transportsysteme

Bei der Digitalisierung von Signalen und bei mehreren Kanälen hat man die Wahl zwischen mehreren Möglichkeiten, von denen Abb. 4.1 zwei Grenzfälle zeigt (Datenerfassungssysteme). Im Fall (a) wird jeder Analogkanal von einem Datenselektor (Multiplexer) der Reihe nach, zyklisch, oder statistisch regellos, abgefragt. Anschließend digitalisiert ein S/H-Kreis mit einem ADC — der langsamste Baustein in der Kette — die ankommenden Signale. Deutlich schneller arbeitet Beispiel (b), mit dem die höchste Übertragungsrate möglich ist, allerdings bei größtem Aufwand. Die Bausteinkosten (es gibt viele fertige Systeme), und vor allem der ADC bestimmen die Zeit- und Amplitudenauflösung (Bitzahl) des Systems.

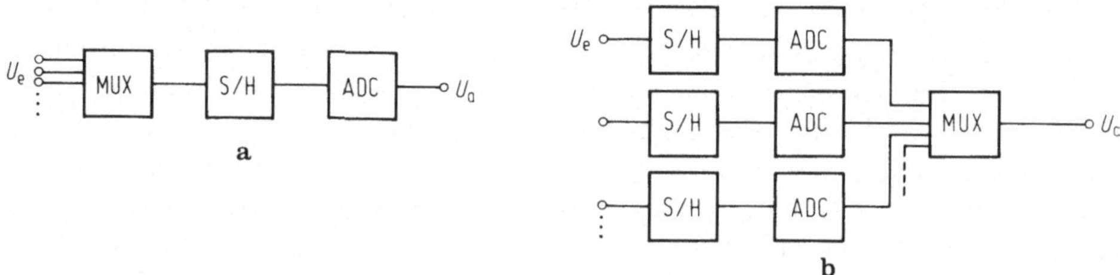

Abb. 4.1 a–b. Signaltransport und Digitalisierung, **a** mit kleinstem Aufwand und **b** größter Übertragungsrate

Die nötige Samplingrate ist mindestens gleich $2f_g$ mal der Kanalzahl. Die Auflösung war bereits in Abb. 2.15 dargestellt. Die Probleme der Informationsübertragung auf nicht idealen Kanälen werden von der Nachrichtentechnik durch Anpassungs-, Verzerrungs- und Entzerrungsmaßnahmen gelöst. So kann

1. redundante Information vernichtet werden, um die Kanäle besser auszunutzen,
2. ein breites Amplitudenspektrum komprimiert (u.U. digitalisiert) und nach dem Transport wieder expandiert werden (Kompander),
3. zur Fehlerreduktion wiederum die Redundanz erhöht werden (zusätzliche Bits),
4. Verzerrung auf dem Übertragungsweg kompensiert werden durch Entzerrung und Regenerierverstärker im Frequenz- und Zeitbereich,
5. durch besondere Codierverfahren Störungen auf dem Übertragungsweg wirksam begegnet werden.

Umfangreiche Systeme mit vielen Untergruppen lassen sich entweder von einer Zentrale aus steuern (häufig langsam und unflexibel, nicht nur in der Elektronik), oder aber sämtliche Teilnehmer hängen an einem gemeinsamen Vielfachkabel, einem BUS (Jeder kann ein- und aussteigen): Leider gibt es viele verschiedene BUS-Normen zwischen 16 und 96 Leitungen, an die sehr viele Bausteine angehängt werden können, ohne daß sie sich gegenseitig stören (tristate-Ausgänge, Abschn. 6.2.1).

Schließlich können bei der Hintereinanderschaltung von Bausteinen technische Probleme auftreten. So kann eine Gleichspannungskomponente stören und muß durch eine galvanische Trennung mit einem Kondensator unterdrückt werden: *RC*-Kopplung nach Abb. 2.4a. Dabei wird leicht die differenzierende (Hochpaß-)Wirkung übersehen. Oder es drücken die durchlaufenen Vierpole (auch Kabel) mit ihren integrierenden (Tiefpaß-)Funktionen dem Signal ihren Stempel auf (vgl. Abb. 2.3.a). Ein weiteres Problem bilden nicht zusammenpassende Signalpegel und -polaritäten (z.B. im Digitalsektor), die mit Spannungsteilern, Umkehr- und Pufferstufen umgeformt werden müssen. Oft senkt die Belastung eines Ausganges durch den folgenden Baustein die Signalamplitude zu sehr ab oder führt zur Begrenzung. Die Übertragung von Signalen auf einen hohen Spannungspegel hinauf muß über Optokoppler laufen.

Mit vielen derartigen Effekten wird jeder Anwender in der Praxis konfrontiert, der ein Signal durch mehrere Bausteine hindurch transportiert. Eine oszilloskopische Überwachung ist unvermeidbar.

4.2 Störungen

Unter dem Titel „Störsignale" (allgemein: noise) sammelt sich mancherlei an: Rauschen (Abschn. 1.4.4, 6.3.3), Netzbrummen und jede Art äußerer elektromagnetischer Felder. Hier soll nur von letzteren gesprochen werden.

Signale von fremden, unerwünschten oder unbekannten Quellen können das Nutzsignal stören, d.h. sie verändern oder beeinträchtigen die Information. Störsignale zu unterdrücken oder abzuschwächen, ist daher nicht nur ein Problem der messenden Seite („Gestörtwerden", elektromagnetische Interferenz EMI), sondern ebenso des Herstellers oder Betreibers von elektr(on)ischen Geräten („Stören", elektromagnetische Verträglichkeit EMV in der Technik). Die VDE-Vorschrift erlaubt $\leq$ 66 dBμV zwischen 0.15 und 0.5 MHz, sowie $\leq$ 60 dBμV zwischen 0.5 und 30 MHz (wichtig etwa bei Schaltnetzgeräten). Einige nützliche Richtlinien für die passive Seite der Signalverarbeiter sollen weiter helfen.

4.2.1 Ursachen

Abbildung 4.2 illustriert schematisch die häufigsten Störungen auf der Leitung zwischen Signalquelle und Meßeinrichtung. Man kann zwei Gruppen unterscheiden (die Ziffern stimmen mit den Zahlen in Abb. 4.2 überein):
 Fremde (äußere) Signale. Dazu gehören
 1. elektrische Felder, meist im Gleichtakt anliegend, kapazitive Einkopplung, auch Impulse,
 2. magnetische Felder, Gegentaktsignale induzierend, induktiv einkoppelnd,
 3. Erdschleifen, durch Masse-Ausgleichsströme zusätzliche Signale einschleusend,

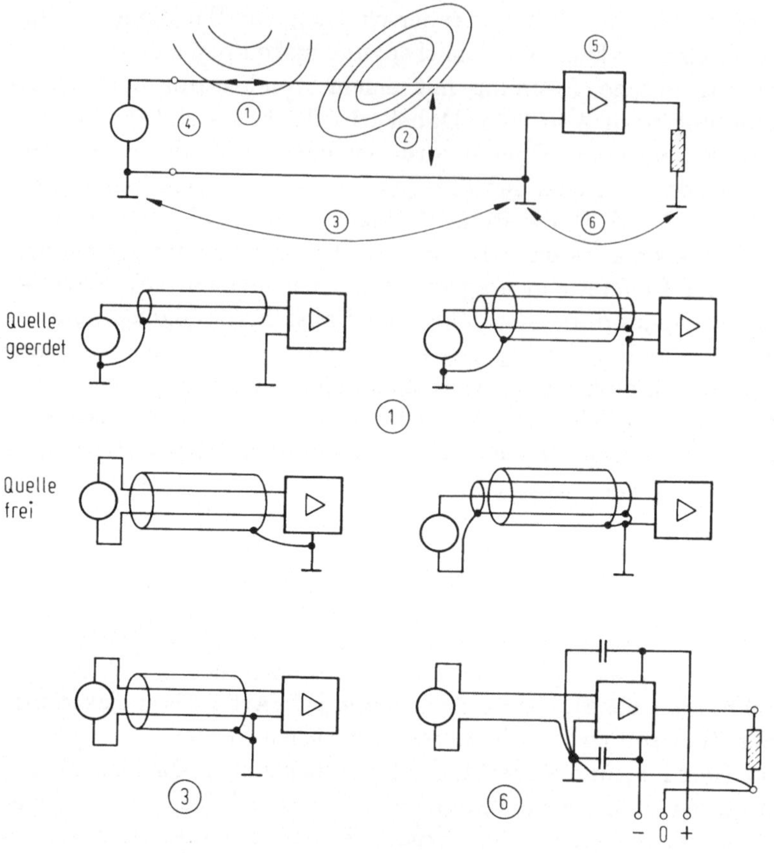

Abb. 4.2. Störsignal-Ursachen (oben) und einige Abhilfen (siehe Text)

Eigene Störquellen, die im System selbst entstehen:
4. galvanische und thermische Störspannungen (z.B. Kontakte),
5. unerwünschte (HF-)Gleichrichtungseffekte in Verstärkerstufen und Meßgeräten,
6. Rückkopplung vom Ausgang (z.B. Lastströme).

4.2.2 Abhilfen

Da die Fülle der — oft kombinierten — Störungen recht groß ist, müssen zuerst zwei fundamentale Regeln befolgt werden, ehe die Detailarbeit beginnen kann. *Regel 1:* Ursache ergründen! Ist die Störung ein äußeres Feld oder entsteht sie primär in der Verbindung Quelle–Meßort? Ist die Störung lokalisierbar? *Regel 2:* Ein Bezugs-(Null-)Potential definieren! Alle Signale und Störspannungen sind physikalisch Potentialdifferenzen, immer bezogen auf eine gemeinsame „Nulleitung".

78

Der übliche Begriff „Erde" ist vieldeutig: Masseleiter, Schukoerde, reale Leitung ins Erdreich etc. Es darf aber nur eine einzige Nulleitung, genauer: einen einzigen Punkt oder einen (symbolischen) Kupferboden geben, auf den alle „Erde"- und „Masse"-Leitungen zurückführen. Dieser Punkt definiert also das Nullpotential, wird am besten an den empfindlichsten Ort der Elektronik selbst verlegt und kann — muß aber nicht — mit einer tatsächlichen Leitung zur Erde verbunden werden. Auf dieses Potential werden Abschirmungen gelegt, ebenso Kupferbelagringe (guard rings, um hochempfindliche Platinenpole).

Die Punkte (1) bis (6) in Abb. 4.2 mögen durch folgende Details ergänzt werden:

1. Gegen kapazitiv einkoppelnde Störsignale hilft *einseitige* Erdung der abgeschirmten Zuleitung(en) an der Stelle der kleineren Impedanz — meist an der Quelle, seltener an der Meßelektronik. Vorteilhaft sind erdfrei liegende Quellen, und manchmal ist sogar eine doppelt geschirmte Leitung notwendig. Durch die Abschirmung selbst sollte nie ein Signalstrom fließen. Über die Netzleitung einkoppelnde Störungen lassen sich mit Tiefpässen (L-C-Filtern) abfangen.

2. Gegen induktiv einkoppelnde Magnetfelder muß die von den Kraftlinien durchflossene Leiterfläche so klein wie irgend möglich gemacht werden: verdrillte Doppelleitung oder einseitig geerdete abgeschirmte Doppelleitung.

3. Gegen die sehr häufig von Erdschleifen eingebrachten Signale sind Abschirmungen zwecklos. Hier muß — wenn möglich — die Quelle mit ihrer Nulleitung direkt vom Meßverstärker her versorgt werden, damit nicht zwei verschiedene „Erdpunkte" wirksam werden. Differenzverstärker unterdrücken stark alle Gleichtaktsignale. In hartnäckigen Fällen und bei lokal schon geerdeten Quellen muß mit Optokopplung oder ggf. mit Impulstransformatoren eine Trennung der Nulleiter von Quelle und Verstärker erzwungen werden.

4. und 5. lassen sich immer vermeiden oder genügend reduzieren.

6. Höhere Ausgangs-(Last-)Ströme fließen über die Stromversorgung nicht selten ein ganzes Stück gemeinsam mit dem Eingangssignal in den Verstärker zurück. Eine saubere Entkopplung von Eingangs- und Ausgangskreis vermeidet jede derartige Rückkopplung. Auch die kapazitive Überbrückung der Versorgungsanschlüsse zum Nullpunkt ist wichtig. Meistens müssen empfindliche Baugruppen über *LC*-Filter vom zentralen Netzgerät, seltener auch durch eigene kleine Versorgungsgeräte gespeist werden.

4.2.3 Reflexionen

Bei nicht korrektem Kabelabschluß (vgl. Abschn. 6.1.2) treten Reflexionen auf, die i.allg. unerwünscht sind. Stationäre Sinussignale erfahren ein bestimmtes Stehwellenverhältnis, also eine Amplitudenänderung, während impulsförmige Signale verformt oder von zusätzlichen Nachimpulsen begleitet werden. Jedoch macht die *Impuls-Reflektometrie* im Zeitbereich Gebrauch von solchen Reflexionen, um Störstellen auf dem Transportweg aufzuspüren und zu lokalisieren (Sprungstellen, Inhomogenitäten im Wellenwiderstand, Knickstellen in Kabeln usw.). Auch die Reflexionseigenschaften der Ein- und Ausgänge passiver oder aktiver Vierpole (Bausteine) lassen sich mit diesem Verfahren testen und abgleichen.

5 Signalregistrierung

Nachdem die Signale nach Bedarf verändert, sortiert und transportiert worden sind, muß ihr Informationsgehalt — inzwischen sorgsam herausgeschält und von unerwünschten Signalen befreit — in quantitativ auswertbarer Form registriert werden. Unter *Registrierung* sollen alle Arten von Fixierung, Speicherung und Darstellung der Information verstanden werden. Die Frage, ob visuell oder in einem Speicher, ob analog oder digital gesammelt werden soll, hängt von den Signalen bzw. der Art der Information ab. Nach der Behandlung beider Möglichkeiten folgt je ein Abschnitt über Speicher, Oszillographie und Organisation von Daten.

5.1 Analoge Registrierung

Auf die klassischen elektrischen Registriermethoden (Schreiber, Plotter) sei hier ebensowenig eingegangen, wie auf magnetische Aufzeichnungen. Jedoch interessieren elektronische weitere Verarbeitungsmöglichkeiten für die ankommenden Signale. Dazu gehört die laufende analoge *Mittelwertbildung*, an die sich dann eine Anzeige oder Speicherung anschließen kann.

Die laufende Integration einer Spannung oder eines Stromes (hier als Mittelwertbildung) ist im Abschn. 2.1.3 behandelt. Hochempfindliche Geräte (Picoamperemeter u.ä.) arbeiten oft als Spannungs/Frequenz-Konverter (vgl. Abschn. 2.2.3). Für den Fall, daß die Information in der Signal*häufigkeit* (oder seiner Frequenz) enthalten ist, eignet sich eine sehr geläufige Form analoger Mittelwertbildung, die *Zählratenmessung* (analog rate meter), also eine analoge Anzeige digitaler Signale. Man kann dies als Integration auffassen, aber genauso gut als FM-Demodulation interpretieren, also als „Rückgewinnung" der Signalinformation, die die mittlere Frequenz der Ereignisse „modulierte".

Das einfache Aufladen eines Kondensators mit den Ladungen der eintreffenden Impulse würde einen exponentiellen Anstieg der Spannung (Abb. 2.3a), bis zu einem Gleichgewichtszustand (bei gleichzeitiger Entladung über einen Parallelwiderstand) zur Folge haben. Eine lineare Anzeige liefert Abb. 5.1. Hier fließt jeder digitale Impuls (von konstanter Form und Spannung U_e) über eine Art Rückschlagventil in den Integrator ($C_2 > C_1$), so daß sich ein mittlerer Ausgangsstrom $I_a = U_a/R = \dot{N}q$ einstellt. Dabei wird mit der mittleren Zählrate $\dot{N}$ jeweils die Ladung $q = U_e C_1$ eingefüllt. Die Ausgangsspannung beträgt

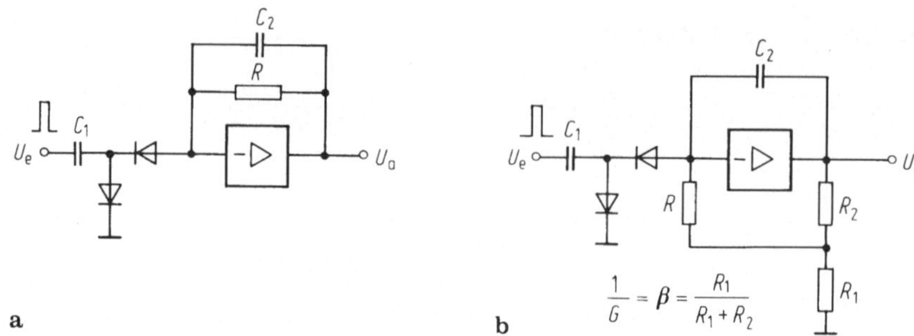

a   b

Abb. 5.1. Zählratenmessung (Integrator)

$$U_a = \dot{N}RC_1U_e \quad \text{(Abb. 5.1a), bzw.} \quad U_a = \dot{N}RC_1U_eG \quad \text{(Abb. 5.1b),}$$

steigt also linear mit der Zählrate an und ist bei $C_2 > C_1$ von der eigentlichen Integratorkapazität C_2 überhaupt nicht abhängig. Die Wahl von R_1C_2 oder G erlaubt beliebige Meßbereiche und Zeitkonstanten. Je kleiner die Zeitkonstante gegenüber dem mittleren Abstand zweier aufeinander folgender Impulse ist, desto mehr fällt U_a dazwischen ab: $U_a' = U_a \exp(-1/\dot{N}RC_2)$. Damit wird der relative Fehler

$$\Delta U_a = \frac{U_a - U_a'}{U_a} = 1 - \frac{U_a'}{U_a} = 1 - \exp\left(\frac{-1}{\dot{N}RC_2}\right)$$

entspricht also dem Verhältnis von mittlerem Impulsabstand $1/\dot{N}$ zur Zeitkonstanten RC_2. Soll logarithmisch registriert werden, macht man von den Logarithmiermethoden von Abschn. 2.1.3 Gebrauch.

Sehr langsam veränderliche Signalamplituden oder Mittelwertbildungen über lange Zeiten hinweg werden viel genauer und eleganter mit einem Spannungs/Frequenz-Konverter (Abschn. 2.2.3) verarbeitet.

5.2 Digitale Registrierung

Die einfachste Bezeichnung ist: Zählen. Alle wie auch immer sortierten Signale werden schließlich gezählt, wenn nötig, in vielen Sortierkanälen getrennt. Nach der Zählung werden Frequenzteiler und Decoder besprochen.

Zählgeräte

Ein Zähler ist bereits ein Speicher, der die Zahl von Ereignissen innerhalb einer Start/Stop-Periode aufaddiert (totalizer) und festhält. Die Ereignisse selbst, die hinter den Signalen stehen, sind im Experiment gegeben (Zeiten, Frequenzen, Partikel, Umdrehungszahlen usw.). Die wichtigste Voraussetzung ist da-

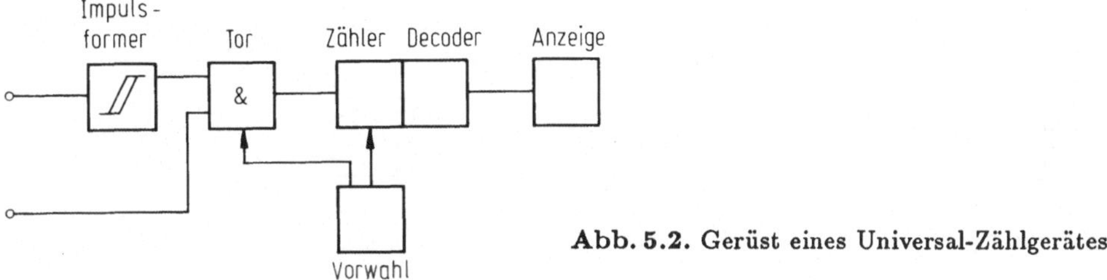

Abb. 5.2. Gerüst eines Universal-Zählgerätes

bei die Umsetzung der physikalischen Ereignisse in *digitale* Signale. Es muß geprüft werden, ob jedem zu zählenden Prozeß ein (stets gleichbleibender) digitaler Impuls zugeordnet ist. Hier liegt oft eine Schwierigkeit und eine Fehlerquelle: ein (analoges) Amplitudenspektrum etwa läßt sich nicht fehlerfrei digital zählen. Die untere (Ansprech-)Schwelle des Zählgerätes entspricht einer integralen Amplitudendiskriminierung (Abschn. 3.1) und legt eine Ungenauigkeit dieser Zählung fest.

Das allgemeine Schema eines flexiblen Zählgerätes zeigt Abb. 5.2. Nach einer Impulsformerstufe (z.B. Schmitt-Trigger, Abschn. 3.1.2) und einem Tor (Start/Stop, Abschn. 3.2.1) folgt der eigentliche Zähler (scaler), fast immer dual, mit anschließendem Dezimal-Decoder und einer Anzeige oder Ausgabe.

Je nach Aufwand lassen sich verschiedene Aufgaben lösen. Das einfache Zählen, evtl. mit vorwählbaren Zählzahlen oder -zeiten, kann erweitert werden zu Frequenz- und Periodendauermessungen. Dabei läßt sich das Tor mit präzisen Zeiten (etwa durch einen Quarzoszillator) öffnen. Konventionell zählt man *Frequenzen* 1 s lang. Je höher die Frequenz, desto kleiner wird der Fehler. Noch genauer zählt eine getrennte Zeitbasis während einer Meßdauer t_M eine Zahl von N_x Perioden und liefert damit die gesuchte Signalfrequenz $f_x = N_x/t_M$. Sehr niedrige Signalfrequenzen werden vorteilhaft „reziprok" gezählt, also ihre *Periodendauer*. Dabei wird f_x mit einer Referenzfrequenz f_0 vertauscht. Jetzt wird deren Zahl N_0 während der Dauer einer gesuchten Signalperiode $1/f_x$ gezählt, oder auch während N_x Perioden. Daraus resultiert schließlich $f_x = N_x f_0/N_0$. Welches der beiden Verfahren und wie groß f_0 oder t_M gewählt wird, richtet sich nach dem geforderten Fehler. Aufwendige Geräte besitzen Mikroprozessoren zur Bildung von Quotienten zweier Frequenzen (etwa für Frequenzteiler): eine Periodendauer der niedrigeren Frequenz startet und stoppt das Zählen der höheren. Bei Frequenzverhältnissen unter $10^2 \ldots 10^3$ muß man viele Perioden lang messen, um den Meßfehler genügend klein zu halten.

Impulsformer und Tore sind an anderer Stelle behandelt (Abschn. 2.1.2 und 3.2.3).

Zähler. Das eigentliche Zählen leistet ein logisches Netzwerk aus Flipflopketten (Schaltwerk, Abschn. 6.2.3, Untersetzer): Abb. 5.3 dient als Beispiel. Je nach Wahrheitstafel der Flipflops kippen sie nur bei einer der beiden Zu-

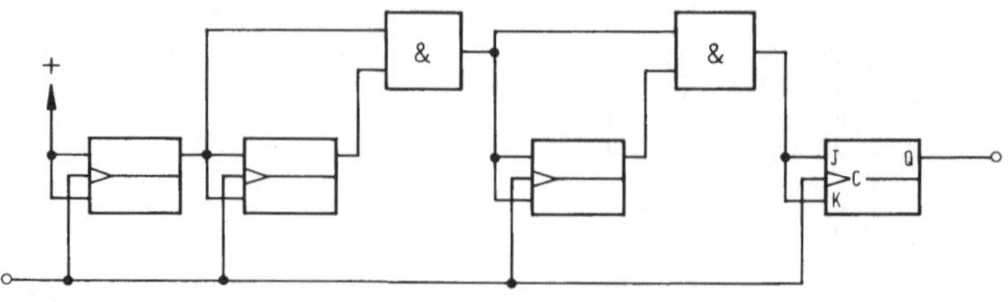

Abb. 5.3. Dualzähler mit MS-Flipflop

standsänderungen der jeweiligen Vorstufe. So läßt sich eine „Untersetzung" der einlaufenden Signale um jeweils den Faktor 2 : 1 erreichen. Mit 4 Stufen sind 2^4 verschiedene Zustandskonfigurationen möglich; der 15. Impuls bringt den ganzen Zähler wieder in den Anfangszustand. Durch geeignete Rückkopplung lassen sich 6 Zustände überspringen (1 · 6 oder 4 + 2 oder 3 · 2), so daß eine *Zähldekade* entsteht, die genau 10 Impulse zählen und speichern kann. Die zahlreichen Dekadenzähler-ICs unterscheiden sich oft intern, sind aber untereinander kompatible Bausteine. In Serie geschaltet speichern sie entsprechend viele Dekaden. Abb. 5.3 zeigt einen sog. synchronen Dualzähler (ohne dekadische Codierung), d.h. alle Stufen kippen (wenn dazu bereit) immer gleichzeitig, da jeder Flipflop über die Taktleitung gesteuert wird. Bei asynchronen Zählern dagegen wird jede einzelne Stufe nur vom Ausgang der Vorstufe direkt gesteuert. Hierbei ergeben sich aber Laufzeitprobleme innerhalb größerer Rechnersysteme, daher kann ein solcher Zählertyp nur als isoliertes Meßgerät verwendet werden.

Die erste Flipflopstufe begrenzt die höchstmögliche Zählrate, meist im MHz-Bereich. Noch höhere Frequenzen werden oft durch Multiplikation mit einer Festfrequenz "heruntergemischt" (Abschn. 2.1.3), oder durch besondere „Vorteiler" auf eine passende Größe reduziert.

Im Handel ist eine große Zahl von Zählerbausteinen zu finden, teilweise mit Decodern und Anzeige-Treiberstufen, Vorwahl- (set-) und Lösch- (reset-) Eingängen, sowie mit Multiplexeinrichtungen, die regelmäßige den Zählstand abfragen. Eine umfangreiche Digital-Literatur enthält alle technischen Details.

Decoder. Das Problem, eine Binärzahl in eine Dezimalziffer zu verwandeln, löst der Decoder, der aus 2^n Kombinationen eine gewünschte Zahl ausliest: Abb. 5.4. Statt der Tore kann in einfachen Fällen auch eine Diodenmatrix verwendet werden. Man unterscheidet Wortcode (z.B. entspricht das binäre Wort 1001 einer Dezimalzahl 9) und Zifferncode. Zu diesen gehört der besonders verbreitete BCD-Code (binary coded decimal), der jeder Dezimalzahl ein 4-Bit-Wort zuordnet (z.B. 0001 0010 0011 entspricht der Dezimalzahl 123), die Stellung des Wortes hat dabei eine Wichtung (Positionscode). Über die verschiedenen Codes und ihre Wichtungen kann hier nicht berichtet werden.

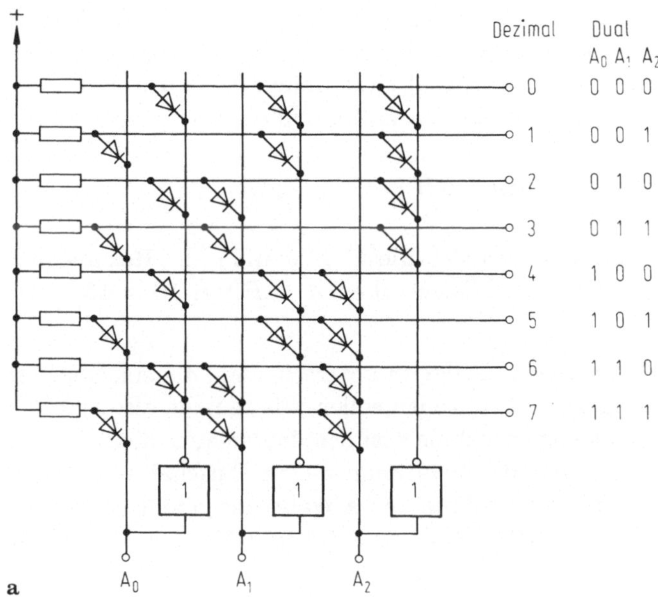

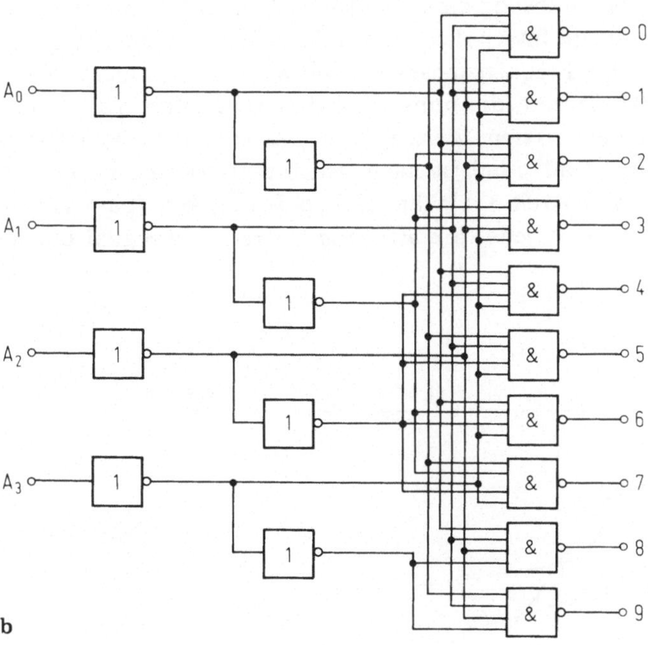

Abb. 5.4 a–b. Decodierer. **a** Diodenmatrix 1 aus 8, **b** Gatter-Decoder dual/dezimal (BCD)

Der BCD-Code braucht also für jede Dezimalziffer eine Flipflop-Tetrade, die auf nur 10 Zustände reduziert ist. Die 6 übrigen sind überflüssig, redundant. Als Bit-Bruchteil wird die (informationslose) „Redundanz" ΔH definiert als das Verhältnis der möglichen 2^n zu den nötigen B Zuständen, also

$$2^{\Delta H} = \frac{2^n}{B} \quad \text{oder} \quad \Delta H = \mathrm{ld}\, 2^n - \mathrm{ld}\, B.$$

Wird die Tetrade voll benutzt, lassen sich die 16 Zustände im „Hexadezimalcode" beschreiben: Ziffern $0 \ldots 9$ und Buchstaben $A \ldots F$ (für $10 \ldots 15$).

Teiler. Von Zählern sind (Frequenz-)Teiler zu unterscheiden, die eine gegebene (Takt-)Frequenz mit einer ganzen Zahl teilen sollen. Sie müssen also einen flexiblen Code und einen geschlossenen Zyklus besitzen, in den auch die redundanten Zustände einmünden müssen, die etwa beim ersten Einschalten auftreten können. Nur ein einziger Ausgang ist dann zur Abgabe der geteilten Frequenz notwendig. Es gibt viele Teilerbausteine zwischen 2:1 und 512:1, zusätzlich mit Zehnerpotenzen kombiniert (z.B. für Uhren, UKW- oder TV-PLL-Frequenzwähler, NF-Generatoren u.ä.).

Fehler. In der Regel ist die Auflösung eines Zählers auf ein Bit genau (kleinste Einheit ± 1 LSB). Noniusartige Interpolationsverfahren erhöhen die Auflösung noch um 1–2 Stellen (z.B. bei Frequenzmessern). Die wichtigste Fehlergröße ist der Zählausfall infolge der *Totzeit*, die immer bekannt sein sollte. Alle Zähler verhalten sich, je nach Konstruktion, zwischen zwei Grenzfällen. Typ I (non paralyzable, non extending dead time) ist nach jedem registrierten Impuls am *Ausgang* für die Dauer der Totzeit τ blockiert. Typ II dagegen (paralyzable, extending dead time) verlängert jedes am *Eingang* eintreffende Signal um die

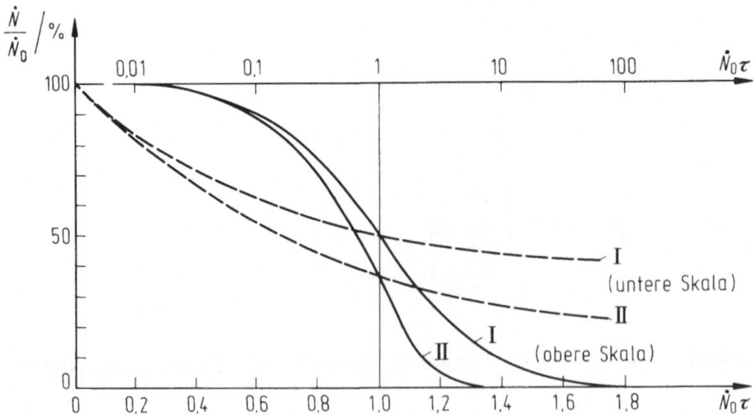

Abb. 5.5. Totzeitverlust in % der wahren Zählrate $\dot{N}_0$

Totzeit τ, reagiert also nur auf Intervalle $> \tau$. Die Auswirkungen unterscheiden sich voneinander:

Typ I zählt von der einlaufenden Zählrate $\dot{N}_0$ nur $\dot{N} = \dot{N}_0(1 - \dot{N}\tau)$ oder $\dot{N} = \dot{N}_0/(1 + \dot{N}_0\tau) \to 1/\tau$ (bei $\dot{N}_0 \to \infty$),

Typ II zählt $\dot{N} = \dot{N}_0\exp(-\dot{N}_0\tau) \to 0$ (bei $\dot{N}_0 \to \infty$). Den Verlustanteil zeigt Abb. 5.5, also den Fehler, der bei den beiden Grenzfällen zu erwarten ist, als Funktion von $\dot{N}_0\tau$ (d.h. der Totzeit in Einheiten des mittleren Signalabstandes).

5.3 Speicherung

5.3.1 Analoge elektronische Speicherung

Gegenüber digitalen Verfahren hat die Analogspeicherung ihre Bedeutung verloren. Von der mechanischen Speicherungsform (Schallplatte) abgesehen, sind auch die analogen magnetischen und optischen (Tonfilm) Verfahren zugunsten der Digitaltechnik im Rückzug begriffen. Streng genommen gehören noch der Abtast/Haltekreis (Abschn. 2.2.2) und die Eimerkettenspeicher (Abschn. 2.2.1) unter diesen Titel. Jedoch ermöglichen die ausgereiften Methoden der Digitalisierung von analogen Signalen (ADC, Abschn. 2.3.2) eine bequemere Methode:

5.3.2 Digitale Speicherung

Physikalisch sind drei Speichermethoden von Bedeutung: *mechanische* Speicher (Lochkarten, Lochstreifen und alle Arten von Druckern), die digitalen *magnetischen* Speicher (Band, Platten, Kerne) und die *elektrische* Speicherung von Ladungen in Halbleitersystemen. Dabei wird immer die Existenz von je zwei Zuständen zur Speicherung einer Dualzahl ausgenützt: die Magnetisierung EIN/AUS (bzw. N/S, vgl. Abb. 5.6a), oder das Vorhandensein/Fehlen einer Ladungsmenge (z.B. die beiden Zustände eines Flipflops). Man spricht von nichtflüchtigen (non volatile) oder statischen Speichern, wenn die Information permanent erhalten bleibt, notfalls mit Hilfe einer kleinen Batterie nach Abschalten des Rechners, und von flüchtigen (volatile) oder dynamischen Speichern, wenn sie an eine periodische Wiederauffrischung aller Ladungen gebunden sind. Erste Möglichkeiten bioelektrischer Speicher werden erforscht.

Die gängigen Halbleiterspeicher erreichen Kapazitäten von $10^6 \ldots 10^7$ Bits, magnetische Systeme noch eine bis zwei Größenordnungen mehr. Optische Speicher lassen bis 10^{12} Bits erwarten (zum Vergleich: das menschliche Gehirn speichert weit über 10^{15} Bits).

Magnetische Speicher

Der Anwender von Magnetbändern und -Platten ist weniger an der Technik der verschiedenen Aufzeichnungsnormen interessiert (wie etwa das 0-Bit und das 1-Bit dem Magnetfeld zugeordnet wird), sondern mehr an der verfügbaren Bitkapazität. Die Information wird in der Regel blockweise gespeichert, mit B Bits pro Block und bei einer Aufzeichnungsdichte D von 32 oder 64 Bits/mm (bzw. 800 oder 1600 Bits/inch). Dazu rechnet man pro Block einen Abstand von 15 mm (entsprechend 480 oder 960 Bits). Auf einer Bandlänge L (m) läßt sich dann eine Blockzahl von $N = 10^3 L/(15 + [B/D])$ unterbringen, das entspricht einer Kapazität von $C = NB$ Bits (maximal LD).

Magnetkernspeicher. Die Hysteresekurve sehr kleiner Ferritringe (Abb. 5.6) wird so gezüchtet, daß zwei stabile Zustände (Remanenz) B_1 und B_2 zur Informationsspeicherung ausgenützt werden. Ein durchgefädelter Draht magnetisiert bei einem Stromstoß den Kern nur dann in die eine oder andere Richtung, wenn ein zweiter Draht gleichzeitig einen gleich großen Stromimpuls hindurchschickt: erst dann kann die Magnetisierung umkippen. Die beiden Drähte bilden Zeile X und Spalte Y einer anwählbaren Matrix, an deren Kreuzpunkten je ein Kernring sitzt. So lassen sich X Worte zu je Y Bit speichern, oder bei b übereinandergelegten Ebenen XY Worte zu je b Bits. Die Zugriffszeit erreicht 100 ns. Diese Speicher haben gegenüber den Halbleiterspeichern nur noch geringe Bedeutung, speichern aber unbegrenzt lange und sind sehr unempfindlich gegen Störeinflüsse.

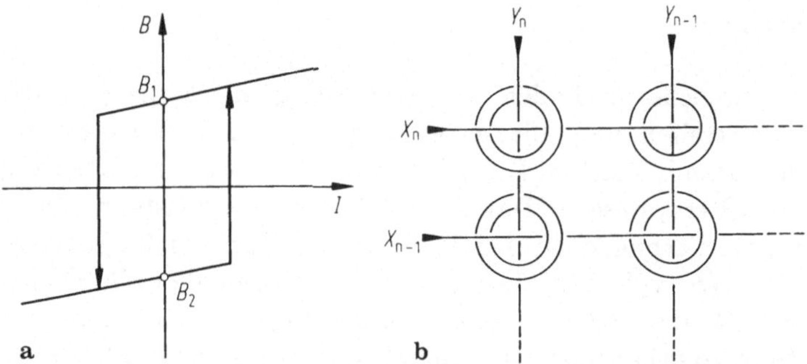

Abb. 5.6 a–b. Magnetkernspeicher. a Hysterese, b Speichermatrix

Magnetblasenspeicher. (magnetic bubble memory). In sehr dünnen geeigneten Schichten auf Kristalloberflächen können magnetische Bezirke (Domänen), also Zustände (nicht Materie) durch äußere Magnetfelder räumlich bewegt werden. Mit diesem Prinzip lassen sich Schieberegister (Abschn. 6.2.3) herstellen, die bis 1 MBit/cm^2 Speicherkapazität besitzen. Das rotierende äußere Magnetfeld läßt die Information innerhalb der geschlossenen Kette zirkulieren. Die Zugriffszeit liegt weit im Millisekunden-Bereich.

Halbleiterspeicher

Das Feld der Datenverarbeitung wird von den Matrixspeichern auf Halbleiterbasis beherrscht. Jede Speicherzelle besteht im Grunde aus einem Flipflop (statischer Speicher), oder in verkümmerter Form nur noch aus der sehr geringen Kapazität (0.1 pF) der Gate-Elektrode eines FET (Abschn. 6.1.3). Diese hält jedoch die Ladung nicht lange und muß daher (dynamischer Speicher) ständig zyklisch abgefragt und wieder aufgefrischt (regeneriert, refresh cycle) werden, um die einmal gespeicherte Information solange zu bewahren, wie die Betriebsspannung anliegt. Eine in die ICs eingebaute Vorrichtung wiederholt dies automatisch im Abstand von einigen Zehntel Mikrosekunden. Die Matrixanordnung nach Abb. 5.7a wählt horizontal die Wörter (Speicherblöcke) und vertikal die Bits an, wobei die Adressierung dual codiert ist und so die Zahl der Anschlußkontakte verringert. In jeder einzelnen Zelle selbst wird die Kapazität C (Abb. 5.7.b) ge- oder entladen. Die große Zahl an verschiedenen Ausführungen und ihren Abkürzungen läßt sich auf einige Haupttypen reduzieren:

RAM. Schreib/Lese-Speicher (random access memory) lassen die Information beliebig in jede Zelle eingeben und auslesen. Während ein DRAM (dynamic RAM) etwa mit drei Transistoren pro Zelle auskommt, benötigt ein SRAM (static RAM) etwa 6 Stück.

ROM. Festwert-(Lese-)Speicher (read only memory) haben statisch eine feste Information einprogrammiert, die nur abgefragt — gelesen — werden kann (z.B. die alphanumerischen Zeichen oder Funktionstabellen). EAROM (electrically alterable ROM): wortweise kann die Information geändert werden.

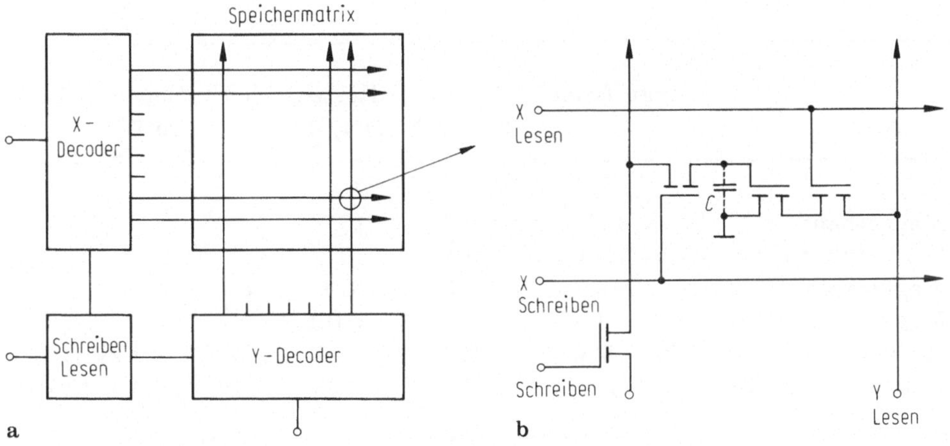

Abb. 5.7 a–b. Halbleiterspeicher. a Matrix-Schema, b Prinzip einer MOS-Speicherzelle

PROM. (programmable ROM). Ein nach der Herstellung programmierbarer Speicher, deren Inhalt vom Anwender eingegeben, aber dann nicht mehr geändert werden kann. Dies ist nur beim EPROM möglich.

EPROM. (erasable PROM). Der Speicherinhalt, also die elektrischen Ladungen, können durch äußere Energiezufuhr (UV-Licht) gelöscht werden. Ein EEPROM (electrically erasable PROM) ist auf rein elektrischem Wege (Eingabe definierter Impulse) löschbar.

Die beiden Technologien — bipolar und MOS — produzieren unterschiedliche Speichereigenschaften. Die bipolare Technik erreicht kürzere Zugriffzeiten bis 10 ns bei höheren Wärmeverlusten, während die MOS-Technik bei Zeiten bis etwa 100 ns herunter wesentlich geringere Leistungen benötigt (Größenordnung $10^{-4}\mu$W/Zelle. Die herstellbaren Speicherkapazitäten erreichen bei PROMs und RAMs mit 1 MBit etwa die technisch realisierbare Grenze, Standardgrößen liegen bei 64 kByte. Als Anhaltspunkt mag dienen: Eine Schreibmaschinenseite enthält etwa 16 kByte.

Programmierbare Speicher beruhen im einfachsten Falle auf dem nachträglichen Durchschmelzen einer Leiterbahn pro Speicherzelle, ein nicht reversibler Prozeß (PROM). Die wieder löschbaren EPROMs (MOS-Technik) besitzen zwischen Gate und Substrat eine zweite Isolierschicht, in die durch Lawinen- oder Tunnelinjektion eine Ladung eingebracht (und durch Ionisation wieder gelöscht) werden kann, die bis zu 10 Jahren speicherbar ist.

Die physikalisch-technischen Grenzen liegen bei etwa 10^7 Zellen pro cm^2, da zu hohe Packungsdichten thermische und Leitfähigkeits-Probleme mit sich bringen. Tabelle 4 gibt eine Übersicht über verschiedene Speichersysteme.

Tabelle 4. Digitale Speicher

	Zugriffszeit	Dichte Bit/cm^2	Kosten Dpf/Bit	Verlustleistung/Bit mW
Magnetband	s	10^3	10^{-3}	1
Magnetplatte	ns...ms	10^7	10^{-3}	1
Magnetkern	100 ns	300	0.1	1.5
Magnetblasen	0.1...1 ms	10^6	< 0.1	
Halbleiter: DRAM	100...500 ns	10^5	0.01	$10^{-3}(\sim 1$ aktiv$)$
Halbleiter: SRAM	10 ns	10^5	< 0.1	$10^{-3}(\sim 1$ aktiv$)$

5.4 Visuelle Anzeige (Display)

Nach Aufbereitung und Speicherung der Signale erhält schließlich das menschliche Auge ein Abbild des elektronischen Ergebnisses. Die vielen technischen Formen von analogen (Zeigerinstrumente, Leuchtbänder etc.) und digitalen Anzeigen (Zifferndarstellung mit Leuchtdioden, Glimm-, Fluoreszenz- oder Flüssigkristall-Anzeigen) werden hier nicht behandelt, nur einige allgemeine wichtige Fakten, mit einem Abschnitt über Oszillographie.

5.4.1 Ziffernanzeigen

Nach Decodierung aus dem Dualsystem durch passende Decoder (Abschn. 5.2) werden 7- oder 11-Segment-Ziffernanzeigen angesteuert, während alphanumerische Zeichen aus einem PROM abgeholt werden können. Gute Lesbarkeit verlangt etwa 1 mcd an Lichtstärke. Das wird von Leuchtdioden mit einigen 10 mW geleistet, von Fluoreszenz- und Glimmanzeigen mit nur einem Bruchteil davon. Die leistungslosen Flüssigkristallsysteme (LCD liquid crystal display) verlangen Fremdlicht, in Aufsicht oder Durchstrahlung. Es ist nicht nötig, daß alle Ziffern stets gleichmäßig und gleichzeitig leuchten: ein zyklisches Nacheinander-Auftasten der Ziffern durch Multiplexer spart Strom, sichert aber erst oberhalb etwa 30 Hz Wiederholfrequenz flimmerfreies Ablesen.

Ein Problem direkter digitaler Anzeige, das ständige Umschalten der Ziffern bei Signaländerungen wird dadurch vermieden, daß die Information periodisch abgefragt, gespeichert und bis zum nächsten Zyklus angezeigt wird (etwa jede Sekunde). Ein neueres Konzept ist die Integration von rein optischen Elementen mit optoelektr(on)ischen Bausteinen.

5.4.2 Oszillographie

Nach gut einem halben Jahrhundert Entwicklung besitzt das Oszilloskop heute als unentbehrliches analoges Anzeigeinstrument großen Komfort, der nicht immer vom Anwender ausgenutzt wird. Das Grundprinzip der Signaldarstellung im Zeitbereich zeigt Abb. 5.8: das Y-Signal wird durch die gleichzeitige X-Ablenkung von einer Sägezahnspannung zeitlinear dargestellt. Jede solche Zeile wird angetriggert entweder vom Y-Signal selbst, oder von einer fremden Quelle. Die *Triggerparameter* (Polarität, Pegel, Zeitkonstanten, Vortriggerung zur Aktivierung etc.) erlauben gezielte Signalabbildungen auch unter schwierigen Bedingungen. Um auch nichtperiodische Y-Signale vollständig vom Fußpunkt an darzustellen, wird nach dem Zeitpunkt der Triggerabfrage (Zeilenbeginn) das Y-Signal um 100...200 ns verzögert, ehe es auf den Y-Ablenkplatten eintrifft. Bei fremdgetriggerten Zeitmessungen muß die Verzögerungszeit bekannt sein oder berücksichtigt werden. Die gedehnte Abbildung und/oder eine Aufhellung von Signalteilen, die erst eine bestimmte Zeit nach dem Signalbeginn (Triggerzeitpunkt) ablaufen, ist mit einem zweiten Sägezahngenerator mit einstellbarer

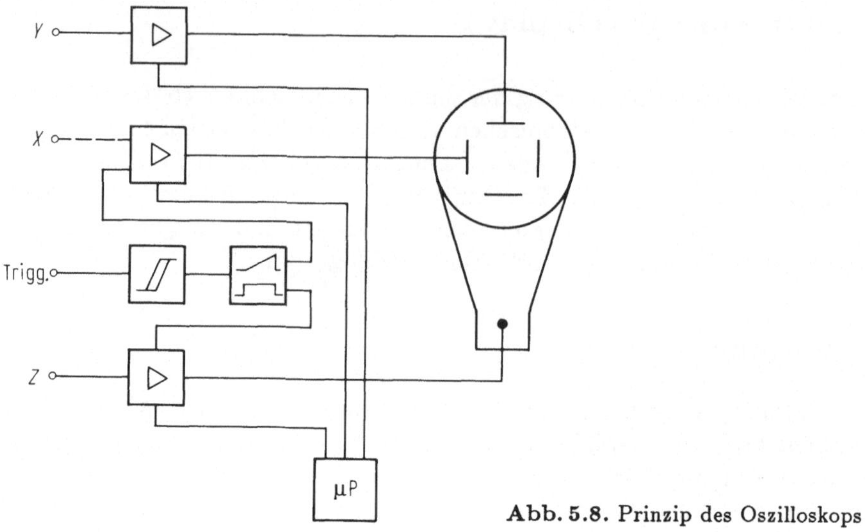

Abb. 5.8. Prinzip des Oszilloskops

Verzögerung möglich. Die meisten dieser Einrichtungen gehören zum Standard eines Oszilloskops.

Der direkte Zugang zu den X-Platten ist zur XY-Darstellung nötig (z.B. Phasenmessungen, Lissajoufiguren, Polardarstellungen). Allerdings ist hier ein *echter* XY-Oszillograph überlegen, der exakt gleiche Eigenschaften im X- und Y-Kanal besitzt. — Als dritter Freiheitsgrad (Z) dient die Helltastung, oft von außen; intern unterdrückt sie den Zeilenrücklauf.

Aufwendigere (sog. „intelligente") Geräte fragen mit ADC und Mikroprozessor verschiedene Signalwerte ab, stellen sie alphanumerisch auf dem Bildschirm dar und leisten oft weitere mathematische Funktionen (Mittel- und Spitzenwerte, Zeitmessungen u.a.m.), um den Benutzer bei Routinearbeiten zu entlasten.

Zweistrahlröhren (echte Zweistrahl-Oszilloskope) bilden zwei verschiedene, gleichzeitig ablaufende Signale zusammen ab, also etwa zwei koinzidente Impulse, während Zweistrahl-*Zusätze* (Pseudo-Zweistrahlgeräte) den Y-Eingang lediglich elektronisch auf zwei Signalkanäle abwechselnd umschalten (periodisch, oder alternativ von den Signalen selbst gesteuert). Sie bilden also die beiden Y-Signale zeitlich nacheinander, wenn auch für das Auge gleichzeitig ab.

Wichtige Größen sind: die *Grenzfrequenz* ω_g (Bandbreite), bzw. *Anstiegszeit* t_r (vgl. Abschn. 6.1.2), die höchste *Zeitauflösung* (ns/cm), die höchste Y-*Verstärkung* (mV/cm), und möglichst flexible *Triggerung*. Der Y-Eingangswiderstand ist oft hoch, um das Meßobjekt nicht zu belasten, daher müssen Koaxialkabel-Zuführungen oft mit dem Wellenwiderstand extern abgeschlossen werden. *Tastköpfe* verringern die Lastkapazität am Meßort, erkauft mit dem Preis der Amplitudenabschwächung (kapazitiv kompensierter Abschwächer, Abschn. 2.1.1), soweit nicht *aktive* Tastköpfe (FET-Verstärker) dies vermeiden. Höchste Graphikauflösung verlangt Bandbreiten über 100 MHz (Zeilenzahl

92

mal Punktzahl mal Wechselfrequenz). Die höchsten Grenzfrequenzen bis nahezu 1 GHz erzielt man mit der Wanderfeld-Ablenkung (travelling wave tube), bei der die Ablenkplatten in Form eines Laufzeit-Elektrodenpaares ausgebildet sind, die die endliche Laufzeit des abzulenkenden Elektronenstrahls innerhalb des Ablenksystems kompensieren.

Speicher-Oszillographie

Sehr kurze, sowie einmalige oder seltene Signale lassen sich nach Speicherung beliebig lange oder oft sichtbar machen. Der Signalablauf muß dazu vorher digitalisiert und in einem Speicher abgelegt werden. Dann läßt sich mit hoher Wiederholfrequenz (bis einige 10 MHz) das Signal oder Teile davon gedehnt über einen DAC auf dem Leuchtschirm abbilden. Solche Digital-Speicheroszilloskope (DSO oder „Transientenrecorder") bis über 8 kB Speicherkapazität stehen in Konkurrenz zu reinen HF-Analogoszilloskopen, beide über 100 MHz hinausgehend. Sie werden oft mit Rechnerzusätzen ausgerüstet, also mit einer Zeit- oder Frequenzanalyse (FFT). Sie sind dann kostspielig, werden aber dafür (ähnlich wie Computer) zu Unrecht als „intelligent" bezeichnet (das im Englischen hier benutzte Wort hat wenig mit dem deutschen Begriff „intelligent" zu tun). Die Spezifikationen Auflösung, Speichertiefe und Abtastrate legen dem Anwender die Grenzen der Meßmöglichkeiten fest.

 Eine andere Speichermöglichkeit liegt in der Leuchtschirmröhre selbst. Diese „Speicherröhren" gibt es in wechselnden Formen. Bei der digitalen Direktsicht-Speicherröhre ist die Leuchtschicht des Bildschirms selbst der Speicher. Die vom Elektronenstrahl getroffene Stelle wird infolge von Sekundärelektronen positiv aufgeladen und zieht (in der Röhre erzeugte) Flutelektronen an, die die Stelle leuchtend halten (viele Stunden Haltedauer, Signaldarstellung bis 1 mm/100 ns). Dagegen besitzt die analoge Transfer-Speicherröhre ein eigenes Netzspeichertarget getrennt vom Bildschirm, das analoge Helligkeitstöne darstellen kann (Haltedauer einstellbar, Signaldarstellung bis 10 mm/ns).

Sampling-Oszillographie

Eine Sonderform ist der Sampling-Oszillograph, der das Prinzip des Subsamplings (vgl. Abschn. 2.2.2) benutzt. Die Zeit zwischen zwei Abtastpunkten ist größer als die Periodendauer (darf aber kein ganzzahliges Vielfaches sein) und kann sogar statistisch variiert werden (random sampling). Mit Abtastraten um 1 MHz lassen sich noch Signalfrequenzen von 10–20 GHz darstellen, im Gegensatz zu Speicherverfahren, aber in Echtzeit.

5.5 Organisation von Daten

Die elektronischen Maßnahmen unter diesem Titel liegen schon außerhalb des Buchthemas: die gespeicherte Information wird am Ende aller Meßprozesse schließlich ausgewertet — eine Tätigkeit des Computers, und (bisweilen) des Gehirns. Hier wird nicht mehr gemessen, sondern alle Daten nach vorgegebenen Programmfolgen (Software) organisiert, Berechnungen unterworfen und graphisch dargestellt. Die Bestandteile eines Rechners (Hardware) sind natürlich elektronische (fast immer digitale) Bausteine, er selbst wird hier aber nicht behandelt.

Eine Verbindung vom Rechner — sehr häufig von einem einfachen Mikroprozessor — kann aber auch nach rückwärts mit steuernden oder regelnden Eingriffen in die Meßsysteme selbst verlaufen. Damit werden Signalbehandlungen kontrolliert, sei es nach bestimmten Fahrplänen, sei es in Abhängigkeit von inzwischen ausgewerteter Information.

6 Bauelemente und Bausteine (ICs)

Die bisher beschriebenen Methoden der Signalbehandlung verweisen häufig auf Bauelemente und Bausteine, also auf Standard-Funktionseinheiten. Sie sind in diesem Kapitel, das eigentlich ein umfangreicher Anhang ist, zusammengestellt — sei es zum gezielten Nachschlagen, sei es zur Auffrischung der Kenntnisse an Grundfunktionen. Gerade Naturwissenschaftler oder Nicht-Elektronik-Techniker haben oft genügend Vorkenntnisse, um sich informieren zu können, ohne umfangreiche Spezialliteratur wälzen zu müssen.

Der Stoff, der beliebig ausführlich dort zu finden ist, wird hier nach passiven und aktiven, nach digitalen und analogen Elementen und Netzwerken aufgegliedert, wobei größter Wert auf Übersicht und Beschränkung auf das Wesentliche gelegt wird, ohne mit zu vielen Details zu belasten.

6.1 Bauelemente und passive Netzwerke

Passive Elemente können Energie aus einem System immer nur *absorbieren* (und schließlich in Wärme umwandeln), im Gegensatz zu aktiven Einheiten (Abschn. 6.1.3). Die drei wesentlichen Elemente sind (die verschiedenen Formen von) Widerstand, Kondensator und Induktivität, sowie ihre Kombinationen.

6.1.1 Passive Bauelemente

Widerstände

Einige für den Anwender wichtige Eigenschaften seien angeführt, ohne hier Materialkunde zu betreiben.

Temperaturkoeffizient. Die Größe von $\Delta R / R \Delta T$ erreicht $10^{-5}/°C$ und kann oft vernachlässigt werden. Sehr hohe Werte werden für Heiß- und Kaltleiter gezüchtet.

Spannungskoeffizient. Sehr hohe Widerstandswerte (ab $10 - 100\,\mathrm{M}\Omega$) hängen (reversibel) von der angelegten Spannung ab. Hersteller geben den Koeffizienten

$k = [(R_1 - R_2)/R_2] \cdot [100/(U_1 - U_2)]\%$ an. Der Index 1 drückt die Arbeitsspannung aus, der Index 2 bedeutet 1/10 ihres Wertes. Der Widerstand sinkt mit steigender Spannung um rund $10^{-5}/\mathrm{V}$.

Rauschen. Zusätzlich zum thermischen Rauschen liefern vor allem kohlenstoffhaltige Substanzen einen zusätzlichen, materialbedingten Rauschanteil, am wenigsten die Metallfilmwiderstände.

Skineffekt. Bei Hochfrequenz steigt der Widerstand an mit dem Körperdurchmesser und etwa mit $\sqrt{\omega}$.

Nichtlineare Widerstände. In Abb. 6.1 sind einige Widerstände mit nicht linearer Strom/Spannungskennlinie zusammengestellt. Sehr starke Temperaturabhängigkeit wird bei den beiden Typen NTC und PTC ausgenützt (negativer bzw. positiver Temperaturkoeffizient), die Spannungsabhängigkeit dagegen bei den VDR-Typen (voltage dependend resistor).

NTC (Heißleiter, Thermistor)-Widerstände (a) entwickeln mit wachsender Temperatur zunehmende Leitfähigkeit: $R_T = R_0 \exp[B(1/T - 1/T_0)]$, wobei R_0 der Widerstandswert bei der Temperatur $T_0 = 25°\mathrm{C}$ ist. R_0 und B sind

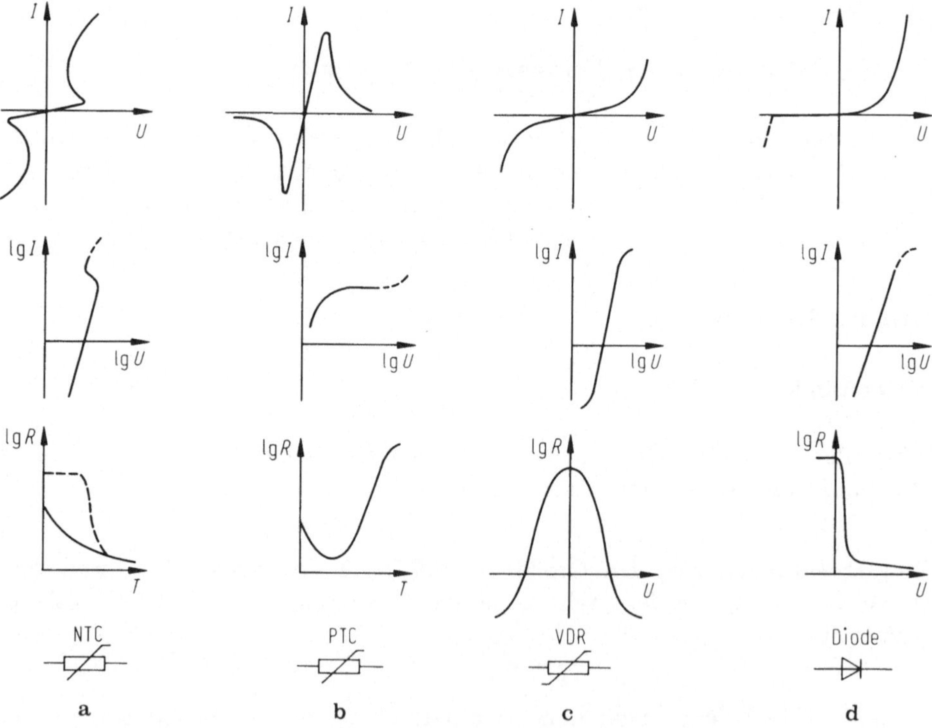

Abb. 6.1. Nichtlineare Widerstände mit Kennlinien (Diode zum Vergleich)

Herstellerkonstanten einer großen Typenauswahl. Der Temperaturkoeffizient liegt bei $-2\ldots-6\%/\mathrm{K}$. Meist sind diese Bauteile träge ($1\ldots100\,\mathrm{s}$), aber es gibt auch sprunghaft sich ändernde NTCs. Anwendungen sind etwa Thermofühler, Spannungsbegrenzer, Einschaltstrom-Begrenzung. Mehrere NTCs können nur in Serie geschaltet werden.

PTC (Kaltleiter, Posistor)-Verhalten (b) besitzt jeder Metalldraht (Glühlampe), jedoch zeigen manche Ferroelektrika oberhalb der Curie-Temperatur stärkere Effekte: $R_T = A + B\exp[C(T - T_n)]$ mit den Herstellerkonstanten A, B, C und einer Bezugstemperatur T_n. Der Temperaturkoeffizient schwankt zwischen 5 und 60 %/°C. Die gezeigte Kennlinie hängt von der Wärmeabfuhr ab (entweder T=const oder Leistung P=const). Anwendungen sind: Messung von Temperaturen, Flüssigkeitspegeln, Thermostatheizer, Überstromschutz (Sicherung), Strombegrenzer; nur Parallelschaltung ist erlaubt.

VDR (Metalloxid-Varistor): Erst bei bestimmten Spannungen durchbrechende Strompfade in Sinterschichten von kristallinen Gefügen bewirken ein spannungsabhängiges Leitvermögen (c): $R = k^{1/\beta}U^{(\beta-1)/\beta}$, $k = k_0(1 + cT)$; β ist eine Konstante und c der Temperaturkoeffizient ($-0.1\ldots-0.2\%/°\mathrm{C}$). Sie dienen als Spannungsbegrenzer bis in den kV- (und kA-)Bereich hinein, also auch zur Funkenlöschung (Begrenzung von Spannungsspitzen) und zur Spannungsstabilisierung.

MDR (magnetic dependend resistor, Feldplatte): Der Hall-Effekt (Ablenkung der Strombahn in Festkörpern bei Anlegen eines Magnetfeldes senkrecht zur Stromebene) wird zur Widerstandsänderung zwischen einigen Ω und vielen $100\,\Omega$ in Feldern bis 10 T benutzt.

Alle diese Bauelemente sind nach Maß aus Herstellerprogrammen wählbar. Eine völlig andere Form, eine Art virtueller Widerstand, wird durch eine *Stromsenke* gebildet: ein als Lastwiderstand geschalteter Transistor nimmt — wie ein echter Verbraucher — definierte Ströme auf.

Kondensator

Der Zusammenhang zwischen dem Strom und der Spannung $I = C\,dU/dt$, oder $U = (1/C)\int I\,dt = Q/C$ führt im *Frequenzbereich* beim Anlegen einer Sinusspannung $U(t) = U_0\exp\mathrm{i}\omega t$ zum Stromfluß von $I(t) = C\,dU/dt = \mathrm{i}\omega CU(t) = U(t)/X_C$ und damit zu einem Wechselstromwiderstand $X_C = 1/\mathrm{i}\omega C$ (Blindwiderstand, *Reaktanz*; Kehrwert $Y =$ Suszeptanz). Die komplexe Darstellung drückt die Phasenverschiebung aus, hier Spannung $-90°$ gegen Strom. Das Dielektrikum kann Werte bis $\varepsilon = 10^4$ besitzen, der Temperaturkoeffizient liegt bei $\Delta C/C\Delta T = (+100\ldots-1500)10^{-6}/°\mathrm{C}$ und kann zur Kompensation entsprechend ausgesucht und kombiniert werden. Kondensatoren besitzen ein Erinnerungsvermögen an vorherige Ladungen (dielektrische Absorption) und können infolge von Polarisationseffekten bis 1% Ladungsabfall erfahren — Probleme bei exakten Ladungsmessungen und S/H-Kreisen.

Die Kombination eines Kondensators mit einem ohmschen (reellen) Widerstand führt zur komplexen *Impedanz* Z (Scheinwiderstand; Kehrwert $G =$

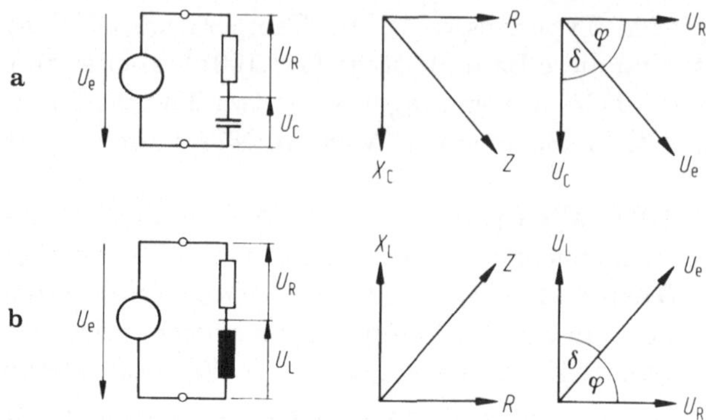

Abb. 6.2. Impedanzdarstellung von C, L und R

Admittanz) $Z = R + X_C = R + 1/\mathrm{i}\omega C = \sqrt{R^2 + (1/\mathrm{i}\omega C)^2}$. Die vektorielle Addition (Abb. 6.2.a) zeigt, daß die Spannung an C gegen die Spannung an R (und damit auch gegen den Strom durch die Impedanz) um 90° hinterherläuft. Zwischen der angelegten Spannung U_e und der Spannung an R (nur diese ist in Phase mit dem Strom und leistet Wirkarbeit) liegt der Phasenwinkel ϕ (zwischen 0 und 90°), und die von der Speisespannung U_0 geleistete Arbeit beträgt nur $W = IU \cos \phi$. Bei der Beschreibung eines realen Kondensators definiert man entweder einen (meist kleinen) ohmschen *Serienwiderstand* R_s, im Verlustwinkel δ enthalten: $\tan \delta = R_s/X_C = \omega R_s C$, oder (gleichwertig) einen (meist großen) *Parallelwiderstand* R_p mit $\tan \delta = X/R_p = 1/\omega R_p C$.

Selbstinduktion

Hier besteht der Zusammenhang $U = -\mathrm{d}/\mathrm{d}t\,(LI)$, üblicherweise $U = -L\,\mathrm{d}I/\mathrm{d}t$, und eine angelegte Sinusspannung $U(t) = U_0 \exp(\mathrm{i}\omega t)$ läßt den Strom $I = -U_0/L \int \exp(\mathrm{i}\omega t)\,\mathrm{d}t = -U(t)/\mathrm{i}\omega L = -U(t)/X_L$ fließen, der durch den induktiven Blindwiderstand $X_L = \mathrm{i}\omega L$ bestimmt wird (Blindwiderstand, Reaktanz: Induktanz). Nach Abb. 6.2.b läuft der Strom der Spannung um 90° hinterher. Die Impedanz, die Kombination von X_L mit R, ist $Z = R + X_L = \sqrt{R^2 + (\omega L)^2}$, der Phasenwinkel δ ist definiert durch $\tan \delta = R/X_L = R/\omega L$ bei Serienschaltung, oder $\tan \delta = X_L/R$ bei Parallelschaltung von X_L und R. Als Güte wird $Q = 1/\delta$ bezeichnet. Die Induktivität ist $L = f\mu n^2$, wobei f ein Geometriefaktor, μ die relative Permeabilität und n die Windungszahl ist. Bei höheren Frequenzen spielt die Eigenkapazität der Windungen eine Rolle (jede Spule hat mit der Eigenkapazität bereits eine Schwingkreis-Resonanz).

Bei gekoppelten Spulen werden durch Induktion Wechselspannungssignale von einer zur anderen Wicklung übertragen, je nach Kopplungsgrad. Die induzierte Spannung ist proportional zur Änderung des magnetischen Flusses und zur Windungszahl. Bei enger Kopplung (Transformator) ist näherungsweise

$$\frac{U_1}{U_2} = \frac{n_1}{n_2} = \frac{I_2}{I_1} = |\ddot{u}| = \sqrt{\frac{L_1}{L_2}} \quad \text{und} \quad \frac{Z_1}{Z_2} = \frac{U_1/I_1}{U_2/I_2} = \left(\frac{n_1}{n_2}\right)^2 = \ddot{u}^2$$

($\ddot{u} = $ Übersetzungsverhältnis).

Im Gegensatz zum Netztransformator (Leistungsübertragung) wird ein Impulstransformator häufig nach der Breite der zu übertragenden Impulse ausgelegt. Er läßt sich näherungsweise als Hochpaß auffassen, dessen Zeitkonstante $\tau = L/\varrho$ jeden einlaufenden Rechteckimpuls zu einem Dachabfall zwingt (vgl. RC-Hochpass). Dabei ist L die Primärinduktivität und der Widerstand $\varrho = R_i R_L \ddot{u}^2 / (R_i + R_L \ddot{u}^2)$ ist die Parallelschaltung des Signalquellen-Widerstandes R_i mit dem Lastwiderstand R_L, der (mit $\ddot{u}$) auf die Primärseite transformiert erscheint.

Die exakte Beschreibung $U = -\mathrm{d}(LI)/\mathrm{d}t = -L\mathrm{d}I/\mathrm{d}t - I\mathrm{d}L/\mathrm{d}t$ wird in sog. Paraformern realisiert, die absichtlich keinen gemeinsamen Kopplungsfluß-Anteil $L\mathrm{d}I/\mathrm{d}t$ besitzen, wohl aber den parametrischen Term $I\mathrm{d}L/\mathrm{d}t$ als Änderung des magnetischen Widerstandes ausnutzen: jede Energiezufuhr in die eine Wicklung moduliert L der anderen Wicklung.

Die physikalische Form der Spule verschwindet sehr häufig: das Verhalten einer beliebigen Induktivität (eines induktiven Zweipols) kann durch den Impedanz-Inverter (Abschn. 6.3.5) vollkommen nachgebildet werden. — Schaltnetzgeräte verwenden nichtlineare Drosseln, deren Selbstinduktion vom Sättigungsgrad einer Gleichstrom-Vormagnetisierung abhängt.

Kreis-(Smith-)Diagramm. Erinnert sei an ein nützliches Hilfsmittel der HF-Technik. Man transformiert die komplexe Widerstandsebene (z.B.Abb. 6.2) so, daß sich die imaginäre Achse zu einem Kreis nach rechts zusammenschließt und die reelle (R-)Achse im Punkt ∞ schneidet. Nun lassen sich Kombinationen von R, X_L und X_C sofort als Endpunkt eines Vektors Z eintragen. Die Zahlenwerte sind dabei auf die Maßeinheit 1 normiert. Die Änderungen von Z mit der Frequenz ω lassen sich als Kurve durch die Endpunkte von Z als „Ortskurve" zeichnen. Fertiges Diagrammpapier, ebenso eines mit ähnlichem Netz für die Phasen, erleichtert die praktische Arbeit.

Lebensdauer von Bauteilen

Wer höchstmögliche Zuverlässigkeit fordert, muß die mittlere Lebensdauer-Erwartung der Bauelemente und Bausteine kennen. Sie wird definiert durch die Weibull-Funktion $E(t) = c\,\exp(-[\lambda t]^\beta)$, mit einer Konstanten c, dem Formparameter der Ausfallverteilung β und der Ausfallrate λ. Bei Werten von $\beta < 1$ sinkt $E(t)$ zuerst sehr rasch, dann langsamer mit der Zeit t (Kinderkrankheiten, Frühausfälle), während bei $\beta > 1$ erst nach längeren Zeiten ein Abfall der Lebensdauer-Erwartung auftritt (Alterungsausfälle). Die Ausfallrate λ dagegen (Bruchteil aller Ausfälle z.B. pro Stunde) sinkt zunächst mit t ab, um erst viel später wieder anzusteigen (Badewannenkurve). Je nach Qualität des Bauteils bewegen sich Schätzwerte von λ zwischen 10^{-7} und 10^{-8}/h.

Tabellen der Hersteller geben u.a. Schätzwerte für mittlere Lebensdauern, die MTBF-Werte (mean time between failure, reziproke Ausfallrate) für reparable Teile, und MTTF-Werte (mean time to failure) für nicht reparable Elemente an. — Starke Gammastrahlung kann infolge Ladungsbildung MOS-Bausteine beeinflussen (Schwellenverschiebung, besonders bei Si-Gate-Typen), während Neutronenfluß bipolare Bauteile (durch Kernumwandlungen) verschlechtern kann. Kosmische Strahlung und die natürliche Radioaktivität (Alpha-Teilchen) können einzelne Zellen in hochintegrierten Speichern umladen. Geräte und Systeme werden oft doppelt oder dreifach aufgebaut (Redundanzmethode), um auch bei Ausfall einer Baugruppe das höchste Maß an Zuverlässigkeit zu erreichen.

6.1.2 Passive Netzwerke

Eine Übersicht über wichtige Definitionen und Eigenschaften von R-C-(L)-Kombinationen kann nicht eine ausführliche Netzwerkanalyse ersetzen, soll hier aber als kurzer Leitfaden für den Anwender hilfreich sein.

Definitionen

Vierpol. (Zweitor-Netzwerk, two-port). Abbildung 6.3 zeigt die allgemeine Nomenklatur eines Vierpols, also eines Systems mit zwei Toren, dem Eingangstor (U_1,I_1) und dem Ausgangstor (U_2,I_2), mit je zwei Klemmen. Die Zählpfeile für Spannungen zeigen stets vom Meßpunkt zum Bezugspunkt (oft Null, Erde), für Ströme in den Vierpol hinein — immer positive Ladungen im Sinne der Technik-Definition vorausgesetzt. Häufig ist je ein Pol des Ein- und Ausgangs gemeinsam (Nulleiter).

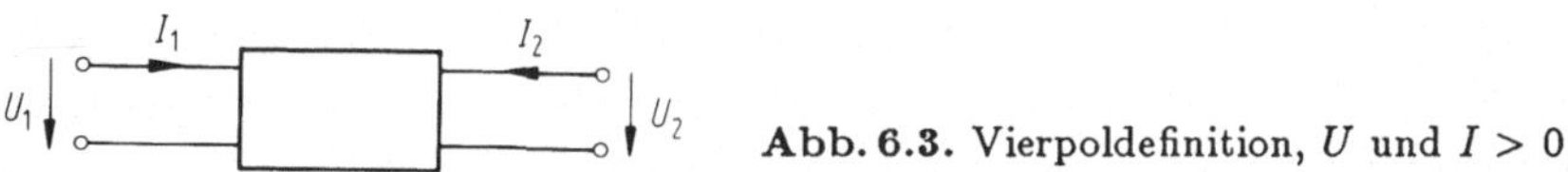

Abb. 6.3. Vierpoldefinition, U und $I > 0$

Theoretisch und meßtechnisch wird jeder Vierpol durch sein Strom/Spannungsverhalten an Ein- und Ausgang beschrieben, jeweils bei offenem und kurzgeschlossenem anderem Ende. Daraus ergeben sich je zwei Vierpolgleichungen. Je nach Kombination der Größen treten ihre vier Konstanten als Impedanzen, Leitwerte, Strom- oder Spannungsverhältnisse oder auch gemischt auf. Ein Beispiel wird beim Transistor gezeigt (Abschn. 6.1.3). Im Folgenden wird meist nur das Verhältnis U_2/U_1, die Übertragungsfunktion untersucht. Eine andere wichtige Kennzeichnung vieler Vierpole ist nicht die Amplitudenangabe, sondern das Signal/Rauschverhältnis (Abschn. 6.3.3).

Übertragungsfunktion. Jeder Vierpol antwortet auf ein Eingangssignal U_e mit dem Ausgangssignal U_a. Seine Eigenschaft läßt sich (im Frequenzbereich) rein algebraisch mit den üblichen Knoten- und Maschengleichungen beschreiben. Im Zeitbereich dagegen entstehen bei Vorhandensein von Kapazitäten (Induktivitäten) Differentialgleichungen (Faltungen). Da im Frequenzbereich lediglich Multiplikationen (Divisionen) auftreten (z.B. der Fourier-Koeffizienten, Abschn. 1.3.2), führt diese einfachere mathematische Behandlung dazu, die Eigenschaften von Vierpolen im Frequenzbereich zu beschreiben, und erst zum Schluß notfalls wieder im Zeitbereich das Signal zu betrachten (Laplace-Transformation Abschn. 6.3.4).

Ein System ist *linear*, wenn die Form seines Amplitudenspektrums (also die Linearkombination aller Signale) erhalten bleibt, es ist *zeitinvariant*, wenn seine Form durch Zeitverschiebungen nicht beeinflußt wird.

Verzerrungen. Von linearen Verzerrungen spricht man, wenn die Signalkenngrößen nur von der Frequenz abhängen (z.B. Hoch- oder Tiefpaß), sie sind im Grunde immer vorhanden. Nichtlineare Verzerrungen entstehen an nicht linearen Kennlinien, die Kenngrößen sind dann amplitudenabhängig. Dann erzeugt bereits eine einzige Eingangsfrequenz weitere unerwünschte Oberwellen, deren Summe auch als *Klirrfaktor* (in der NF-Technik) definiert wird: $k = (100/U_a)\sqrt{\sum_{n=2}^{\infty} U_n^2}\,\%$, wobei das Gemisch U_a am Ausgang die n Oberwellen mit den Amplituden U_n enthält. Andere Verzerrungen sind z.B. Modulationsverzerrungen (zeitabhängig) und Intermodulationsverzerrungen (Modulation mehrerer Frequenzen miteinander). Je niedriger alle Verzerrungen bei der Signalbehandlung gehalten werden können (lineare werden oft vernachlässigt oder kompensiert), desto weniger wird die Information verändert.

Aus rein passiven Bauelementen aufgebaute Vierpole erscheinen hier anschließend mit drei typischen Vertretern: Schwingkreis, (Laufzeit-)Kabel und R-C-Glieder.

Schwingungskreis

In Abb. 6.4 sind der Vollständigkeit halber alle wichtigen Daten zusammengestellt. Physikalisch sind L und C parallel geschaltet, mit einem (Verlust-)Widerstand in Serie. Je nach Erregung des Kreises von außen durch eine Spannungs- oder Stromquelle wird in der Praxis der sog. Serien- (a) und Parallelkreis (b) unterschieden. Dabei wird der Verlustwiderstand entweder in einen Serien- (R_s) oder Parallelwiderstand (R_p) projiziert (transformiert). Im Fall (a) fließt derselbe Strom durch die 3 Elemente und ruft an ihnen die Spannungsabfälle U_R, U_L und U_C hervor. Er erreicht seinen Maximalwert (Stromresonanz) bei der Frequenz ω_0, die genau den Fall $X_L = X_C$ festlegt. Die gesamte Impedanz der Serienschaltung

$$Z_s = R_s + \mathrm{i}\omega L + \frac{1}{\mathrm{i}\omega C} = \sqrt{R_s^2 + \left(\omega L - \frac{1}{\omega C}\right)^2}$$

schrumpft dann auf den kleinsten Wert $Z_{0s} = R_s$ zusammen und ist reell. Im Fall (b/links) teilt sich der Strom in 3 Anteile auf (die Klemmenspannung ist

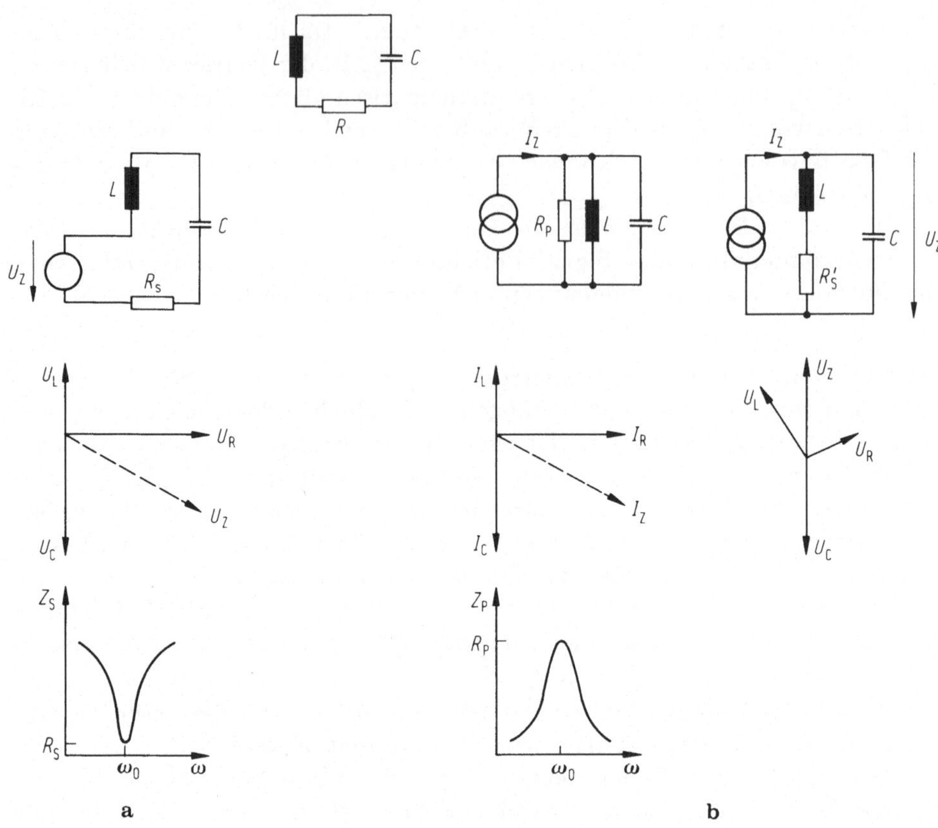

Abb. 6.4 a–b. Schwingungskreis. **a** Serien- und **b** Parallelkreis

bei allen Elementen gleich). Die gesamte Impedanz (Parallelschaltung) beträgt hier

$$\frac{1}{Z_p} = \frac{1}{R_p} + \frac{1}{i\omega L} + i\omega C \qquad \text{oder} \qquad Z_p = \frac{R_p}{\sqrt{1 + R_p^2(\omega C - 1/\omega L)^2}}$$

erreicht bei ω_0 (wieder $X_L = X_C$) ihren größten Wert $Z_{0p} = R_p$ (Spannungsresonanz), ebenfalls reell. Eine Variante (b/rechts) wird manchmal bevorzugt: der Parallelkreis mit Serienwiderstand R'_s. Hier ist $U_C = U_Z$ und damit

$$Z'_p = \frac{\omega L}{\sqrt{(1 - \omega^2 CL)^2 + (R'_s \omega C)^2}}.$$

Bei ω_0 ist $Z'_{0p} = L/R'_s C$ ebenfalls maximal.

Bei Vernachlässigung von R gilt für jeden Schwingkreis bei Resonanz $X_L = X_C = \omega_0 L = 1/\omega_0 C$ oder $\omega_0 = 1/\sqrt{LC}$ (Thomsonformel). Eine charakteristische Größe ist ferner die Güte

$$Q = \frac{X}{R_s} = \frac{\omega_0 L}{R_s} = \frac{1}{\omega_0 R_s' C} = \frac{1}{R_s}\sqrt{\frac{L}{C}} \qquad \text{(Fall a und b/rechts)},$$

$$Q = \frac{R_p}{X} = \frac{R_p}{\omega_0 L} = R_p \omega_0 C = R_p\sqrt{\frac{C}{L}} \qquad \text{(Fall b/links)}.$$

Ihre absolute Größe nimmt zwar mit steigenden Werten von ω_0 zunächst zu, fällt aber bei höheren Frequenzen wieder ab (Skineffekt und Wirbelstromverluste). Die Resonanzkurve besitzt eine Bandbreite von $b = \omega_0/2\pi Q$ in der Höhe von $1/\sqrt{2}$ des Scheitelwertes ($-3\,$dB). Die exakte Beschreibung zeigt geringe Abweichungen von allen genannten Näherungsformeln, merkbar nur bei sehr kleinen Werten von Q.

Der Schwingungskreis spielt nicht nur in der ganzen HF- (und z.T. NF-) Technik die Hauptrolle, sondern auch bei vielen elektronischen Meß- und Nachweismethoden (z.B. Güteänderung eines Kreises beim Nähern eines Metallstückes u.ä.). Ferner tritt er — oft unerwünscht — da auf, wo Signale virtuelle Kreise anstoßen, die aus Leitungsinduktivitäten und -Kapazitäten gebildet werden (einschließlich Erdleitungen) und zu gedämpften Schwingvorgängen führen können.

LC-Netzwerke

Die große Zahl klassischer *LC*-Netzwerke und gekoppelter Kreise für Filter und Pässe aller Art wird hier nicht aufgenommen. Sie beherrschen die HF- und Nachrichtentechnik. Seit der Entwicklung „synthetischer" Induktivitäten (Abschn. 6.3.5) haben sie teilweise an Bedeutung verloren.

Bisher wurde nur das *Frequenz*verhalten gezeigt. Im *Zeit*bereich dagegen treten typische Einschwingvorgänge auf (Überschwingen bis zum aperiodischen Kriechfall), wie sie bei der Laplace-Transformation (Abschn. 6.3.4) gezeigt werden.

Leitungen (Laufzeitkabel)

Jede Leitung läßt sich in einem vereinfachten Ersatzschaltbild als Kette von *LC*-Gliedern darstellen: Abb. 6.5a. Etwas ausführlicher sei wegen ihrer besonderen Bedeutung auf Leitungen eingegangen, die gegen elektrische Felder von einem geerdeten Abschirmgeflecht (Faraday-Käfig!) umgeben sind. Magnetfelder werden dadurch nicht abgeschirmt, dazu ist eine zusätzliche ferromagnetische Schirmung nötig. Als Beispiel wird das einfache Koaxialkabel hier als Bauelement sowie Netzwerk betrachtet. Während es für langsam veränderliche Signale (niedrige Frequenzen) lediglich einen Transportweg mit Dämpfung und vorwiegend kapazitiver Last darstellt, wirkt es für HF und Impulse wie ein Tiefpaß bzw. eine Laufzeitstrecke. Wenn Impulsdauer oder -Anstiegszeit von der Größenordnung der doppelten Kabellaufzeit oder kürzer werden, können Reflexionen deutliche Signalveränderungen hervorrufen. Die exponentielle Am-

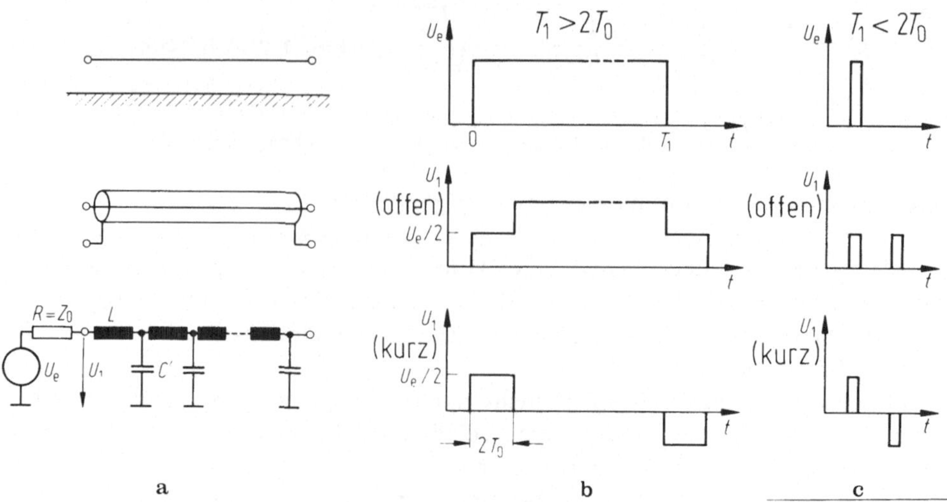

Abb. 6.5. a Laufzeitkabel und -kette, **b** Impulsformen am Eingang bei offenem und kurzgeschlossenem Ausgang mit sehr langem und **c** sehr kurzem Rechtecksignal

plitudendämpfung (2...12 dB/100 m) wird bei kurzen Leitungsstücken vernachlässigt, ohmsche Widerstände werden also nicht berücksichtigt, nur die Ausbreitungsgeschwindigkeit bzw. die Laufzeit ist wichtig. Erst bei längeren Übertragungsstrecken machen sich Längen- und Frequenzabhängigkeit der Signalamplituden bemerkbar.

Die Theorie definiert aus $-\partial I/\partial x = C' \partial U/\partial t$ und $-\partial U/\partial x = L' \partial I/\partial t$ (Wellen- bzw. Telegraphengleichung) einen reellen *Wellenwiderstand* (oft mit Z_0 bezeichnet): $Z_0 = \sqrt{L'/C'}$, wenn ohmsche Anteile vernachlässigt werden. Dabei enthalten die pro Längeneinheit dx geltenden Größen L' und C' alle Materialeigenschaften ε, μ und geometrische Faktoren; Z_0 selbst ist also längenunabhängig. Gebräuchliche Koaxialkabel haben $Z_0=50...75\,\Omega$, eine verdrillte Doppelleitung liegt bei $120\,\Omega$, Leitungen auf gedruckten Platinen bei $30...200\,\Omega$, und eine Freileitung in Luft hat $377\,\Omega$. Die Fortpflanzungsgeschwindigkeit $v = 1/\sqrt{L'C'}$ ergibt, mit der Laufzeit T' pro Kabellänge d, die gesamte Kabellaufzeit $T_0 = T'd = d\sqrt{L'C'} \approx Z_0 C'$ s/m.

Sendet man ein Signal hinein, hängt sein weiteres Schicksal vom Abschluß am anderen Kabelende ab. Das Kabel ist nicht ∞ lang, man kann jedoch das ∞ lange Stück durch einen Abschlußwiderstand $R = Z_0$ ersetzen, dann treten keine Reflexionen auf. Für diesen Normalfall beim Signaltransport gilt die Regel: korrekter Kabelabschluß ist wichtiger als andere Gesichtspunkte (z.B. Amplitudenverlust), dies gilt natürlich auch für Kabelverzweigungen. Bei falschem Abschlußwiderstand $R_a \neq Z_0$ wird ein Amplitudenanteil mit dem Reflexionsfaktor $\varrho = (R_a - Z_0)/(R_a + Z_0) = 1 - 2Z_0/(R_a + Z_0)$ reflektiert.

Dieser Effekt läßt sich nicht nur im Zeitbereich beobachten (vgl. die Zeitbereich-Reflektometrie im Abschn. 4.2.3), sondern auch im Frequenzbereich als Stehwellenverhältnis (SWR standing wave ratio) messen: $(1 + |\varrho|)/(1 - |\varrho|)$.

Zweckmäßig ist auch der richtige Kabelabschluß am Eingang: eine Spannungsquelle (Innenwiderstand Null) wird dann über einen entsprechenden Vorwiderstand an das Kabel gelegt.
Zwei Sonderfälle stellen die Grenzen dar: Abschlußwiderstand gleich 0 (Kurzschluß), oder
offenes Kabelende. In beiden Fällen wird die Welle vollständig reflektiert. Ein einlaufen-
der Stufenimpuls lädt nacheinander alle Kondensatoren auf die halbe Eingangsspannung auf
(Abb.6.5a). Bei offenem Kabelende verhindert die Induktivität das plötzliche Aufhören des
Stromes. Er fließt weiter, zunächst in den letzten, dann in den davor liegenden Kondensator
usw., bis alle Kapazitäten auf den doppelten Wert, nämlich die Eingangsamplitude aufgeladen sind. Dann verschwindet der Strom. Der Vorgang läßt sich auch als Reflexion des Stromes
mit umgekehrtem Vorzeichen beschreiben, während der Spannungssprung mit gleichem Vorzeichen zurückläuft. Nach der doppelten Laufzeit überlagert sich das reflektierte Signal dem
Eingangsimpuls. Ist dessen Dauer länger als als die zweifache Kabellaufzeit, überlagern sich
beide zu einer neuen Signalform. Die Abbildung zeigt die beiden Fälle. Springt das Stufensignal auf Null zurück, wiederholt sich der Vorgang mit negativem Vorzeichen. — Der andere
Extremfall, das kurzgeschlossene Kabelende, führt einfach zur Vertauschung von Spannungs-
und Stromamplitude: trifft der einlaufende Signalstrom an das Ende, fließt er über den Kurzschluß dann im Außenleiter zurück. Gleichzeitig entlädt sich der letzte Kondensator mit, der
Strom verdoppelt sich, und der negative Spannungssprung pflanzt sich nach rückwärts fort,
bis am Eingang die Spannungsamplitude auf Null und die Stromamplitude auf den vollen
Wert springt. Letztere besteht solange weiter, bis die Eingangsspannung auf Null zurückfällt
und der gleiche Vorgang mit umgekehrter Polarität noch einmal abgelaufen ist. Die Ach-
senbeschriftung in Abb.6.5 b/c wird vertauscht, wenn offenes und kurzgeschlossenes Kabel
vertauscht werden.

Kurzgeschlossene Kabelstücke werden zum Impulsformen verwendet („Kabeldifferenzie-
ren", vgl. Abb.2.4c,d). Werden ein Kabelende oder beide falsch abgeschlossen, treten komplizierte Signalformen und u.U. Mehrfachreflexionen auf, die zu treppenartigen und meist unerwünschten Signalen führen. Auch jede kapazitive Last von angeschlossenen Verbrauchern
bewirkt Teilreflexionen hoher und höchster Frequenzanteile, für die die Last einen verschwindend kleinen Widerstand darstellt. Zu den treppenartigen treten dann noch exponentielle
Signalstücke.

Reflexionen spielen nicht nur im HF-Bereich eine Rolle, sondern auch
in der Digitaltechnik: die steilen Flanken schneller ICs erleben an den Ein-
(und oft auch an den Aus-)gängen der angeschlossenen ICs keine passenden
(konstanten) Abschlußwiderstände, sondern spannungsabhängige Funktionen
(Bergeron-I/U-Diagramme). Eine sorgfältige Analyse der reflektierten Amplituden ist notwendig, um Störmöglichkeiten zu erkennen (positive oder negative
Amplitudenüberlagerung führt zu erhöhten oder erniedrigten Pegeln). Korrek-
turwiderstände, meist in Serie mit den Verbindungsleitungen verringern Reflexionen.

Das passive RC-Glied

Wegen seiner Wichtigkeit und Häufigkeit in der gesamten Elektronik sind hier
die beiden Elementarvierpole aus R und C im Frequenz- und Zeitbereich beschrieben. Auf ihnen beruhen nicht nur viele Anwendungen, sondern mit ihnen
hat es jedes Signal auf seinem gesamten Laufweg und während seiner ganzen
Lebensdauer sozusagen auf Schritt und Tritt zu tun. Der richtige Umgang mit
geforderten oder unerwünschten RC-Gliedern ist Voraussetzung für elektronisches Behandeln und Messen von Signalen. Abbildung 6.6a zeigt die beiden
aus der Grundschaltung abgeleiteten Vierpole Hochpaß (Differenzierglied) und
Tiefpaß (Integrierglied), je nach dem, ob die Ausgangsspannung an C oder R

abgenommen wird. Es sind zusammen dargestellt: der Frequenzgang linear (b) und doppelt logarithmisch (c, Bode-Diagramm), der Phasenwinkel (d) und das Zeitverhalten (f) beim Rechteckimpuls (e).

In Abschn. 1.3 wurde schon auf die zweckmäßige Unterscheidung zwischen Frequenz- und Zeitbereich hingewiesen: derselbe Vierpol und dasselbe Signal (Frequenzgemisch) werden einmal im *Frequenzbereich* behandelt (die Summe der verbliebenen Frequenzanteile am Ausgang ergeben das geänderte Spektrum), oder im *Zeitbereich* (geänderte Signalform im Oszillogramm). Der Informationsgehalt hinter dem Vierpol ist in beiden Bereichen natürlich identisch.

Frequenzbereich. Die einfachste Beschreibung als frequenzabhängiger Spannungsteiler führt zu den Abschwächungsformeln (Übertragungsfunktion)
Tiefpaß:

$$\frac{U_a}{U_e} = g(\omega) = \frac{X_C}{X_C + R} = \frac{1/i\omega C}{1/i\omega C + R} = \frac{1}{\sqrt{1 + (\omega RC)^2}} = \frac{1}{\sqrt{1 + (\omega/\omega_g)^2}},$$

Hochpaß:

$$\frac{U_a}{U_e} = g(\omega) = \frac{R}{X_C + R} = \frac{R}{1/i\omega C + R} = \frac{\omega RC}{\sqrt{1 + (\omega RC)^2}} = \frac{\omega/\omega_g}{\sqrt{1 + (\omega/\omega_g)^2}}.$$

Es gibt einen Sonderfall $R = X_C = 1/\omega_g C$, bei dem die *Grenzfrequenz* $\omega_g = 1/RC$ definiert wird: der Tiefpaß hat eine obere, der Hochpaß eine untere Grenzfrequenz. Der Verlauf der Übertragungsfunktion ist linear und logarithmisch abgebildet. Im zweiten Fall (vgl. auch Abb. 6.22 und 6.35) steigt bzw. fällt sie geradlinig: im dB-Maßstab wird $g(\omega) = -20 \lg \omega_g/\omega$ dB (Hochpaß) bzw. $g(\omega) = -20 \lg \omega/\omega_g$ (Tiefpaß). Das sind 6 dB pro Oktave ($\omega/\omega_g = 2$) oder 20 dB pro Dekade ($\omega/\omega_g = 10$). Bei der Grenzfrequenz ω_g beträgt der Abfall 3 dB und die Spannungsabfälle an R und X_C sind gleich groß. Wegen des Phasenwinkels (zwischen U_C und U_R) von 90° liefert aber der Spannungsteiler gerade eine Amplitude von $U_a = U_e/\sqrt{2}$. Bei beliebiger Frequenz sind die Phasen zwischen U_a und U_e:
Tiefpaß:

$$\cos\phi = \frac{U_C}{U_e}, \quad \tan(-\phi) = \frac{R}{X_C}, \quad \phi = -\arctan(\omega RC) = -\arctan\frac{\omega}{\omega_g},$$

Hochpaß:

$$\cos\phi = \frac{U_R}{U_e}, \quad \tan\phi = \frac{X_C}{R}, \quad \phi = \arctan\frac{1}{\omega RC} = \arctan\frac{\omega_g}{\omega} = 90° - \arctan(\omega RC).$$

Zeitbereich. Hier interessiert die Antwort auf die Sprungfunktion (Stufenimpuls). Die an den Eingang angeschaltete Spannung U_e (als Gleichspannung vorstellbar) läßt einen Strom fließen, der wegen der ansteigenden Kondensatorspannung nach Null abnimmt: $U_e = U_R + U_C = IR + (1/C)\int I dt$ oder $RC dI/dt + I = 0$ gibt $I = (U_e/R)\exp(-t/RC)$. Dieser Strom fließt durch

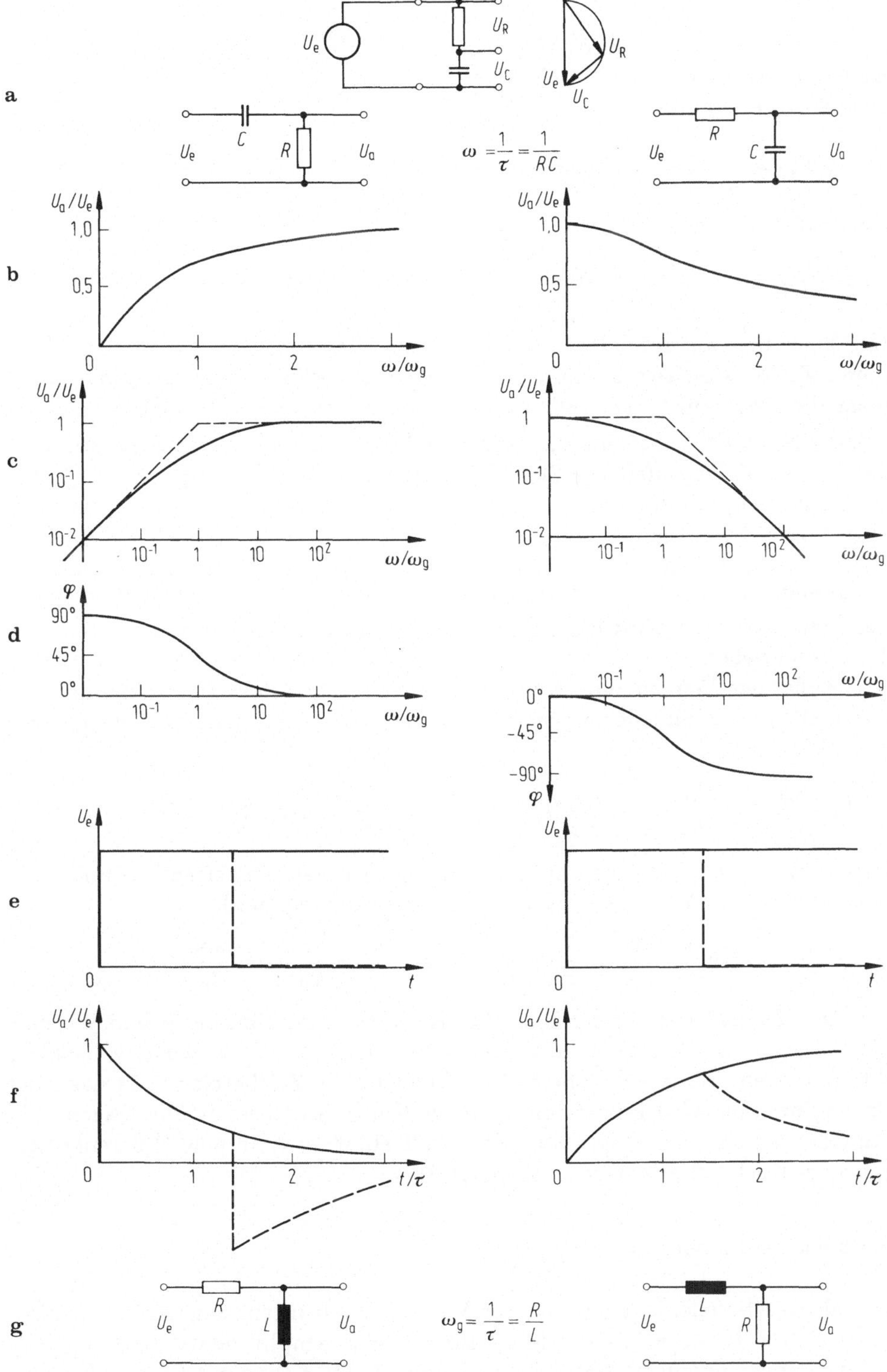

Abb. 6.6 a–g. Das passive RC-(LC-)Glied im Frequenz- und Zeitbereich. **a** Prinzip, **b** Frequenzgang linear und **c** doppeltlogarithmisch, **d** Phasengang, **e** Stufenimpuls (gestrichelt Rechtecksignal), **f** Zeitverhalten (Sprungantwort), **g** komplementäres LC-Glied gleichen Verhaltens

beide Partner, erzeugt also (als Spannungsabfall an C bzw. R) die jeweilige Ausgangsspannung des Vierpols

Tiefpaß(Integrierglied):

$$U_0 = U_C = \frac{Q}{C} = \frac{1}{C} \int I \mathrm{d}t = U_e(1 - \mathrm{e}^{-t/RC}) \quad \left[= U_e \mathrm{e}^{-t/RC}(\mathrm{e}^{T_1/RC} - 1)\right],$$

Hochpaß(Differenzierglied):

$$U_0 = U_R = IR = U_e \mathrm{e}^{-t/RC} \qquad \left[= U_e \mathrm{e}^{-t/RC}(1 - \mathrm{e}^{T_1/RC})\right].$$

Das auch hier auftretende Produkt RC hat die Dimension einer Zeit. Nach dieser *Zeitkonstanten* τ ist die Amplitude auf den Wert $1/e$ des Maximalwertes abgefallen bzw. auf $1-1/e$ angestiegen. Ist der Stufenimpuls U_e nicht wesentlich länger als die Zeitkonstante τ, sondern endet er nach einer Zeit T_1, dann wird der exponentielle Abfall zur Zeit T_1 unterbrochen, ein Sprung von $-U_e$ setzt nach unten an, um dann endgültig mit τ nach Null abzuklingen. Der Ausdruck in Klammer beschreibt diesen Fall (in Abb. 6.6 gestrichelt gezeichnet).

Im Übrigen zeigt die Abbildung nicht nur alle Signalverläufe, sondern auch die komplementäre Möglichkeit, mit einem LR-Glied die gleichen Wirkungen hervorzurufen. Nur wird die Zeitkonstante τ jetzt durch den Quotienten $\tau = L/R$ beschrieben.

Außer der *Zeitkonstanten* wird zur leichteren Oszilloskopablesung die *Anstiegszeit* t_r eines Signals zwischen 10 und 90 % der Maximalamplitude angegeben (Abschn. 1.1):

$$\ln \frac{U_{0.9}}{U_e} - \ln \frac{U_{0.1}}{U_e} = -\frac{1}{RC}(t_{0.9} - t_{0.1}) = -\frac{t_r}{\tau} \quad \text{oder} \quad t_r = \tau \ln 9 = 2.2\,\tau.$$

Man erhält so den wichtigen Zusammenhang zwischen Grenzfrequenz und Zeitkonstanten bzw. Anstiegszeit (etwa bei Verstärkerangaben):

$$\omega_g = \frac{1}{RC} = \frac{1}{\tau} = \frac{2.2}{t_r} \quad \text{oder} \quad f_g = \frac{2.2}{2\pi t_r} = \frac{0.35}{t_r}.$$

Der Tiefpaß tritt in der Realität als interne Funktion bei jedem Vierpol, also auch jedem Verstärker auf (innere Widerstände und kapazitive Lasten), d.h. es besteht immer eine obere Grenzfrequenz. Im Zeitbereich heißt das: eine Sprungfunktion wird immer mit einer endlichen Anstiegszeit übertragen. Die Annäherung an eine Integration mit dem Tiefpaß bzw. an eine Differentiation mit dem Hochpaß erläutert Abschn. 2.1.3.

6.1.3 Aktive Bauelemente

Ein aktives Bauelement (ein aktiver Vierpol) kann in ein angeschlossenes System (Signal-)Energie hineinliefern, also z. B. eine Amplitudenverstärkung oder Schwingungen erzeugen. Natürlich ist hierzu eine Speisung mit Energie (Stromversorgung) erforderlich. Gegenüber den passiven Widerständen (Impedanzen),

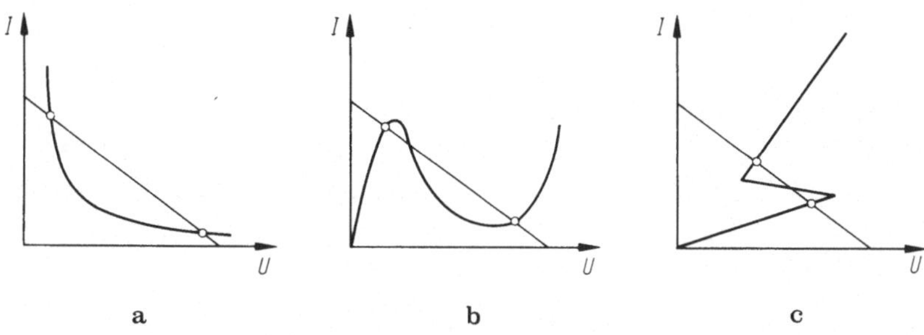

Abb. 6.7 a–c. Negativer Widerstand aktiver Bauelemente. a Lichtbogen, b Tunneldiode,
c elektronische Schaltung (stromgesteuert, leerlaufstabil)

die positiv definiert sind, bilden solche aktiven Elemente eine Gruppe von negativen Widerständen, besitzen also — mindestens stückweise — eine fallende
Strom/Spannungs-Kennlinie: Abb. 6.7. Verschiedene Typen sind (a) der Lichtbogen, (b) die Tunneldiode, und (c) Schaltungen mit steuerbaren aktiven Elementen, wie Transistoren oder Elektronenröhren. Die eingezeichnete Arbeitsgerade liefert nur an den dick gezeichneten Punkten stabile Arbeitszustände.

Wesentlich für die Verstärkungseigenschaft ist die elektronische Steuerbar-
keit, entweder über Potentialbarrieren (Elektronenröhre, bipolarer Transistor)
oder über Querschnittsänderungen der Leiterbahn (Feldeffekttransistoren). Immer wird dabei einer höherer Energiefluß durch eine viel kleinere Steuergröße
kontrolliert. In diesem Abschnitt sind Transistor, FET und Röhre enthalten,
aber auch die Gruppe der Dioden, obwohl von ihnen nur die Tunneldiode als
aktiv bezeichnet werden kann.

Diode

Die klassische Definition eines Zweipols, der einen Elektronenstrom nur in jeweils vorgegebener Richtung leitet (z. B. Elektronenstrom in Vakuumdiode)
reicht für die zahlreichen Halbleiterkombinationen nicht aus. Zum besseren
Verständnis sei an etwas Halbleiterphysik erinnert. Daran schließen sich die
gebräuchlichsten Diodentypen an.

Die vielen diskreten Energiezustände eines Einzelatoms besitzen bei Halbleitern (und Isolato-
ren) eine obere Grenze für alle von Elektronen besetzten Zustände. In einem Festkörperver-
band sind sie wegen der zahlreichen Nachbar-Wechselwirkungen zu einem Band (Valenzband)
verschmiert (Energieachse nach oben): Abb.6.8a (Bändermodell). Erst in einem energetischen
Abstand von grob 1 eV sind wieder Zustände möglich, die jetzt von freien oder abgetrennten
Elektronen eingenommen werden können (Leitungsband). Da die Bandgrenzen wegen der
thermischen Bewegung nicht scharf sind, definiert man eine Grenze, bei der gerade die Hälfte
aller Zustände besetzt sind: Fermigrenze, gestrichelt, genauer: Besetzungswahrscheinlichkeit
1/2. Die in der Elektronik verwendeten Halbleiter-Bauelemente werden aus (chemisch vier-
wertigem) Si und z.T. Ge hergestellt, jedoch aus behandeltem — dotiertem — Material.
Dazu werden 5- oder 3-wertige Substanzen eingebaut, deren Atome also jeweils ein Elektron
zuviel oder zu wenig haben. Das überzählige wandert in das (freie) Leitungsband bzw. das
fehlende Elektron wird von einem aus dem Valenzband ersetzt. Dieses hinterläßt dort ein
Loch (Defektelektron), das sich im Halbleiter ebenso bewegt wie das Überschußelektron (das
Auffüllen der Fehlstelle hinterläßt wieder ein Loch usw.).

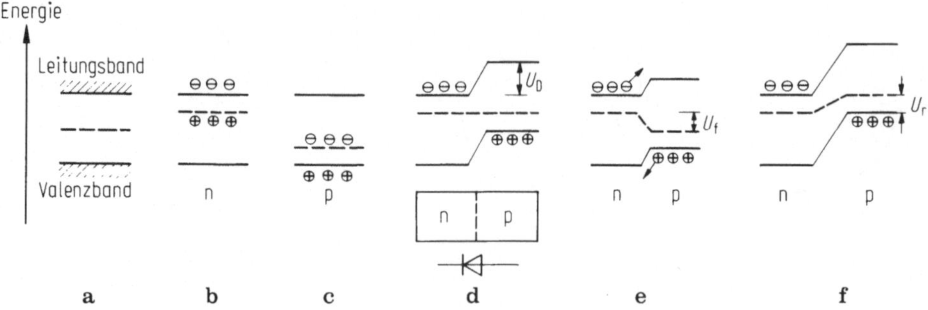

Abb. 6.8. Bändermodell eines pn-Diodenüberganges

Natürlich besitzen auch die eingebauten Atome ein Valenzband, dessen Obergrenze dicht am Leitungsband, bzw. deren Untergenze dicht am Valenzband liegt: die Donatoren (b) bzw. Akzeptoren (c). Die Fermigrenzen dotierter Atome liegen dann in diesen schmalen Lücken (um 10 meV). Mit Donatoratomen dotiertes Silizium ist demnach ein n-Leiter, weil die zahlreichen negativen Überschußelektronen die Leitfähigkeit bestimmen, dagegen ist das Material mit den Akzeptoratomen ein p-Leiter, da die positiven Löcher als Ladungsträger den Stromfluß bestimmen. Diese beiden Sorten von Ladungsträgern sind innerhalb „ihres" Materials die sog. Majoritätsträger. Um Größenordnungen geringer existieren aber auch jeweils Ladungen der anderen Sorte, die Minoritätsträger (also im n-Leiter die Löcher und im p-Leiter die Elektronen). Diese spielen die Schlüsselrolle beim Transistor. Wie Abb.6.8b und c zeigen, wird die Fermigrenze durch die Dotierung verschoben, und zwar durch die fest eingebauten Atomrümpfe mit ihrer Restladung.

Der entscheidende Schritt zur Diode geschieht beim Kontakt eines n- und p-Leiters (d). Da im Gleichgewicht die Fermigrenze (Besetzung 1/2) überall gleich sein muß, wird sich beim Zusammenbau zunächst sofort ein Ladungsausgleich einstellen (Rekombination von Elektronen und Löchern in der Grenzschicht), bis die zurückbleibenden ortsfesten Ladungen der Dotierungsatome ein Gegenfeld (Diffusionsspannung U_D ca. 0.7 V in Si) aufbauen, das den Ausgleich beendet und eine dünne ladungsfreie Sperrzone zur Folge hat (Diode ohne äußere Spannung). Die gestrichelte Fermigrenze liegt in der Abbildung auf gleichem Energieniveau.

Das ändert sich in dem Augenblick, wenn eine äußere Spannung angelegt wird: positive Spannung am p-Leiter und negativer Pol am n-Leiter treiben die Majoritätsträger in die Grenzschicht hinein, die Potentialbarriere wird abgebaut, und ab etwa 0.6...0.7 V äußerer Spannung beginnt ein rapide ansteigender Stromfluß (Diode leitend, Fall e). Bei umgekehrter Polung (f) wird die Sperrschicht weiter vergrößert, die Diode sperrt. Einzig die Minoritätsträger können jetzt fließen und bilden einen Sperr-(Leck-)Strom I_s von der Größenordnung einiger nA bei Si (μA bei Ge).

Die Strom/Spannungs-Kennlinie einer normalen Diode ist in Abb. 6.9b zu sehen (der sehr geringe Sperrstrom I_s ist nicht maßstabrichtig dargestellt). Sie zeigt in Sperrichtung Sättigungscharakter, da die wenigen Minoritätsträger alle erfaßt werden. Verschiedene Materialien (Ge, Si) werden mit der gleichen mathematischen Funktion beschrieben, wenn man sie auf I_s normiert: der Flußstrom I_f beträgt dann

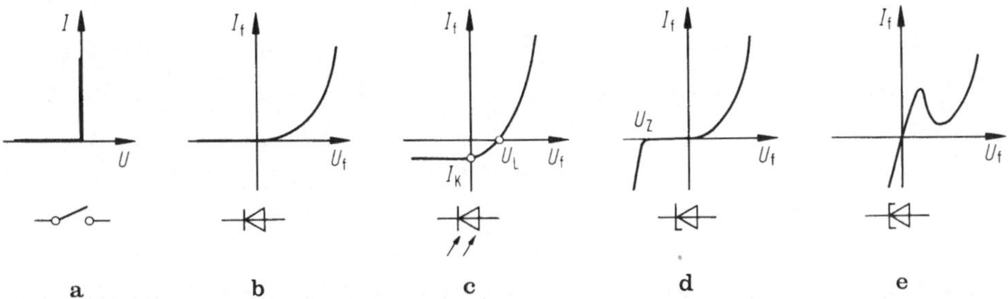

Abb. 6.9. Kennlinien verschiedener Diodentypen

$$I_f = |I_s|\,(e^{U_f/U_T} - 1) \approx |I_s|\,e^{U_f/U_T} \quad (\text{bei } U_f/U_T \geq 3).$$

Dabei ist U_f die Flußspannung (Vorwärtsspannung) und U_T die sog. Temperaturspannung, die ihren (nicht sehr glücklichen) Namen von der Wärmebewegung der Elektronen $E = kT$ hat, die einer elektrischen Energie $E = q_0 U_T$ äquivalent ist: $U_T = kT/q_0 \approx 26\,\text{mV}$ (bei 25°C), mit der Boltzmannkonstanten $k = 1.38 \cdot 10^{-23}\,\text{Ws/K}$ und der Elementarladung $q_0 = 1.6 \cdot 10^{-19}\,\text{As}$. Der Vorwärtsstrom beginnt erst langsam, dann sehr rasch stärker mit der Spannung anzusteigen. Diese Kniespannung (sehr oft falsch als „Knickspannung" bezeichnet) liegt bei Si um 0.6 V, bei Ge um 0.3 V. Statt einer exakten Definition wählt man willkürlich oft 10 % des zulässigen Maximalstromes bei jedem Diodentyp. — Das Ein/Aus-Verhalten einer Diode kann man oft durch eine Schalterfunktion annähern (Abb. 6.9a).

Zeitverhalten. Das plötzliche Schalten der Diodenspannung läßt den Strom verzögert anfließen (Durchlaßverzug) und nach dem Abschalten während der Sperrverzögerungszeit t_{rr} (reverse recovery time) in umgekehrter Richtung fließen (Abb. 6.10), bis alle nicht rekombinierten Minoritätsladungen aus der Sperrschicht ausgeräumt sind (t_{rr} definiert bei 10 % Reststrom). Eine von der Meßmethode unabhängig definierte Größe ist die Speicherladung Q_r (schraf-

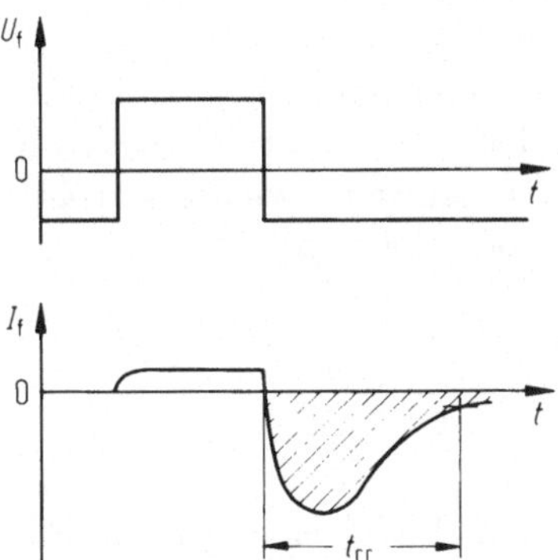

Abb. 6.10. Zeitverhalten eines pn-Überganges

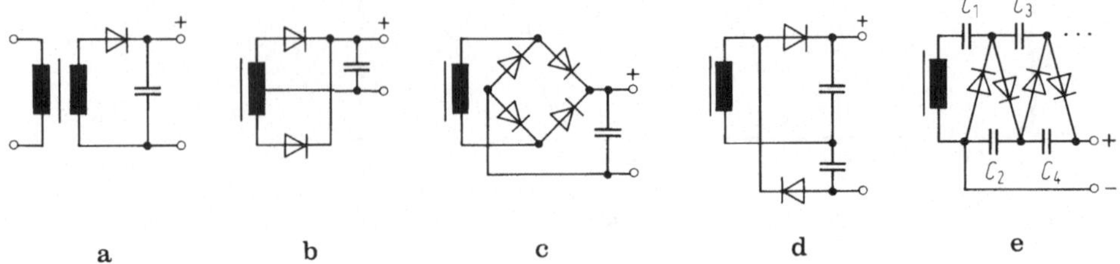

Abb. 6.11 a–e. Diodengleichrichter-Formen. **a** Halbweg-, **b** Vollweg-, **c** Brückengleichrichter, **d** Delon-Spannungsverdoppler **e** Kaskadengleichrichter

fierte Fläche, zwischen 1 und 100 µC). Erheblich schneller sind die *Schottky-Dioden*. Sie bestehen aus einer Kombination Metall/Halbleiter. In ihrer Grenzschicht fließen nur Majoritätsträger, also Elektronen bei n-Material/Metall oder Löcher bei p-Material/Metall. Ihre Speicherzeiten liegen unter 0.1 ns, die Kniespannung bei 0.3 V. Ausräumzeiten von Minoritätsladungen treten hier nicht auf. Baut man Schottky-Dioden zwischen Basis und Collector von Transistoren ein (Anode an Basis), verhindern sie eine Transistorsättigung und damit die Ausräumzeiten: schnelle Schottky-Logikfamilien.

Dioden als Gleichrichter. Die älteste Anwendung ist die Gleichrichtung von Wechselspannungen. In Abb. 6.11 sind die gebräuchlichen Gleichrichter, jeweils hinter einer Transformatorwicklung, zusammengestellt: (a) Ein-(Halb-)weggleichrichter (nur jede zweite, hier positive Halbwelle lädt C auf), (b) Zwei-(Doppel-)weggleichrichter (die Ausnutzung beider Halbwellen verringert die Welligkeit der gleichgerichteten Spannung), (c) Brückengleichrichter (erfordert keine Mittelanzapfung der Speisewicklung), (d) Delonschaltung (Spannungsverdoppler durch Addition beider Halbwellen über zwei Kondensatoren), und (e) Kaskadengleichrichter (Cockroft, Walton; Villard). Hier wird der erste Kondensator C_1 auf die Scheitelspannung U aufgeladen; in der folgenden umgekehrten Halbwelle liegt diese Spannung U mit der Speisespannung U in Serie und lädt über die nächste Diode C_2 auf die Spannung $2U$ auf, ebenso erhält C_3 den Wert $2U$, und so fort. Alle Kondensatoren außer C_1 tragen (ohne Last) jeweils die Spannung $2U$. So lassen sich je nach Abgriff gerade oder ungeradzahlige Vielfache von U abnehmen (in Abb. 6.11e sind es $4U$).

Die Welligkeit der Gleichspannung an C bei einem einfachen Halbweggleichrichter hängt von der Frequenz f, von C und vom entnommenen Strom I ab, der den Kondensator in der Halbwellenpause teilweise wieder entlädt: $\Delta U = \Delta Q/C = I \Delta T/C \approx IT/2C \approx I/Cf$. Bei Vollweggleichrichtung ist sie nur etwa halb so groß.

Spezialdioden

In Abb. 6.9 sind weitere Dioden-Sonderfälle enthalten. In (c) ist die Kennlinie einer *Solarzelle* bei Belichtung nach unten verschoben (I_k Kurzschlußstrom, U_L

Leerlaufspannung), da die einfallenden Energiequanten Ladungsträger in Bewegung setzen. Wird bei einer Si-Diode die Sperrspannung U_r weiter vergrößert, tritt ein abrupter Stromanstieg ein (Durchbruch, nur bei Si kontrollierbar): *Zenerdiode* (d), die Dotierung liegt hier 10 bis 100 mal über der normalen Diode. Schließlich entsteht bei Dotierungen um $10^{20}/\mathrm{cm}^3$ die eigenartige aktive Kennlinie einer *Tunneldiode* (e). Diese Diodentypen werden kurz besprochen.

Kapazitätsdiode. Die geschilderte Zunahme der Sperrschichtdicke mit der Sperrspannung legt es nahe, die Diode als variable Kapazität zu verwenden, deren Dielektrikum die Sperrschicht selbst ist. Eine solche Diode (Varactor) besitzt einen nicht linearen Kapazitätsverlauf

$$C = C_0 \left(\frac{U_0 + U_D}{U_r + U_D} \right)^n = C_0 \left(\frac{3.7}{U_r + 0.7} \right)^n \qquad (\mathrm{V},\ \mathrm{pF}),$$

mit C_0 bei $U_0 = 3\,\mathrm{V}$ und $n = 0.33\ldots0.46$. Es werden Werte zwischen 10 und 150 pF erreicht. Trotz der nicht sehr hohen Güte werden sie in großem Umfang zur Abstimmung von Schwingkreisen bis in den GHz-Bereich benutzt. Wird ein Oszillator auf diese Weise gesteuert, dann ist dies ein Spannungs/Frequenz-Umsetzer im Sinne von Abschn. 2.2.3 (VCO voltage controlled oscillator). Die Mikrowellentechnik verwendet besondere (pin-)Dioden.

Zenerdiode. Bei einer (vom Hersteller vorgegebenen) Sperrspannung U_Z findet ein kontrollierter Durchbruch und rapider Anstieg des Stromes statt (Kennlinie in Abb. 6.9d und 6.12a). Typen unter etwa 6 V gehorchen dem Zener-Effekt, bei dem Elektronen aus dem Leitungsband gerissen werden (Feldstärken um 100 kV/cm). Bei höherer Temperatur (stärkere Gitterschwingungen) wird der Durchbruch schon früher erreicht, der Temperaturkoeffizient $TK = \Delta U_Z/\Delta T$ ist also negativ. Anders verhalten sich Zenerdioden ab 6 V aufwärts: hier überwiegt ein Lawineneffekt infolge wachsender Stoßionisation. Da mit steigender Temperatur die mittlere freie Weglänge (und damit die Stoßwahrscheinlichkeit) abnimmt, braucht man höhere Feldstärken zum Durchbruch: positiver Temperaturkoeffizient von U_Z (c). Im Übergangsbereich um 5.7 V geht er durch Null. Der differentielle Zenerwiderstand $r_Z = dU/dI$ hat dann ein Minimum. Die Zenerdiode muß immer über einen Vorwiderstand an der Spannungsversorgung liegen (b), sie dient dann der Spannungsstabilisierung (vgl. Abb. 6.44).

Liegt sie über R an U_1, dann fällt die Ausgangsspannung $U_a = U_1 - I_Z R$ ab. Zeichnet man diesen Zusammenhang $I_Z(U_a)$ ein, ergibt sich die *Widerstandsgerade* $I_Z = (U_1 - U_a)/R$. Der Schnittpunkt mit der Kennlinie ist der Arbeitspunkt (U_a). Schwankt jetzt U_1, dann verschiebt sich die Gerade nach links oder rechts, aber der Spannungswert U_a verändert sich kaum. Man definiert aus $I_Z = (U_a - U_Z)/r = (U_1 - U_a)/R$ entweder den einfachen Glättungsfaktor $dU_1/dU_a = 1 + R/r$, oder den Stabilisierungsfaktor $S = (dU_1/U_1)/(dU_a/U_a) = (U_a/U_1)(1 + R/r)$.

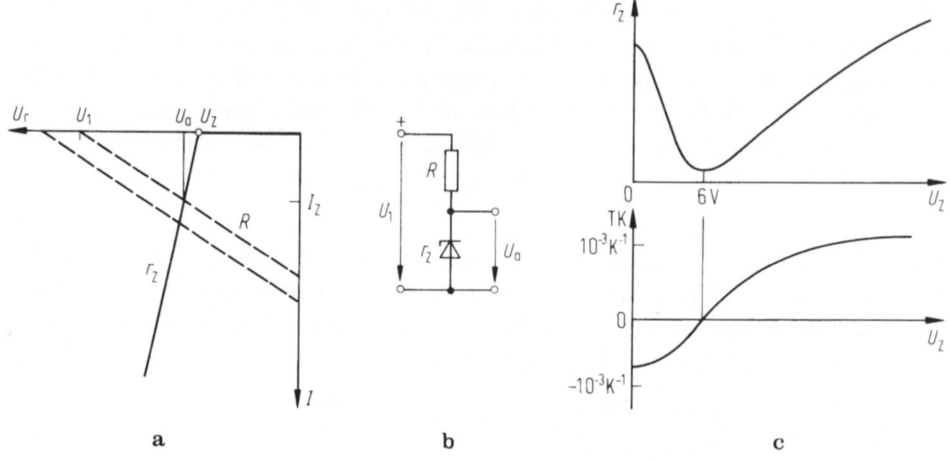

Abb. 6.12 a–c. Zenerdiode. **a** Kennlinie, **b** Betriebsschaltung, **c** Widerstand und Temperaturkoeffizient

Soll aus der stabilisierten Spannung U_a ein Strom I_L an einen Lastwiderstand R_L geliefert werden, werden U_1 und R so gewählt, daß bei Änderungen ΔU_1 und ΔI_L die Zenerdiode noch innerhalb ihres erlaubten Arbeitsbereiches betrieben wird. Der Handel liefert Berechnungshilfen und eine breite Palette an Zenerspannungen und -leistungen, sowie bereits temperaturkompensierte „Referenzdioden" mit einintegriertem Stromverstärker. Weitere Anwendungen sind Überspannungsschutz, sowie Meßbereichdehnung oder Nullpunktunterdrückung in Meßinstrumenten.

Tunneldioden. Extrem hohe Dotierung verschiebt die Fermigrenze ins Leitungsband und die Diode sperrt nicht mehr: Abb. 6.13a. Dafür zeigt sie in Vorwärtsrichtung zunächst einen Stromanstieg mit wachsender Spannung bei Ge bis etwa 50 ... 100 mV, bei GaAs bis 135 ... 200 mV, da immer mehr Ladungen durch die sehr dünne Grenzschicht durchtunneln können (b). Bei weiterer Spannungserhöhung verringert sich schließlich der Tunnelstrom wieder (c) zu einem Minimum, bei einer Spannung von 300 mV (Ge) bzw. 1 V (GaAs). Das Stromverhältnis Spitze/Tal (peak/valley) I_p/I_v beträgt 10 ... 60, wobei der Maximalwert I_p je nach Typ über 100 mA liegen kann. Der Temperaturgang ist negativ (einige mV/°C).

Bemerkenswert ist der fallende Teil der Kennlinie (negativer Widerstand), der die Tunneldiode zu einem aktiven Bauelement macht. Oberhalb dieses Bereiches verhält sie sich wie der Normaltyp (d). In Sperrichtung fließt ständig ein Tunnelstrom (e). Je nach Vorwiderstand (Widerstandsgerade wie oben) gibt es bis drei Schnittpunkte, von denen aber nur einer stabil sein kann, etwa A in Abb. 6.13 und 6.14a. Wird durch äußere Energiezufuhr die Spannung (U_1) oder der Strom kurzzeitig erhöht, wandert A rechts aufwärts bis zum Spitzen-

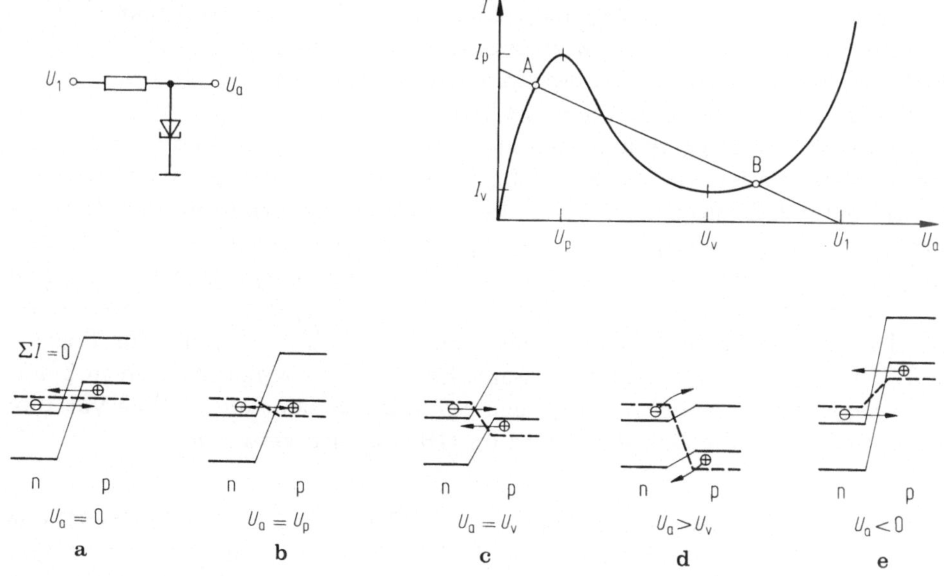

Abb. 6.13 a–e. Tunneldiode. Kennlinie und Bändermodell bei steigender Spannung

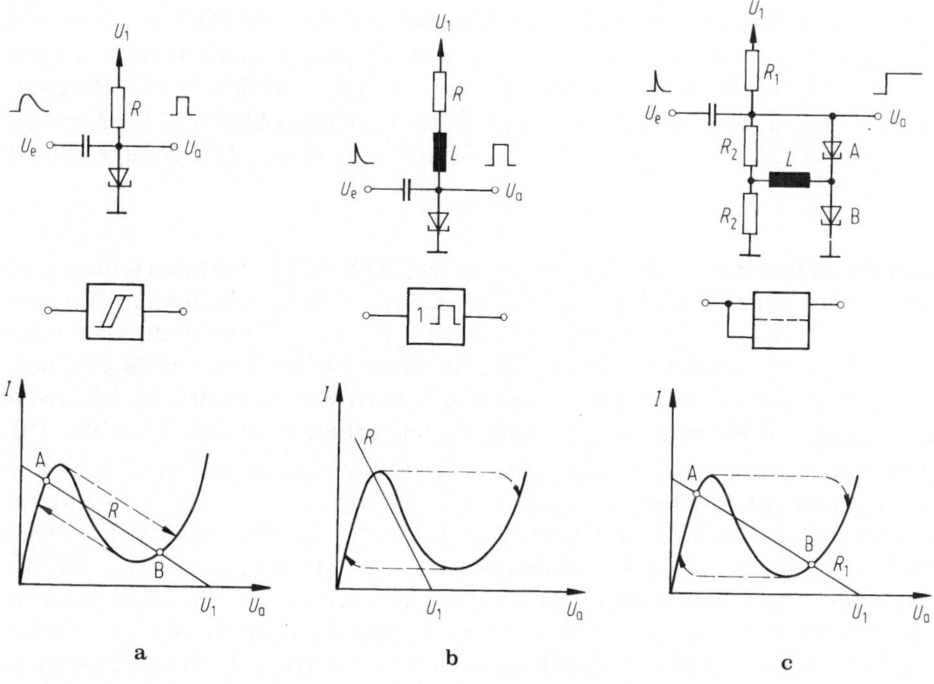

Abb. 6.14 a–c. Tunneldiode. a Anwendung als Schmitt-Trigger, b als Monoflop, c als Flipflop

wert, um dann entlang der Arbeitsgeraden innerhalb einiger Nanosekunden bis zum Punkt B zu springen, der wiederum stabil ist. Zum Zurückspringen nach A muß der Spannungs- oder Stromwert unterschritten werden (Hysterese). Dieses Verhalten ist typisch für den Schmitt-Trigger (Abschn. 6.3.5).

Zwei weitere Triggerstufen sind möglich: der Monoflop (b) und der Flipflop (c). In beiden Fällen wird bei Spannungssprüngen der nur langsam sich ändernde Strom durch L ausgenützt, beim Monoflop zu einem Zyklus mit der Zeitkonstanten $\tau = L/(R + R_d)$, und beim Flipflop zu einem wechselseitigen Kippen nach jedem Triggerimpuls. Da I_L nicht sofort umpolt, springen immer beide Dioden gleichzeitig, wenn $U_1 = U_A + U_B + R_1(I_A + U_A/R_2)$. Die extrem kurzen Schaltzeiten von Zehntel Nanosekunden machen die Tunneldioden für Trigger- und Zählstufen bis 500 GHz interessant. Es gibt aber wegen der kleinen Spannungspegel Probleme bei Anpassungen und mit Störsignalen. — Eine Variante der Tunneldiode, die *Backdiode* wird im GHz-Bereich verwendet.

Optoelektronik. Anstelle einer angelegten Flußspannung können in einer Diode auch durch Energiezufuhr anderer Art (Licht, Gammastrahlung) Ladungsträger freigemacht werden. Hierzu gehört die Gruppe der Fotodioden bzw. allgemeiner der Lichtsensoren (Abschn. 1.4.1) für verschiedene Wellenbereiche. Aber auch umgekehrt kann durch den eingeprägten Strom so viel Energie zugeführt werden, daß genügend Löcher aufgefüllt und damit Lichtquanten frei werden: *Leuchtdioden* (LED light emitting diodes). Sie haben als Anzeigebauelemente in reicher und farbiger Auswahl, auch hochintegriert, weite Verbreitung gefunden. Eine Sonderform bilden die *Optokoppler*, die eine völlige galvanische Trennung zwischen Senderkreis (LED) und Empfängerdiode erlauben, etwa bei hohen Potentialunterschieden bis zu vielen kV, zum Schutz von Rechner-Eingangsstufen, oder zur Vermeidung von Erdschleifen (Abschn. 4.2). Auch die Lichtfasertechnik benötigt Sender und Empfänger dieser Art. Näheres bietet die Literatur.

Starkstromdioden. (Diac, Thyristor, Triac, Abb. 6.15). Verbindet man zwei Zenerdioden gegenpolig (a), erhält man einen Leistungsschalter für Wechselspannung (DIAC, diode ac switch), der bei $\pm U_Z$ zündet und dann über mehr als 5 Dekaden eine logarithmische $I(U)$-Kennlinie besitzt. Er dient als Überlastschutz im Amperebereich. Wird eine Diode noch mit einer dritten Elektrode (Ladungsinjektion) zum Steuern ausgerüstet, erhält man den *Thyristor* (b), einen Transistor-artigen Dreipol, der in der Starkstromtechnik als steuerbarer Gleichrichter (SCR, silicon controlled rectifier) mit seinem variablen Zündzeitpunkt große Bedeutung gewonnen hat. Wenn $U_G > U_0$, lassen sich je nach Phase einzelne Teile jeder Halbwelle einschalten (Phasensteuerung), um dadurch beliebige Leistungsmittelwerte einstellen zu können. Zum Löschen muß der Haltestrom I_H in jeder Periode wieder unterschritten werden (Sonderformen schalten ein *und* aus: GTO, gate turn-off switch). Auch als Überspannungsschutz werden Thyristoren eingesetzt: eine sehr schnell zündende Zener-

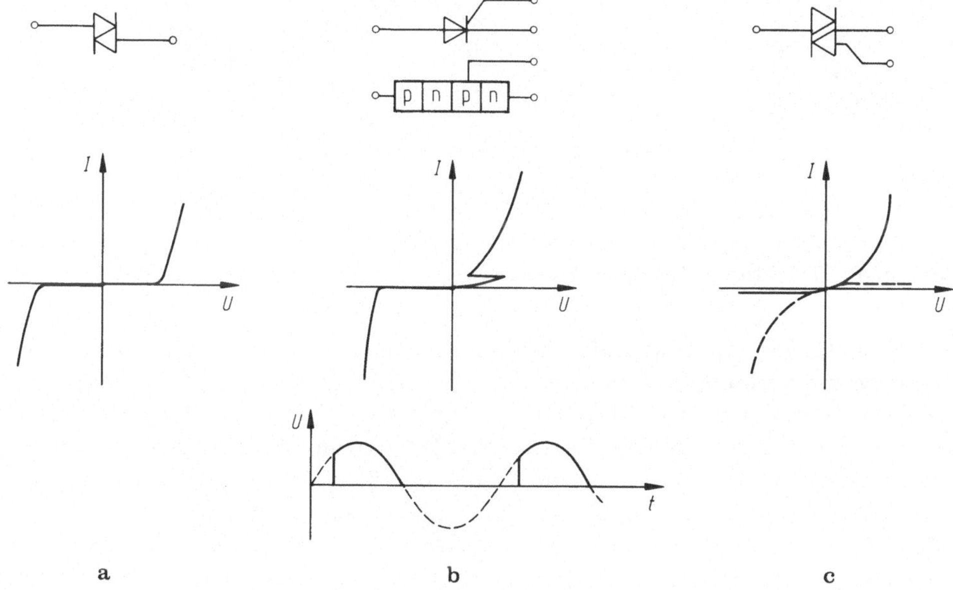

a   b   c

Abb. 6.15 a–c. Starkstromdioden. **a** DIAC, **b** Thyristor, **c** TRIAC

diode öffnet einen Thyristor im Shuntbetrieb. Schließlich läßt sich auch ein Diac mit einer Steuerelektrode versehen (c): Triac (triode ac switch), der ebenfalls als steuerbarer Schalter verwendet wird. Die im Nanosekundenbereich liegenden Flanken von Thyristor und Triac senden ein breites Störfrequenzspektrum aus, das oft schwer zu unterdrücken ist.

Der bipolare Transistor

Immer weiter verändert sich unsere Welt durch den Transistor, ob er nun in Einzelstücken oder zu Zehntausenden auf einem Chip integriert ist, ob er in Rechnern, Nachrichten- oder Haushaltsgeräten verstärkt, regelt oder steuert. Als aktives Bauelement verwandelt er — ebenso wie der physikalisch verschiedene Feldeffekttransistor — kleinste eingespeiste Energien in erheblich größere Signalenergien. Als Einzelstück ist er für viele Anwender weniger wichtig als etwa ein Operationsverstärker, aber seine Wirkungsweise soll hier überschaut werden: nach den Kennlinien und den drei Grundschaltungen folgen die Eigenschaften bei Klein- und Großsignalen, sowie das Zeit-, Frequenz-, Wärme- und Rauschverhalten.

Aufbau und Wirkungsweise. Zunächst sei an Abb. 6.9b erinnert: eine Diode läßt in Sperrichtung nur einen kleinen Minoritätsträgerstrom durch die Grenzschicht fließen, der schon bei kleinen Spannungen einen Sättigungswert erreicht. Vergrößert man von außen, sozusagen mit Gewalt, die Zahl der Mi-

117

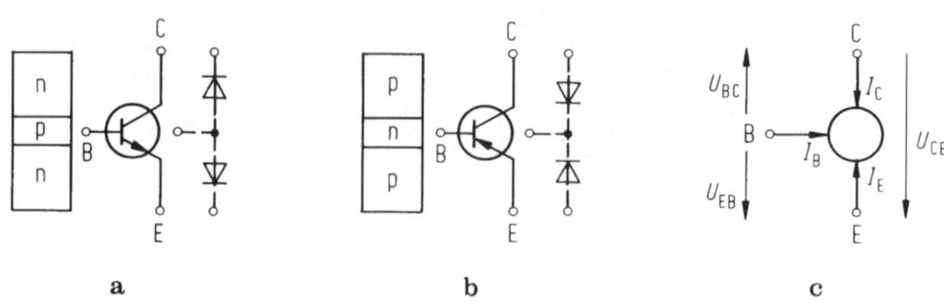

Abb. 6.16. Transistor, Aufbau und Definitionen

noritätsladungen, dann wird die Sättigungskennlinie bei entsprechend höheren Stromwerten verlaufen. Genau dies ist beim Transistor der Fall: bei ihm wird — einmalig in der ganzen Elektronik! — der *Minoritätsträgerstrom* gesteuert. Dies geschieht durch eine zweite „angebaute" und in Flußrichtung betriebene pn-Diode: in Abb. 6.16, (a) unten an die p-Schicht, oder (b) ebenso an die n-Schicht. So entsteht ein npn- bzw. ein pnp-Transistor. Die angefügte Schicht (Emitter E) liefert in die mittlere Zone (Basis B) einen Strom, der durch die außen angelegte Spannung U_{BE} gesteuert werden kann. Die zweite Grenzschicht im Transistor, zwischen Basis und Collector, wird in der Regel im Sperrzustand gehalten ($U_{CE} > U_{BE}$). Durch sie aber fließen gerade die in der Basiszone angereicherten Minoritätsladungen zum Collector ab. Sie entsprechen dem Sperrstrom der einfachen gesperrten Diode, nur wird er jetzt von außen, wähl- und steuerbar, hineingebracht (der außerdem noch vorhandene tatsächliche Isolations-Sperrstrom I_{CE0} bzw. I_{BE0} beträgt nur Nanoampere und wird oft vernachlässigt).

Die so entstehende Schar von (Sättigungs-)Kennlinien wird als Transistor-Kennlinienfeld aufgetragen: I_{CE} gegen U_{CE}, anstelle von U_{BC}, da gleich auf den Emitter bezogen (Abb. 6.17). Es läßt sich ablesen, wie der Collectorstrom I_C durch kleine Spannungsänderungen ΔU_{BE} (Diodenkennlinie in Vorwärtsrichtung) gesteuert werden kann. Die Basiszone ist überdies sehr dünn (kleiner als die mittlere freie Weglänge der Ladungen), so daß die Zahl der Rekombinationen sehr klein ist. Fast der ganze Emitterstrom fließt in den Collector und nur ein kleiner Teil in den Basisanschluß ab. Physikalisch wird beim npn-Transistor ein Elektronenstrom gesteuert, im pnp-Transistor ein Löcherstrom. Die Technik benutzt immer die Definition des positiven Ladungsflusses, daher gelten die Pfeilrichtungen in Abb. 6.16c im positiven Sinne. Gebräuchlich ist auch eine andere, gleichwertige Beschreibung, die Steuerung durch einen in die Basis injizierten Strom I_B: man stellt sich dann (aus einer konstanten Stromquelle) einen Strom I_B vor, der in der Basiszone die Zahl der Minoritätsladungen verändert und dadurch I_C steuert. Natürlich ist physikalisch diesem Strom, der den Spannungsabfall U_{BE} erzeugt, eine Spannungsquelle U_{BE} äquivalent.

Aus der früher genannten Diodengleichung läßt sich das Transistorverhalten gewinnen und man erhält einige allgemein gültige Ausdrücke. Mit guter Näherung gilt:

118

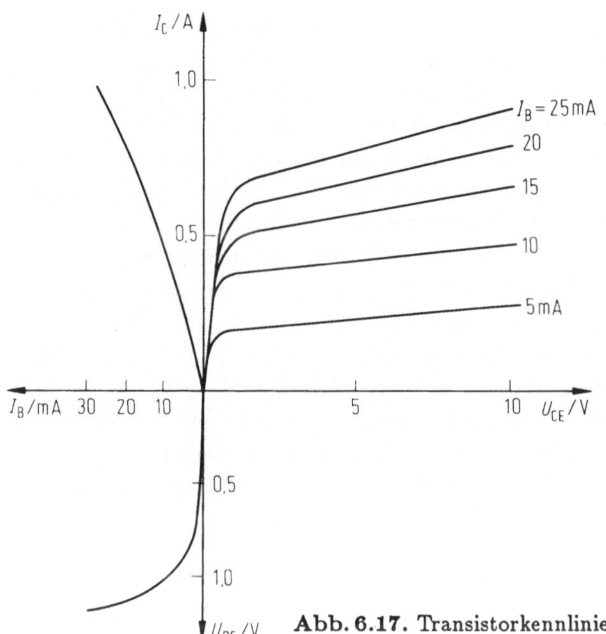

Abb. 6.17. Transistorkennlinien (Leistungstransistor als Beispiel)

$$I_B \approx I_{BE0}\exp\frac{U_{BE}}{U_T} \quad \text{oder} \quad U_{BE} \approx U_T \ln\frac{I_B}{I_{BE0}},$$

$$I_C \approx I_{CE0}\exp\frac{U_{BE}}{U_T} \quad \text{oder} \quad U_{BE} \approx U_T \ln\frac{I_C}{I_{CE0}}.$$

Collectorstrom und Basisstrom sind einander proportional, und zwar über den *Stromverstärkungsfaktor* $\beta = \mathrm{d}I_C/\mathrm{d}I_B$, der zwischen 20 und 200 liegen kann und bei Großsignalverstärkung auch mit $B \approx I_C/I_B$ (statisch) definiert wird. Ähnlich setzt man das Verhältnis $\alpha = \mathrm{d}I_C/\mathrm{d}I_E = \beta/(1+\beta) \leq 1$ bezogen auf den Emitter. Eine weitere Definition ist die *Steilheit*, das Verhältnis der Collectorstrom-Änderung $\mathrm{d}I_C$ zur Änderung der Steuerspannung $\mathrm{d}U_{BE}$:

$$S = \frac{\mathrm{d}I_C}{\mathrm{d}U_{BE}} = \frac{I_{CE0}}{U_T}\exp\frac{U_{BE}}{U_T} = \frac{I_C}{U_T} = 39\,I_C \quad (\text{mA/V bei } 25^\circ\text{C}).$$

Sie ist eine nur vom Strom abhängige Konstante (Möglichkeit der Verstärkungsregelung durch Änderung des Ruhestromes I_C). Der *Eingangswiderstand* der Basis $R_{BE} = \mathrm{d}U_{BE}/\mathrm{d}I_B = \beta\mathrm{d}U_{BE}/\mathrm{d}I_C = \beta/S$ liefert den Zusammenhang zwischen S und β (beide sind definiert bei U_{CE} konstant). Der *Collector-Innenwiderstand* $R_{CE} = \mathrm{d}U_{CE}/\mathrm{d}I_C$ (bei U_{BE} konstant) ist in der Regel sehr groß (fast horizontale Kennlinien!) und wird oft gegenüber R_C und R_E vernachlässigt. Davon zu unterscheiden ist der *Ausgangswiderstand* $R_a = \mathrm{d}U_a/\mathrm{d}I_a$, der als innerer Quellwiderstand eine Last am Ausgang mit Signalen zu speisen hat.

Kennlinien. Verschiedene Kennlinienfelder machen die Zusammenhänge zwischen den Parametern anschaulich. Die Kurven sind sehr ähnlich bei allen Transistoren, die sich selbst vor allem in der Leistung und in den Eigenschaften im Zeit- und Frequenzbereich unterscheiden. Abbildung 6.17 zeigt im ersten Quadranten das am meisten benutzte Kennlinienfeld: I_C als Funktion von U_{CE} mit I_B als Parameter. Die fast horizontalen Kennlinien verleihen dem Transistor annähernd die Eigenschaft einer konstanten Stromquelle. Weiter erscheint links fast linear I_C gegen I_B, die Steigung entspricht dem Stromverstärkungsfaktor β. Schließlich verläuft im 3. Quadranten I_B gegen U_B, also die Vorwärtskennlinie der Eingangsdiode B-E. Bei gleichen I_B-Schritten laufen die $I_C(U_{CE})$-Kennlinien bei kleinen Basisströmen ziemlich äquidistant. Nicht so die (selten gezeigten) gleichen Kennlinien mit U_{BE} als Parameter: hierbei gewinnen die Kennlinien exponentiell zunehmende Abstände (Abb. 6.18a). Die Konsequenz ist, daß mit einer *Spannungs*ansteuerung an der Basis keine streng lineare Spannungsverstärkung möglich ist (bei Amplituden wesentlich größer als U_T). Dies kann also nur durch eine reine Stromansteuerung der Basis erreicht werden.

Bei zu hohen Werten von U_{CE} kann der Transistor durchschlagen (bei Si: Zenerdurchbruch). Dazu werden mehrere Durchbruchspannungen definiert, je nach äußeren Bedingungen. Weitere *Grenzwerte*, die vom Hersteller definiert werden, sind Maximalwerte I_B und $-U_{BE}$, I_C, U_{CE} und die Leistung P (bei 25°C). An höchster Temperatur hält die Grenzschicht 90°C (Ge) bzw. 175°C (Si) aus (siehe unten: Wärmeverhalten).

Grundschaltungen. (Transistor als Vierpol). Der dreibeinige Transistor läßt sich in einen Vierpol (mit einer gemeinsamen Ein- und Ausgangsklemme) auf drei sinnvolle (von 6) Arten einsetzen (wobei die Basis stets am Eingang liegen muß). Nach dem gemeinsamen Pol werden sie Emitter-, Collector- und Basisschaltung genannt: Abb. 6.18b,d,e. In der Regel liegt dieser gemeinsame Pol auf Nullpotential (Erde). Im Prinzipschema erscheint nur der Arbeitswiderstand, durch den der Transistor seinen gesteuerten Collectorstrom schickt. An diesem Widerstand wird die Ausgangsspannung abgegriffen, oder er ist selbst der Verbraucher. Wo die jeweilige (Gleich-)Spannungsversorgung U_1 (bzw. U_2) eingeschaltet wird (hier mit X angedeutet), ist sowohl für den Transistor, als auch für die zu verarbeitenden Signale gleichgültig (Innenwiderstand der Spannungsquelle ≈ 0). Unter jedem Bild ist die geläufigere schematische Zeichenweise angegeben, die nur mit Pfeil und Nullsymbol die Spannungsversorgung andeutet.

Ähnlich wie schon bei der Zenerdiode besprochen, kann auch hier in das Kennlinienfeld die Widerstandsgerade von R eingezeichnet werden: $I_C = (U_1 - U_{CE})/R$. Ihre Schnittpunkte mit den Transistorkennlinien sind jeweils mögliche Arbeitspunkte. Bei ganz gesperrtem Transistor ($I_C = 0$) ist $U_{CE} = U_1$ (Schnittpunkt mit der X-Achse). Bei kurzgeschlossenem Transistor (Idealfall $U_{CE} = 0$) ist $I_C = U_1/R$ (Schnittpunkt mit der Y-Achse). Diese Achsenpunkte werden real nicht ganz erreicht: der kleinste mögliche Wert von U_{CE}

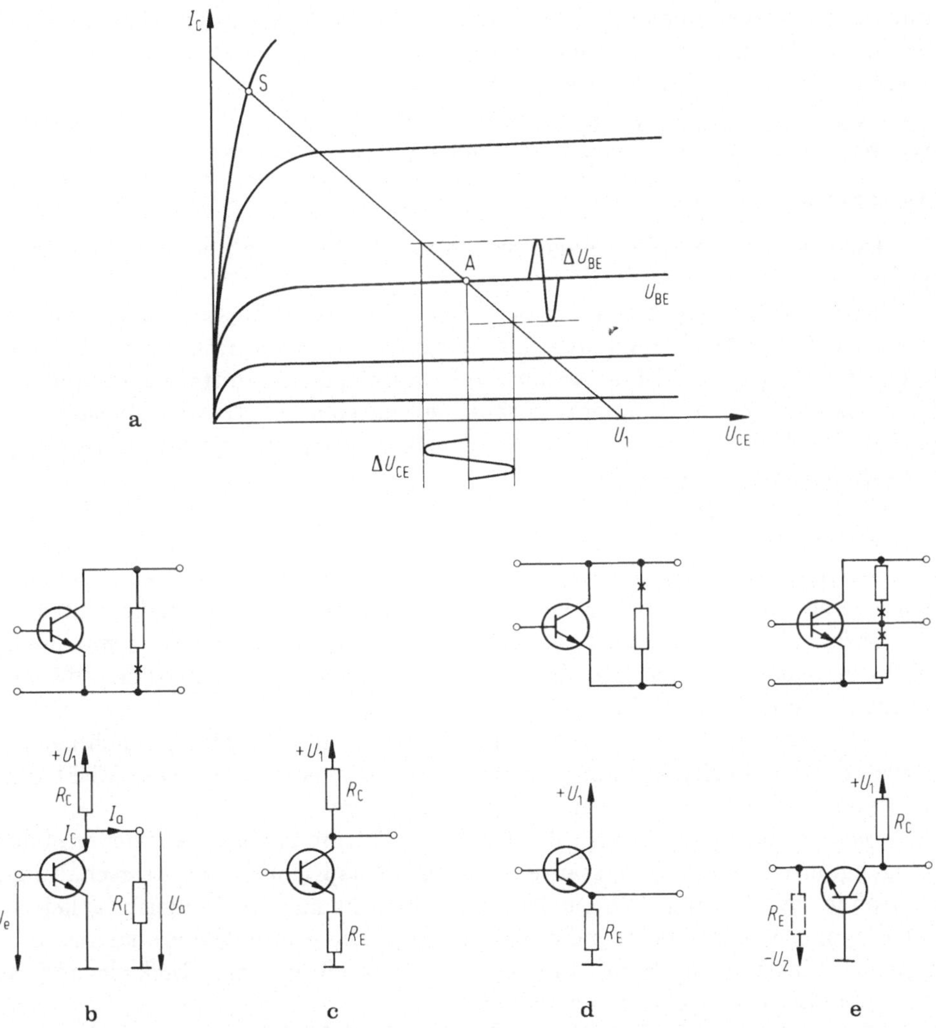

Abb. 6.18 a–e. Transistor-Betrieb. **a** Arbeitskennlinie, **b, c** Emitterschaltung, **d** Collectorschaltung (Emitterfolger), **e** Basisschaltung

wird durch den Schnittpunkt S („Sättigung") bestimmt, und bei $U_{CE} \approx U_1$
fließt nur noch der Leckstrom I_{CE0} von einigen nA. Zwischen diesen beiden
Punkten — Sättigung und Sperrung — wird der Transistorarbeitspunkt im
Digitalbetrieb hin und her geworfen, der Analogbereich dagegen liegt gerade
dazwischen.

Der Ruhearbeitspunkt für Analogverstärkung wird etwa in die Mitte des
Kennlinienfeldes (Punkt A) gelegt, mit Hilfe einer vorgegebenen Spannung
U_{BE} von einem Spannungsteiler oder einem Vorwiderstand (Ruhestrom I_B).
Ein Steuersignal ΔU_{BE} verschiebt den Arbeitspunkt entlang der Geraden und
erzeugt das Ausgangssignal ΔU_{CE}. Werden nur kleine Spannungs- und Strom-

121

änderungen vorgenommen (*Kleinsignalverstärkung*), lassen sich alle definierten Größen als Tangenten an die jeweiligen Kennlinien(arbeitspunkte), also als differentielle Kennliniengrößen auffassen.

Bei genauen Berechnungen nach der reichhaltigen Literatur muß zwischen den (Gleichstrom-) Ruhewerten des Arbeitspunktes und den (kleinen) Änderungen durch die Signalsteuerung unterschieden werden. Auf die exakte Formulierung mit großen und kleinen Buchstaben wird hier verzichtet.

Die drei Standardschaltungen lassen sich leicht charakterisieren, zunächst qualitativ:

Emitterschaltung. Sie produziert ΔU_{CE} als Ausgangssignal, aber invertiert, wie Abb. 6.18a,b zeigt. Als Spannungs- *und* Stromverstärker wird sie am häufigsten verwendet. Eine Variante (c) besitzt einen Emitterwiderstand R_E (Gegenkopplung) zur Temperaturstabilisierung von I_C. (Er wird meistens kapazitiv überbrückt, um den höheren, den Signalfrequenzen keine Gegenkopplung in den Weg zu legen).

Collectorschaltung (d). Sie liefert an den Ausgang $(U_1 - \Delta U_{CE})$, die Emitterspannung folgt — nicht invertiert — der Basisspannung („Emitterfolger"). Dabei erreicht die Spannungsverstärkung höchstens den Wert 1, aber die hohe Stromverstärkung erlaubt starke Ausgangsbelastung, also viel höhere Ströme, als die Signalquelle sie liefert. Ein höherer Innenwiderstand einer Signalquelle wird durch den Emitterfolger in einen sehr kleinen Ausgangswiderstand verwandelt („Impedanzwandler").

Sehr „schnell" folgen kann der Emitterfolger nur in Richtung zunehmenden Stromes (npn: positive, pnp: negative Signalanstiegsflanke). Die Rückflanke wird von der Lastkapazität am Ausgang bestimmt.

Basisschaltung (e). Bei ihr fließt der Signalstrom unverstärkt wieder in den Ausgang, ihre Spannungsverstärkung dagegen entspricht der Emitterschaltung, aber ohne Invertierung. Die Quelle muß hier nicht nur I_B, sondern I_E liefern, der Eingangswiderstand ist daher sehr niedrig. Die geerdete Basis trennt (entkoppelt) Ein- und Ausgang, und die resultierende geringe Rückwirkung ist besonders bei Hochfrequenz vorteilhaft.

Die Anstiegsgeschwindigkeiten der drei Grundformen unterscheiden sich, je nach Polarität und Transistortyp (npn oder pnp), sie spielen bei der Impulsverstärkung eine Rolle. — Für quantitative Angaben bedient man sich der Vierpolparameter, wie auch bei vielen anderen elektronischen Systemen.

Vierpolparameter. Von den vielen Möglichkeiten, einen Vierpol (hier den Transistor) mit Strom- und Spannungsparametern zu beschreiben (vgl. Abb. 6.3), sind neben den Leitwert-(Y-)Parametern die Hybrid-(h-)Parameter am häufigsten zu finden. Am Vierpoleingang liegt eine Spannung U_1, die den Strom I_2 am Ausgang steuert (Eingang offen, Ausgang kurzgeschlossen), und ebenso bei vertauschtem Ein- und Ausgang:

$$U_1 = h_{11}I_1 + h_{12}U_2$$
$$I_2 = h_{21}I_1 + h_{22}U_2.$$

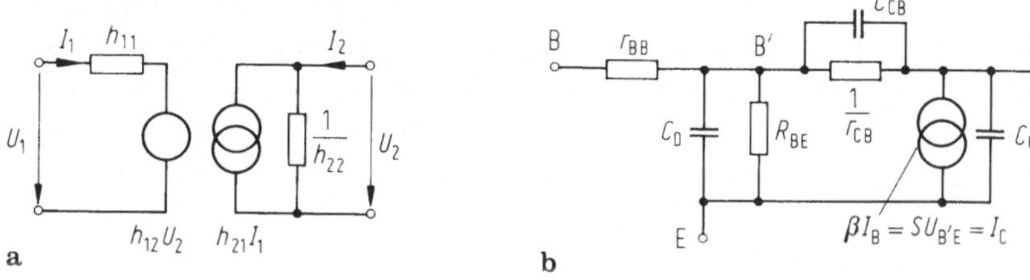

Abb. 6.19 a–b. Transistor-Ersatzschaltung. **a** Vierpol, **b** nach Giacoletto

Die h-Parameter (Abb. 6.19a) sind die Eingangsimpedanz $h_{11}=h_i=\mathrm{d}U_1/\mathrm{d}I_1=\mathrm{d}U_a/\mathrm{d}U_e=R_e$, die Stromverstärkung $h_{21}=h_f=\beta=\mathrm{d}I_2/\mathrm{d}I_1=\mathrm{d}I_a/\mathrm{d}I_e$, die Spannungsrückwirkung $h_{12}=h_r=\mu_r=\mathrm{d}U_1/\mathrm{d}U_2=\mathrm{d}U_e/\mathrm{d}U_a$ und der Ausgangsleitwert (Admittanz) $h_{22}=h_0=\mathrm{d}I_2/\mathrm{d}U_2=\mathrm{d}I_a/\mathrm{d}U_a=1/R_a$ (hier je Index e, a für Ein- und Ausgang), die oft vom Hersteller angegeben werden. Sie hängen, wie andere Parameter auch, von I_C, von Temperatur und Frequenz ab und können für jede der drei Transistorschaltungen explizit angegeben werden (dann 2. Index: e, b, c). Auf die exakte komplexe Schreibweise sei hier verzichtet; oft werden nur die rellen Parameterwerte (Frequenzen unter 1 kHz) benützt. Den Anwender interessieren vorwiegend vier Größen: Strom- und Spannungsverstärkung, sowie Ein- und Ausgangswiderstand (vereinfachte Näherungen):

Stromverstärkung $V_I=\mathrm{d}I_a/\mathrm{d}I_e$. Emitter- und Collectorschaltung sind sehr ähnlich: $h_{fe}=\beta=\alpha/(1-\alpha)$ und $h_{fc}=\mathrm{d}I_E/\mathrm{d}I_B=1+\beta=1/(1-\alpha)$, während für die Basisschaltung gilt: $h_{fb}=\mathrm{d}I_C/\mathrm{d}I_E=\alpha=\beta/(1+\beta)$.

Spannungsverstärkung $V_U=\mathrm{d}U_a/\mathrm{d}U_e$ (Ausgang nicht belastet). Emitter- und Basisschaltung verhalten sich außer dem Vorzeichen gleich: $-V_{Ue}=V_{Ub}=S\,R_C=I_C R_C/U_T=\beta R_C/R_{BE}$. Mit dem Emitterwiderstand R_E (Abb. 6.18c) ist $-V'_{Ue}=SR_E/(1+SR_E+R_C/R_{CE})\approx R_C/R_E$ (wenn R_E nicht zu klein ist). Der gleiche Ausdruck gilt — mit $R_C=0$ — auch für die Collectorschaltung: $V_{Uc}=SR_E/(1+SR_E)\approx 1$. Diese etwas vereinfachten Formeln genügen in vielen Fällen. Die genauere Berechnung ersetzt R_C bzw. R_E (beim Emitterfolger) durch die Parallelschaltung mit dem Innenwiderstand R_{CE}. Wird an den Ausgang eine Last R_L angeschlossen, dann reduziert sich die Spannungsverstärkung auf $V\,R_L/(R_L+R_a)$.

Ausgangswiderstand $R_a=\mathrm{d}U_a/\mathrm{d}I_a$. Auch hier unterscheiden sich Emitter- und Basisschaltung kaum: der wirksame Quellwiderstand für die Ausgangssignale ist $R_a=R_C$ (genauer: R_C parallel mit R_{CE}), bei Gegenkopplung wird er kleiner. In der Collectorschaltung entspricht er dem Eingangswiderstand der Basisschaltung: $R_a=1/S$ (und falls die Eingangsspannungsquelle einen endlichen Widerstand R_i besitzt, beträgt $R_a=1/S+R_i/\beta$). Zu diesem inneren Wert R_a liegt R_E (oder ein Lastwiderstand) parallel und verkleinert den effektiven Wert von R_a noch weiter.

Eingangswiderstand $R_e=\mathrm{d}U_e/\mathrm{d}I_e$. Bei der Emitterschaltung ist $R_e=R_{BE}=\beta/S=\beta U_T/I_C=U_T/I_B$, bei Vorhandensein eines Widerstandes R_E ist er größer: $R_e=R_{BE}+\beta R_E=\beta(1/S+R_E)\approx\beta R_E$; der letzte

Ausdruck gilt auch für den Emitterfolger. Liegt an der Basis ein Widerstand oder Spannungsteiler, dann ist er zu R_e parallelgeschaltet und führt zu einem kleineren effektiven Eingangswiderstand. Die Basisschaltung schluckt am Eingang den Strom $I_E = \beta I_B$, der Wert von R_B ist also β mal kleiner als R_{BE}: $R_e = R_{BE}/\beta \approx 1/S$. Auch hier muß ein parallel liegender Wert von R_E eingerechnet werden.

Großsignalverhalten. Im Gegensatz zur Kleinsignalverstärkung wird der Transistor sehr weit, oft bis zu den Grenzwerten ausgesteuert (z.B. als Schalter oder bei hoher Leistungsverstärkung). Dabei müssen die zulässigen Grenzwerte (Leistung, Wärme, maximale Amplituden) eingehalten werden. Bei Spannungssprüngen (hier als aus/ein-Schalter gezeichnet) ändert sich bei kapazitiver Last die Ausgangsspannung erst sehr langsam, bei induktiver Last der Strom: Abb. 6.20. Dies führt zum Durchlauf der gestrichelten Kurven, entsprechend komplementär beim umgekehrten Schaltvorgang. Wechselspannungen ergeben so statt einer Arbeitsgerade im Kennlinienfeld ellipsenartige Kurven, wenn die Last eine Impedanz ist.

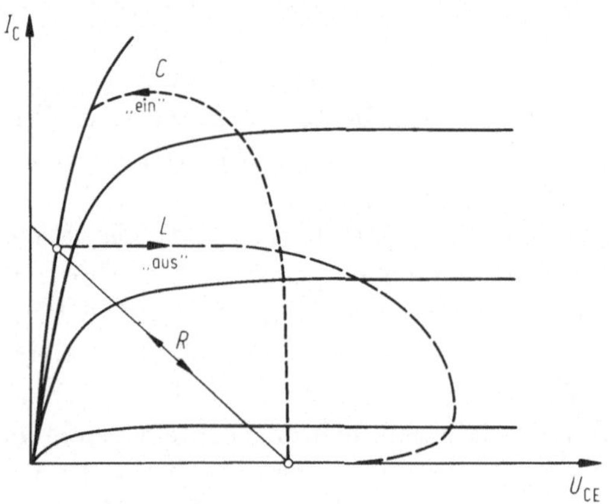

Abb. 6.20. Arbeitskennlinie eines Transistorschalters bei kapazitiver (Einschalten) und induktiver Last (Ausschalten), zum Vergleich mit der ohmschen Widerstandsgeraden

Bei Abschalten eines Stromes durch eine induktive Last treten hohe Spannungsspitzen (evtl. bis zum Durchbruch des Transistors) auf: Latch-up-Punkt, dann Weiterfließen von I_C nach dem Abschalten. Diese Spitzen müssen durch Begrenzer (z.B. Dioden) abgeschnitten werden. Dagegen entstehen bei kapazitiver Last hohe Einschaltstromspitzen. Zum Leistungswirkungsgrad siehe den Abschn. 6.3.5.

Zeitverhalten. Ähnlich wie die Diode reagiert auch der Transistor mit Einschalt- und Sperrverzögerung, wie Abb. 6.21 an einem Leistungstransistor deutlich macht. Bei Schottky-Transistoren entfallen die Ausräumzeiten.

124

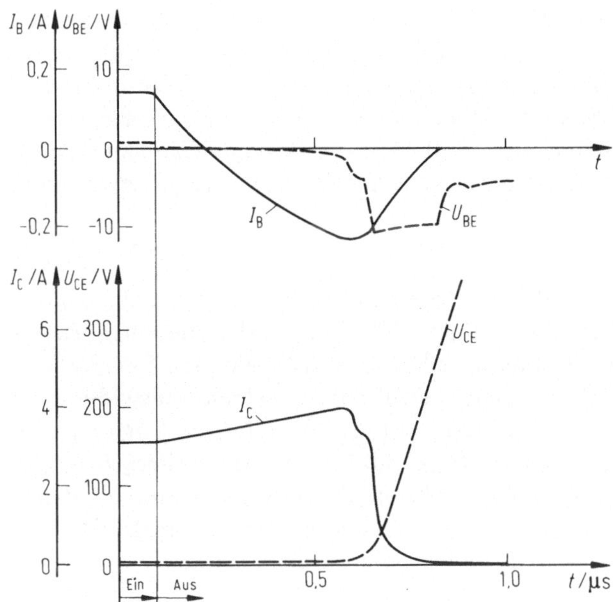

Abb. 6.21. Zeitverhalten eines Transistors beim Ausschalten (Spannungen gestrichelt, Ströme ausgezogen)

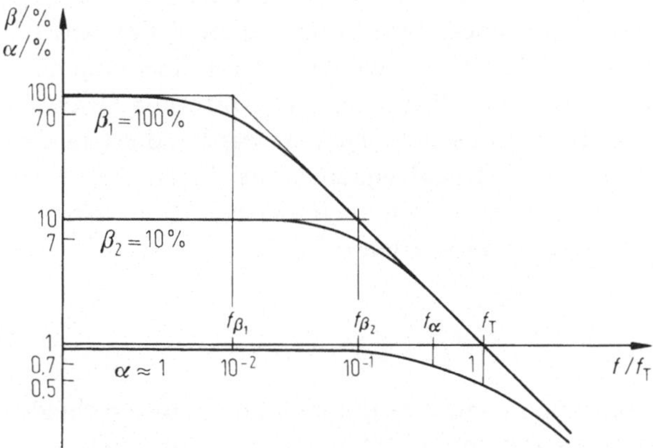

Abb. 6.22. Frequenzverhalten eines Transistors: α und β (β in %, f auf f_T normiert)

Frequenzverhalten. Wie jeder Vierpol besitzt auch jeder Transistor eine obere Grenzfrequenz, die das Bode-Diagramm in Abb. 6.22 zeigt. Die Größen β und α sind mit ihren Grenzfrequenzen f_α und f_β aufgetragen. Mit wachsender Frequenz sinkt β bis auf den Wert 1 ab (α auf $\beta/(1-\beta) = 1/2$), wenn die *Transitfrequenz* f_T erreicht ist: $f_T = f_\beta(\beta_0^2 - 1)^{1/2} \approx f_\beta\beta$. Sie geht bei Mikrowellentransistoren bis zu 10 GHz und ist eine Funktion von I_C. Einen Zusammenhang zwischen f_α und f_β ergibt die Transistortheorie: $f_\alpha = f_\beta(1+\beta_0)$. Der Grund für dieses Tiefpaßverhalten liegt (bei Emitter- und Basisverstärker) in den internen Kapazitäten C_D und C_{CB} (Abb. 6.19). In dem Tiefpaß $r_{BB}C_D$ wirkt vor allem die (sog. Miller-)Kapazität C_{CB} als zusätzliche, um den Verstärkungsfaktor SR_C vergrößerte effektive Kapazität. Dies ist beim Ladungsverstärker beschrieben (Abschn. 6.3.5): die zwischen Aus- und Eingang liegende Kapazität stellt ja einen Integrator (vgl. Abb. 2.3b) dar, der das Zeit- bzw. Frequenzverhalten bestimmt.

Wärmeverhalten. Für alle Halbleiterbauelemente gilt die Wärmetransportgleichung, in der die zugeführte Wärme pro Zeiteinheit, also die eingebrachte (maximale) Leistung, mit der Temperaturdifferenz ΔT zwischen Sperrschicht (T_j) und Umgebung (T_U) und mit dem thermischen Abstrahlungswiderstand R_{th} verknüpft ist: $I_C U_{CE} = P = \Delta T / R_{th} = (T_j - T_U)/(R_{thG} + R_{thK})$. Der letztere setzt sich aus dem Gehäusewert R_{thG} (ab 1°C/W, Herstellergröße) und dem des äußeren Kühlkörpers R_{thK} (Konvektion, Strahlung) zusammen, der so klein wie möglich oder nötig gewählt werden muß (zwischen 1 und 100°C/W). Hierzu gibt es empirische Formeln, Tabellen oder Nomogramme.

Rauschverhalten. Im Abschn. 6.3.3 wird das Rauschen ausführlich behandelt. In jedem Verstärker trägt vorwiegend der Eingangstransistor zum Rauschen bei. Für jeden Transistortyp gibt es Angaben oder Kurven der Rauschzahl, meist als Funktion von Frequenz oder Arbeitspunkt (I_C), oft auch in Abhängigkeit vom Signalquellen-Widerstand. Je nach Arbeitsbereich muß der Anwender den geeigneten Transistor bzw. Verstärker wählen. Zwei Rauschquellen bestimmen die Rauschzahl: das thermische Rauschen des Materials (Rauschspannung Basis/Emitter) und das Stromrauschen (I_B); oft werden diese beiden Größen statt der Rauschzahl angegeben. Hochfrequenztransistoren, vor allem MOS-Typen, zeigen bis in den GHz-Bereich hinein noch niedrige Rauschzahlen. Werte unter $F=1.3$ (gekühlt knapp über 1) werden erreicht.

Feldeffekt-Transistor

Zwar ebenfalls ein aktives Element und in den Kennlinien ähnlich, unterscheidet sich der FET in der Wirkungsweise stark vom bipolaren Transistor, auch wenn beide im Namen und in der äußeren Form übereinstimmen. Hier wird von außen durch ein elektrisches Feld ein Widerstandskanal gesteuert, durch den nur Majoritätsträger (in beiden Richtungen!) fließen können. Zwei Grundtypen werden gebaut:

Sperrschicht-FET. (junction FET). Der steuerbare Strom fließt zwischen den beiden mit S (source) und D (drain) bezeichneten stark dotierten Inseln durch das (weniger stark dotierte) Substrat. Die komplementär dotierte Steuerelektrode G (gate) bildet zum Substrat eine in Sperrichtung betriebene Diode, deren Sperrschicht den Strompfad mehr oder weniger einschnüren kann. Je nach Dotierung gibt es den n- und den p-Kanal JFET (Abb. 6.23 oben). Bei auf S bezogener Gatespannung $U_{GS} = 0$ fließt der größte Strom I_D, der bei wachsender Drainspannung U_{DS} in eine Sättigungskennlinie übergeht. Die Ursache liegt darin, daß die Sperrschicht im Raum nach D zu wegen der dort wachsenden Feldstärke schließlich so breit wird, daß kein weiterer Stromanstieg mehr stattfinden kann. Wird U_{GS} jetzt erhöht (negativer beim n-Kanal, positiver beim p-Kanal), wächst die Sperrschichtbreite und die Einschnürung findet schon früher statt, wie die Kennlinien zeigen. Dieser Typ wird *selbstleitend* (Verarmungstyp, depletion type) genannt. Von der Schwellenspannung ab (oft U_p, pinch-off-Spannung genannt) ist der FET gesperrt.

Isolierschicht-FET. (IG-FET, MIS-FET; isolated gate, metal isolated silicon; oft MOSFET, metal oxide silicon): Abb. 6.23 (untere Hälfte). Hier liegt eine extrem hoch isolierende Schicht (Si-Oxid SiO_2 oder Si-Nitrid Si_3N_4) zwischen dem steuernden Gate und der Strombahn im Substrat. Beim n-Kanal-Typ influenziert ein positives Gate negative Ladungen zwischen S und D aus dem Substrat und schafft dadurch den Strompfad (Inversionskanal). Die Kennlinien sind ähnlich wie beim JFET, jedoch handelt es sich hier um einen *selbstsperrenden* Typ (Anreicherungstyp, enhancement type, unten rechts), der mit zunehmend positiver Spannung an G immer besser leitet. Natürlich gibt es auch hier den komplementären p-Kanal-FET, bei dem positive Ladungen durch eine negative auf G influenziert werden. Von außen her gesehen fließt jedoch stets zwischen S und D (oder umgekehrt) ein Elektronenstrom, der durch den umgekehrten Fluß der Löcher zustandekommt. Der IG-FET wird in einer zweiten Form gebaut: *selbstleitend* (Verarmungstyp), wie oben. Hier wird jedoch durch eine zusätzliche Influenzschicht vor dem Gate der selbstleitende n-Kanal durch negative Spannung an G abgeschnürt (bzw. durch positive Spannung beim p-Kanal). Man hat also die Auswahl zwischen vier verschiedenen Kennlinientypen. Am häufigsten findet man die Anreicherungstypen (N-MOS, P-MOS), sie entsprechen äußerlich dem bipolaren npn- bzw. pnp-Transistor. Wegen der höheren Beweglichkeit der Elektronen haben n-Kanal-Typen etwas höhere Verstärkung und deutlich niedrigeren Einschaltwiderstand.

Eine besondere Kennlinien-Eigenart wird gelegentlich ausgenützt: wird das Gate mit S oder D verbunden, zeigt die $I(U)$-Kennlinie innerhalb eines begrenzten Bereiches eine rein quadratische Form: $I_D = I_{D0}(1 - U_{GS}/U_p)^2$, ($I_{D0}$ bei $U_{GS} = 0$). — Eine einzigartige Eigenschaft aller FETs bei kleinen Spannungen U_{DS} ist das von etwa $10\,\Omega$ bis $100\,k\Omega$ reichende, steuerbare Verhalten eines ohmschen Widerstandes.

Widerstandsverhalten. Der ansteigende Teil der Kennlinienschar geht ziemlich linear durch den Nullpunkt und ist aufgefächert, nach beiden Seiten (positive und negative S-D-Ströme) in den ersten und dritten Quadranten: Dabei ist $I_D \sim \mathrm{const}\, U_{DS} U_{GS}$. Ungewöhnlich ist der extrem hohe Eingangswider-

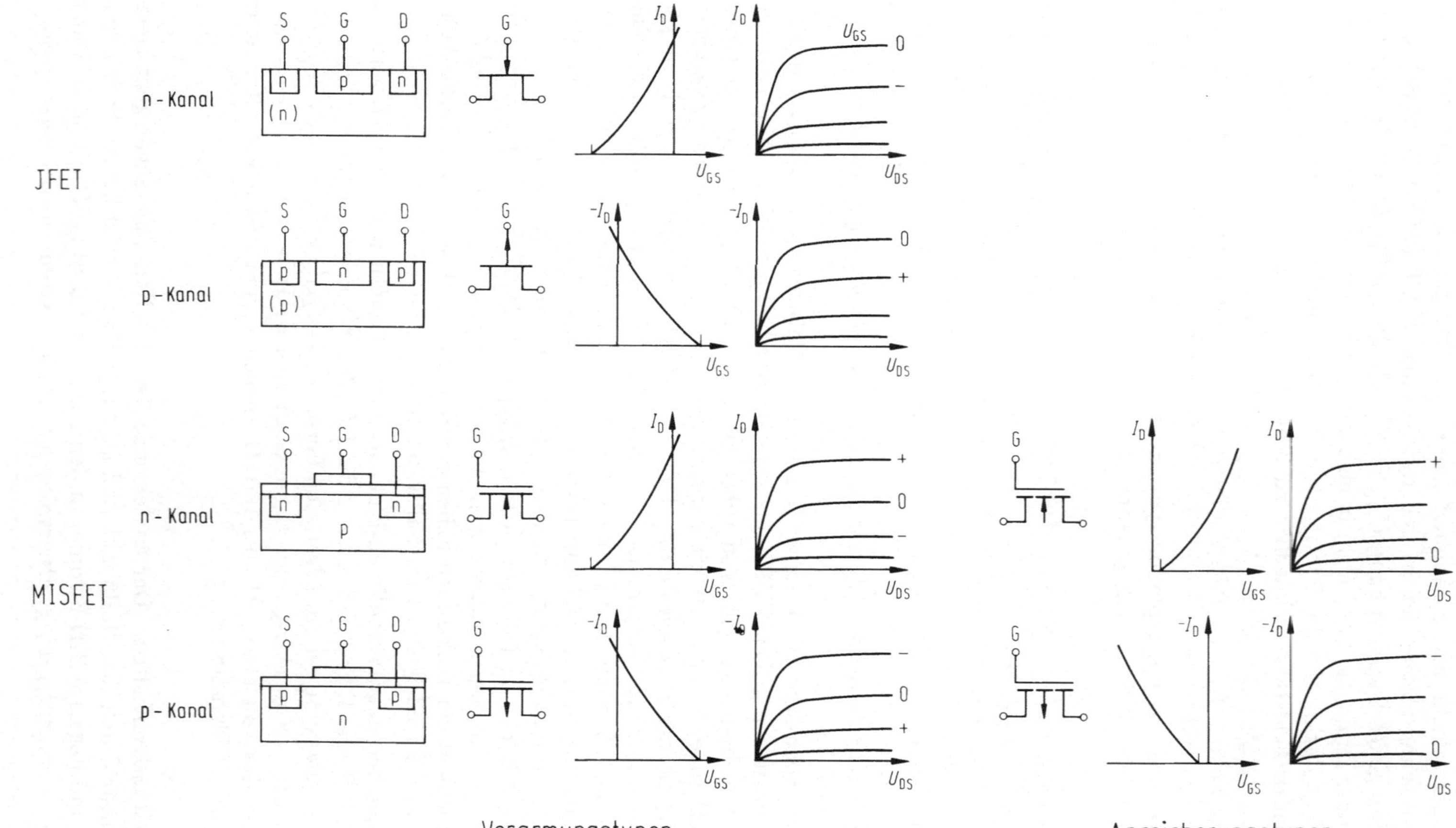

Abb. 6.23. Feldeffekt-Transistor-Typen

stand (bis um $10^{10}\,\Omega$ bei JFET und bis $10^{14}\,\Omega$ bei MOSFET). Zwar belastet er die Signalquelle nicht, aber ohne Schutz kann der FET schon durch geringe Ladungsmengen (Energien um 10 μJ, etwa Berühren mit der Hand) zerstört werden. Der Rauschstrom von FETs, auch auf GaAs-Basis, ist in der Regel deutlich niedriger als bei bipolaren Transistoren und erlaubt den Betrieb bis 100 GHz hinauf.

Wie beim bipolaren Transistor lassen sich alle Eigenschaften des FET (Verstärkung, Steilheit, Impedanzen) aus den Kennlinien, Vierpolparametern und Berechnungsformeln bestimmen. Die Anwendung umfaßt nicht nur alle Transistorschaltungen und -aufgaben (Verstärker, Schalter, Multiplexer), sondern auch alle digitalen Funktionen, vor allem durch die interessante Paarung von Anreicherungs- und Verarmungstyp (komplementäre MOS-Technik, CMOS, vgl. Abschn. 6.2.1). Auch die Kombinationen von MOS- und bipolarer Technik werden auf einem IC gebaut. Häufig wird statt der Gatekapazität, besonders bei hohen Schaltströmen, die Gateladung als Kennwert angegeben (meist unter 50 nC), die zum Schalten erforderlich ist.

Elektronenröhre

Auch wenn nur noch wenige spezielle Anwendungen für Röhren interessant geblieben sind, soll der Vollständigkeit halber an die Elektronenstrahlerzeugung und -steuerung im Vakuum erinnert werden. Vergleichbar ist die Röhre mit dem selbstleitenden n-Kanal-IG-FET (dagegen nur rein äußerlich mit dem bipolaren npn-Transistor), als aktiver Vierpol mit Majoritätsträger-Steuerung. Die gleichen Vierpolparameter waren auch hier gültig (Steilheit, Vorwärtsverstärkung, Innenwiderstand, usw.), ebenso die drei Grundschaltungen der Transistortechnik. Die Röhre hat in drei bis vier Jahrzehnten die Elektronik begründet und entwickelt, eine Höchstleistung der Technik hat diesen vielseitigen Bauelementen zuletzt bis zu 7 Steuergitter auf wenigen cm^3 Raum eingebaut, bis die Entwicklung der Transistorfamilie in wenigen Jahren eine weltweite Industrie völlig umwandelte. Außer in Senderöhren findet sich die thermische Elektronenstrahl-Erzeugung noch in allen Arten der Braunschen Röhre und bei Spezialanwendungen, z.B. Elektrometerröhre (Nuvistor).

6.2 Digitale Bausteine

Einige wenige Bauelemente bilden die Grundlage der digitalen Technik: die Gatter und Flipflops, von denen 10^5 und mehr auf einem Chip integriert werden können. Sie werden einzeln vorgestellt und einige wichtige, aus ihnen zusammengesetzte integrierte Schaltungen besprochen.

Duale Nomenklatur

Unter dem Digitalbegriff wird meistens das duale System verstanden, das nur zwei Zustände pro (Speicher-)Stelle kennt. Diesem Binärelement einer Information, dem Bit (binary digit) kann man jeweils zwei Bedeutungen frei zuordnen:

Logisches Symbol: 1/0,

Signal: $X/\bar{X}$; positive Logik H/L, negative Logik L/H,

Aussage: wahr/falsch; ja/nein,

Schalter: ein/aus; Spannung: hoch/null, usw.

Die Notation H (high) und L (low) bezieht sich auf die realen Spannungspegel am Ein- und Ausgang (Abb. 6.24a) aller Bausteine (das in älterer Literatur übliche Symbolpaar O-L wird nicht mehr verwendet). Der logische Übergang $0 \rightarrow 1$ als Spannungssprung $L \rightarrow H$ gilt bei positiver Logik (active high) und $H \rightarrow L$ bei negativer Logik (active low). Die Pegelgrenzen sind mit den Toleranzen für verschiedene Technologiefamilien jeweils genau festgelegt (b), so muß etwa bei den 5 V-Serien der Signalpegel L unter 0.8 V liegen, der Signalpegel H bei mindestens 2 V (TTL-Familie, bei CMOS 3.5 V), damit die Bausteine korrekt auf logisch 0 oder 1 reagieren oder diese Werte abgeben. Die Kombination verschiedener Bausteinserien (z.B. TTL und CMOS) erfordert oft Pegel-Anpaßstufen.

Die Information selbst muß in das duale Bit-Raster eingezwängt werden, das entsprechend viele Bits (Speicherstellen) enthalten muß. Die Dezimalzahl 13 etwa entspricht dem dualen „Wort" 1101 (also $1 \cdot 2^3 + 1 \cdot 2^2 + 0 \cdot 2^1 + 1 \cdot 2^0$). Das erste Bit links ist das höchstwertige, das rechte Bit das niedrigstwertige (MSB/LSB, most/least significant bit). Mit 8 Bit (=1 Byte) lassen sich also $2^8 = 256$ Wörter bilden.

Die Behandlung digitaler Signale besteht aus Verknüpfungen (also aus allen mathematischen Operationen) mit anderen digitalen Signalen, bei Erzeugung, Transport, Rechnen, Weiterverarbeitung, bis zur Speicherung. Im dualen (binären) System folgen immer alle Arbeitsgänge der *Booleschen Algebra*. Sie kennt nur die beiden logischen Zweierverknüpfungen UND (logisches Produkt, $Z = X \cdot Y$), sowie ODER (logische Addition, $Z = X + Y$); dazu kommt die einfache Negation ($Z = \bar{X}$). An die Stelle von funktionellen Zusammenhängen

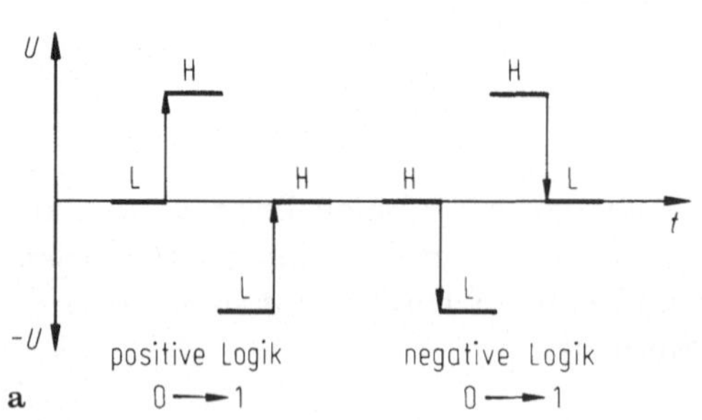

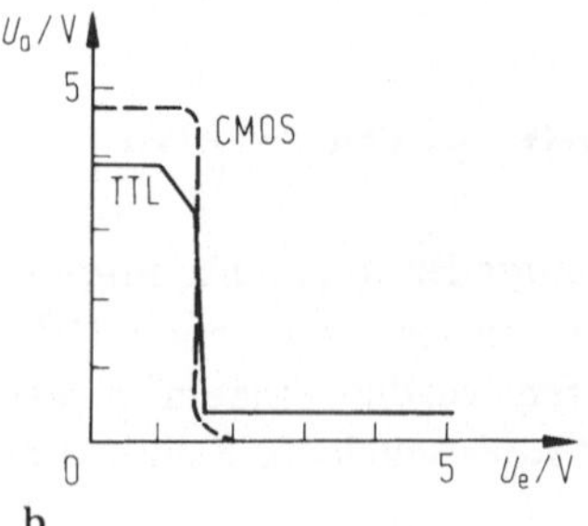

Abb. 6.24. Duale Nomenklatur und duale Pegel

zwischen Aus- und Eingang tritt hier die Wahrheits- oder Funktionstafel (oder -tabelle).

Duales Rechnen. Die Computertechnik gehört außerhalb des Rahmens dieses Buches. Die Addition wird mit der unten gezeigten Addierstufe ausgeführt, die Subtraktion durch Addition der dualen Komplemente, während die Multiplikation (Division) mit UND-Gattern und Schieberegistern vor sich geht.

6.2.1 Gatter

(Schaltkreis, gate). Abbildung 6.25 zeigt die Zusammenstellung aller möglichen Verknüpfungen Z von zwei Signalen (Variablen) X und Y. Es gibt also für jedes Z jeweils $2^2 = 4$ Möglichkeiten. Von den 16 Permutationen der so entstandenen 4 Bits sind die 8 verschiedenen (nicht trivialen oder doppelt auftretenden) Fälle dargestellt. Sie werden realisiert als digitale Gatter-Bausteine und sind zusammen mit ihren Wahrheitstafeln abgebildet. Zusätzlich ist die einfache Umkehrstufe (Inverter, Negation) angefügt worden. Der Anschaulichkeit dienen ferner die Mengen-(Venn-)Diagramme. Einige Bemerkungen mögen die Abb. 6.25 ergänzen. Alle Zweierverknüpfungen können sinngemäß auch auf mehr als zwei Eingänge erweitert werden.

UND: logisches Produkt, Durchschnitt, Koinzidenz. Symbol oft das Mal-Zeichen.

ODER: logische Addition, Vereinigungsmenge, Mischstufe, Höchstwertübertrager. Symbol oft das $+$ Zeichen oder v (lat. „vel", unterschieden von „aut" im XOR-Gatter). Der Fall $X = Y = 1$ ist eingeschlossen (inclusive or). Bei UND bzw. ODER sind noch die älteren und im englischen Bereich üblichen Halbmondsymbole mit eingezeichnet.

NAND, NOR: die gleichen Gatter, aber mit invertiertem Ausgang. Die NAND- und NOR-Bausteine haben sich besonders durchgesetzt, da die eingebauten Emitterverstärker ohnehin den Ausgang invertieren. Mit diesen Bausteinen lassen sich auch alle übrigen Funktionen durch geeigneten Zusammenbau darstellen.

XOR: der UND-Fall $X = Y = 1$ wird ausgeschlossen, dadurch ist die Anwendung auf klare Unterscheidung entweder/oder möglich (so z.B. als Ungleichheitsdetektor beim Vergleich zweier Datensätze).

NOXOR: der negierte XOR-Ausgang erlaubt die Prüfung auf Äquivalenz (z.B. Bit-Vergleich).

Realisierungen

Technisch werden die Gatter — einzeln oder in hochintegrierten Kreisen — in zwei verschiedenen Familien hergestellt: mit bipolaren Transistoren und mit MOSFETs (jeweils verschiedene Familien mit speziellen Eigenschaften). Sie unterscheiden sich vor allem in der Schaltgeschwindigkeit und im Stromverbrauch.

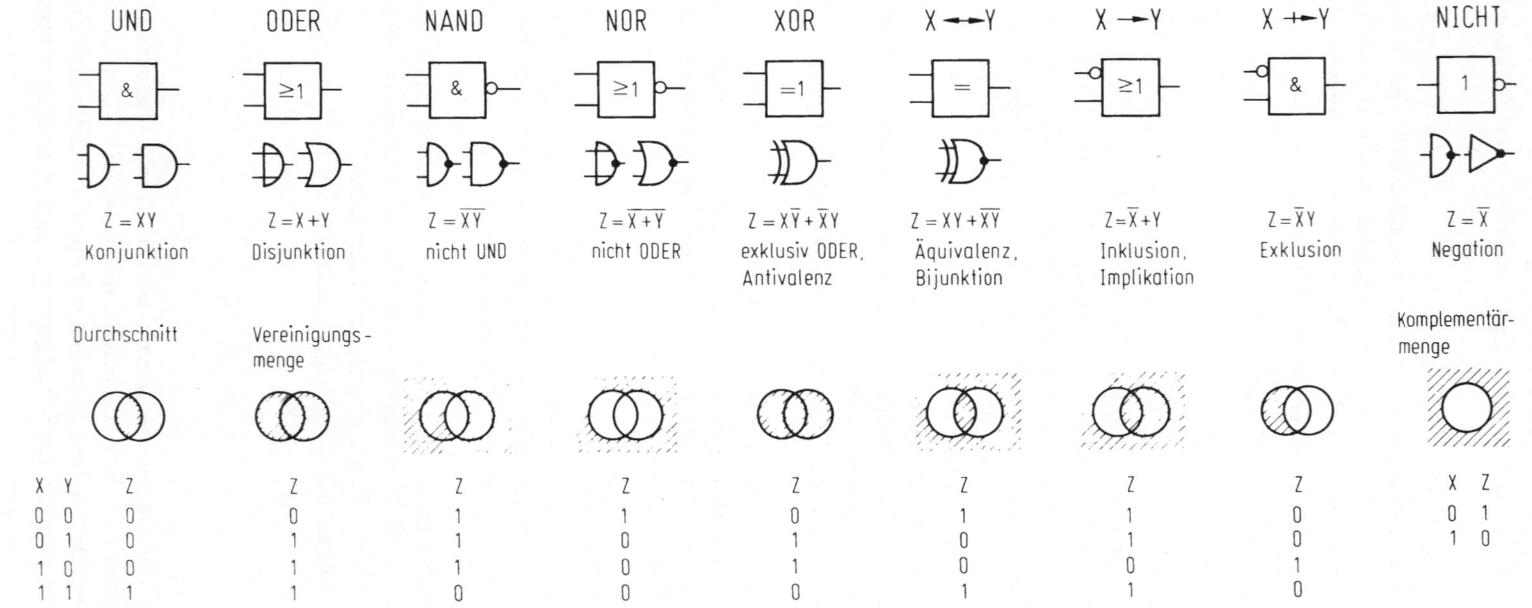

Abb. 6.25. Die dualen Zeitverknüpfungen (Gatter) und die Negation

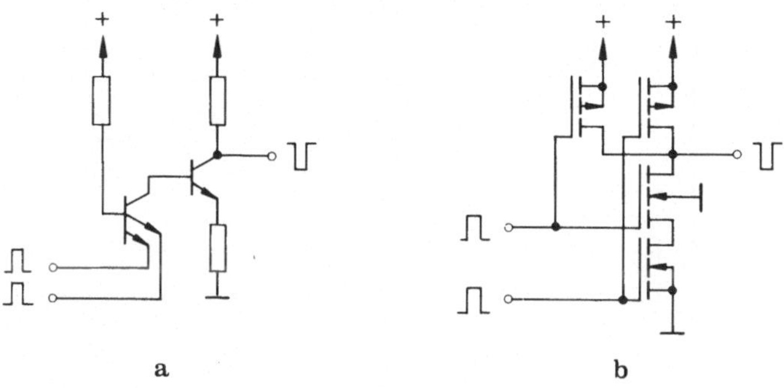

Abb. 6.26 a–b. Realisierung eines NAND-Gatters. a bipolar (TTL), b CMOS

Die unteren Grenzen liegen bei einigen ns und etwa 1 mW (bipolar) bzw. 1 μW (CMOS) pro Einheit.

In Abb. 6.26 ist schließlich als Beispiel ein NAND-Gatter in bipolarer und in MOSFET-Technik gezeigt. Es handelt sich um normale Transistor-Grundschaltungen (Abschn. 6.1.3). Besonders wichtig ist die komplementäre MOS-Technik (b). Hier ist immer ein Verarmungs- mit einem Anreicherungs-typ in Serie geschaltet, die bei gemeinsamer Ansteuerung nie beide gleichzeitig leiten. Der Ausgang liegt daher in der Regel über dem gerade geöffneten FET an der negativen oder positiven Versorgungsspannung. Der gesamte eigene Ruhestromverbrauch solcher Bausteine ist daher verschwindend klein, lediglich der Überlappungsbereich erfordert sehr kleine Ladungsmengen.

Für den Anwender wird die Zahl der möglichen anzuschließenden Gatter-eingänge von Folgestufen angegeben (fan-out, maximale Belastung), ebenso wie die Art der Ausgänge selbst. Es gibt neben dem üblichen Ausgang der Emit-terschaltung auch den offenen Collector-Ausgang, der bei fehlender Last extern mit einem Lastwiderstand zur Speisespannung abgeschlossen werden muß (pull-up). Außerdem kommt der Tristate-Ausgang vor, der für BUS-Anschlüsse (Abschn. 4.1) geeignet ist, da er außer den definierten Zuständen L und H auch einen freien Ausgangszustand besitzt, der eine angeschlossene Leitung nicht belastet.

Werden kompliziertere Verknüpfungen gefordert, müssen die Grundgatter zu größeren Netzwerken miteinander verbunden werden. Wohlgemerkt: es handelt sich zunächst immer noch um zeitunabhängige Systeme, die statisch, zustandsgesteuert und -anzeigend sind, also immer nur in Vorwärtsrichtung zu-sammengesetzt werden und keine Rückkopplung erhalten. Obwohl eine große Zahl häufig vorkommender solcher Funktionen als fertige Bausteine erhältlich sind, bleibt oft die Aufgabe einer individuellen Lösung bestehen. Nur bei sehr großen Stückzahlen fertigt die Industrie preisgünstig hochintegrierte Kreise. Es gibt jedoch auch Gattersysteme, die eine einmalige Programmierung vom Anwender selbst aus erlauben: PLD (programmable logic devices). Wesentlich bei diesen Bausteinen ist das Vorhandensein von vielen Ein- und Ausgängen.

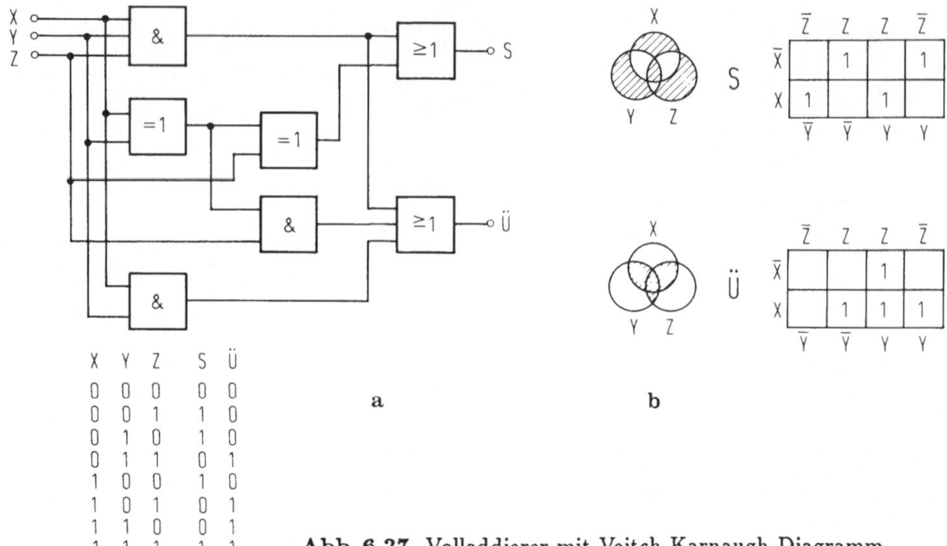

Abb. 6.27. Volladdierer mit Veitch-Karnaugh-Diagramm

Für diese Bausteine und auch für einmalige Aufbauten aus Einzelgattern ist die Kenntnis der Normalform und die Technik mit den Karnaugh/Veitch-Diagrammen hilfreich.

Normalform. Faßt man alle Eingangskombinationen, die am Ausgang eine logische 1 ergeben, in ODER-Form zusammen, erhält man die „disjunktive Normalform" (Standardsumme). Als beliebiges Beispiel möge die Dual-Volladdierstufe (Abb. 6.27) dienen. Sie besitzt drei Eingänge: X, Y und den evtl. Übertrag Z. An den Ausgang liefert sie die Summe S und den Übertrag $\ddot{U}$. Aus der Wahrheitstafel ergeben sich die disjunktiven Normalformen für S und $\ddot{U}$:

$$S = XYZ + \bar{X}\bar{Y}Z + \bar{X}Y\bar{Z} + X\bar{Y}\bar{Z}$$
$$\ddot{U} = XYZ + XY\bar{Z} + X\bar{Y}Z + \bar{X}YZ = XY + XZ + YZ.$$

Die Terme heißen Minterme (von den Minimalflächen der Venn-Diagramme). Man versucht sie, nach den Regeln der Booleschen Algebra zu vereinfachen (hier nur beim Ausdruck für $\ddot{U}$ möglich. Ist die Zahl der Minterme kleiner als die Hälfte der Verknüpfungen, wählt man besser die „konjugierte Normalform" (Standardprodukt)

$$S = (X + Y + Z)(\bar{X} + \bar{Y} + Z)(\bar{X} + Y + \bar{Z})(X + \bar{Y} + \bar{Z})$$
$$\ddot{U} = (X + Y + Z)(X + Y + \bar{Z})(X + \bar{Y} + Z)(\bar{X} + Y + Z).$$

(Im Beispiel des Volladdierers ist die Zahl dieser Maxterme gleich der Zahl der Minterme). Aus der möglichst einfachen Form setzt man dann die Gatter zusammen.

KV-Diagramm. Um das algebraische mühsame Umformen zu vereinfachen, zeichnet man die Mengendiagramme rechtwinklig in der Weise, daß alle Variablen-Kombinationen vorkommen und trägt alle Minterme (1) ein: Veitch/Karnaugh-Diagramm Abb. 6.27b. Sie können für beliebig viele Variable aufgestellt werden. Benachbarte Felder kann man visuell sofort zusammenfassen, hier also z.B. XYZ und $XY\bar{Z}$, d.h. XY ist ein Term, der sowohl bei Z wie bei $\bar{Z}$ vorkommt, also kann Z und $\bar{Z}$ entfallen. Auf diese Weise entstehen die oben schon angegebenen Terme XY, YZ, ZY.

Schwellwertlogik. Soll das Ausgangssignal eine Funktion der *Zahl* der Eingänge mit H (oder L) sein, braucht man eine Majoritätslogik (z.B. Alarm bei n von m Eingängen auf H), die sogar sequentiell mit FPLAs (Abschn. 6.2.3) aufgebaut werden kann.

6.2.2 Flipflops

(Zeitabhängige Gatter). Die zweite Gruppe digitaler Bauelemente unterscheidet sich in einem Punkt von den Gattern: ihr Verhalten ist nicht nur von den Eingangsvariablen, sondern auch von ihrer eigenen Vorgeschichte abhängig. Dieses Erinnerungsvermögen macht sie geeignet für die Speicherung eines Zustandes. Man spricht auch von zeitabhängigen „Schaltwerken", oder Sequenz- bzw. Folgeschaltungen. Realisiert wird dieses Verhalten immer mit Hilfe einer Rückkopplung innerhalb eines Systems: der nächste Zustand wird also nicht nur von neuen Signalen, sondern auch von mindestens einem vorhergehenden Ausgangssignal bestimmt. Ein Flipflop speichert also ein Bit, da es zwei stabile Zustände besitzt, zwischen denen es hin und her kippen kann (0 oder 1). Die Anwendung reicht von einfachen Anzeige- und Schaltfunktionen über Zählgeräte bis zu den Halbleiter-Massenspeichern (Abschn. 5.3.2). Zum tieferen Verständnis des Schaltvorganges führt die Multivibratorfamilie (Abb. 6.31).

Latch. Die Urform mit zwei über Kreuz gekoppelten Gattern ist das Latch (=Schleppe, die Information wird zeitlich weitergeschleppt). Abbildung 6.28 zeigt die NAND- und die NOR-Form mit ihren Wahrheitstafeln. Eindeutig sind die Ausgänge $Q_1=1$ bei S(set)$=1$ und $Q_1=0$ bei R(reset)$=1$. Diese festgehaltene Information verhindert z.B. das lästige Mehrfachzählen bei mechanischen Kontakten, die immer mehr oder weniger prellen: Abb. 6.28 rechts. Beim ersten Schließen des S-(oder R-)Kontaktes kippt das Latch um und bleibt bei $Q=1$ (oder 0) stehen, auch wenn der jeweilige Kontakt noch öfter zwischen 1 und 0 prellt.

Die Eingangskonstellation 11 beim NAND- bzw. 00 beim NOR-Latch bewirkt, daß die Ausgänge auf 01 oder 10 stehen, je nach der Vorgeschichte. Die komplementäre Eingangspaarung 00 beim NAND- bzw. 11 beim NOR-Latch gibt an beiden Ausgängen Q_1Q_2 jeweils gleiche Zustände. Während ein Latch

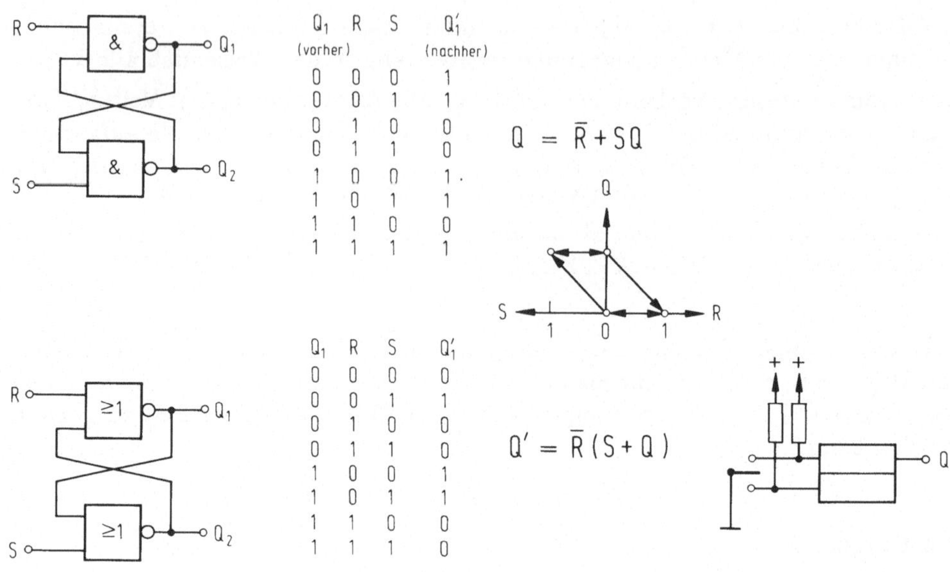

Abb. 6.28. Latch: die beiden Grundformen und Anwendung als Entpreller

pegelgesteuert ist, sind Einheiten auf höherer Konstruktionsebene (Flipflops, Register) *flankengesteuert*.

Eigentliches Flipflop. (Bistabile Kippstufe). Gebräuchliche Flipflops haben einmal einen Takteingang (dynamische Flipflops), um das Einbinden in größere getaktete Systeme (Rechner) zu erlauben: Abb. 6.29a, getaktetes *RS-Flipflop*. Die vorbereitenden Eingänge *RS*, ebenso *JK* in (b) werden erst mit der beginnenden Taktflanke wirksam. Zum zweiten sind die Ausgänge Q_1Q_2 in der Regel stets komplementär, daher genügt die Angabe von Q ($=Q_1$). Eine besonders wichtige Form ist das *JK-MS-Flipflop* (master-slave) (b). Hier sind zwei Flipflops hintereinandergesetzt, um eine zeitliche Trennung von Ein- und Ausgangssignalen zu erreichen. Bei ansteigender Taktflanke liest das erste (Master-) Flipflop die Information ein, ohne daß der Ausgang (Slave-Flipflop) etwas davon erfährt. Erst bei abfallendem Takt überträgt es die Information an den Ausgang, während gleichzeitig an den *JK*-Eingängen bereits neue Information anliegen kann. Dies ist unbedingte Voraussetzung bei Schieberegistern. Die Bezeichnung *JK* ist historisch und entspricht *SR*. In (c) sind beide Eingänge stets komplementär miteinander verbunden, daher folgt der Ausgang Q dem Eingang D jeweils beim Takt: *Daten-, Delay-Flipflop*. Damit lassen sich einfache Zählgeräte aufbauen. Schließlich zeigt (d) das *T-Flipflop* (Toggle, Trigger, Wechselschalter), das bei jedem Takt seinen Zustand wechselt und ebenfalls für Zähler und Ein-Bit-Speicher verwendet wird.

Direkte Eingänge: Viele Flipflops besitzen direkte, vom Takt unabhängige Eingänge, bezeichnet mit $\bar{S}$ (früher P=preset, Vorwahl für $Q=1$) und $\bar{R}$ (früher

136

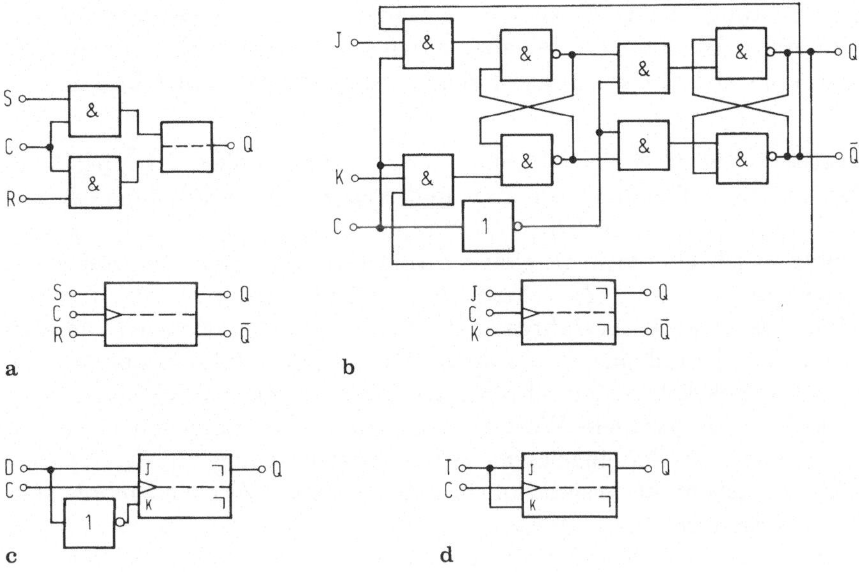

Abb. 6.29 a–d. Flipflop-Typen. a RS-, b JK-MS-, c D-, d T-Flipflop

CL=clear, Löschen, für Q=0), mit denen man Anfangszustände durch ein L-Signal vorgeben kann, z.B. nach dem Einschalten, Vorwahlzähler, Löschen, etc. Die Wahrheitstabellen der Hersteller ermöglichen die optimale Ausnützung dieser Bausteine.

6.2.3 Digitale Bausteine

Von unübersehbar vielen Möglichkeiten, auf integrierten Kreisen große Funktionsgruppen aufzubauen, muß der Anwender gezielt Gebrauch machen. Die ständig wechselnde Angebotsmenge reicht von der Kombination weniger Gatter (z.B. Addierer, Schieberegister) über mittlere Integrationsdichte (MSI, medium scale integration) unter 10^4 Gattern, bis zur Großintegration (LSI, VLSI, very large scale) über 10^5 Elementen pro Chip, besonders bei Speichern. Über jedes Problem muß individuell nachgedacht werden, ob es mit einem VLSI, mit diskreten Bausteinen, oder mit einem Mikroprozessor besser gelöst werden kann. Einige Bausteine sind inzwischen klassische Funktionseinheiten geworden: Zähler, Schieberegister, Multiplexer und Addierer. Im Sprachgebrauch sind die Bezeichnungen „integrierter Schaltkreis" (IS) und „IC" (integrated circuit) üblich. Viele ICs besitzen zusätzlich Eingangstore (enable), die sich besonders für BUS-Betrieb eignen (Abschn. 4.1).

Zähler. Impulse lassen sich mit Flipflopketten zählen, in denen wegen der Kopplungsart jede nachfolgende Stufe nur dann kippt, wenn die Vorstufe in eine

bestimmte Richtung springt (positiv oder negativ). Die Untersetzung 1:2:4...
führt so zu einem Binärzähler, der aber durch geeignete Rückkopplungen oft
zu anderen, etwa dekadischen Zählern abgeändert wird (Abschn. 5.2).

Schieberegister. Ketten von MS-Flipflops sind so miteinander verkoppelt, daß
wegen der zeitlichen Trennung von Ein- und Ausgang jedes Flipflops der Zustand einer jeden Stufe mit jedem Taktimpuls um genau einen Platz weiter geschoben wird, ebenso auch ganze Bitmuster: Abb. 6.30. Die drei wichtigsten Anwendungen sind: Zwischenspeichern und Verzögern von digitaler
Information, das bitweise Ausführen mathematischer Operationen (Addieren
und Multiplizieren), und das Umwandeln einer seriellen Information in eine
parallele und umgekehrt. Seriell, also zeitlich hintereinander an J_1 eingelesene
Bitfolgen können als parallele Wörter — gleichzeitig — ausgegeben werden
($Q_1, Q_2, \ldots$), oder parallel eingelesene Wörter (Set-Eingänge $S_1, S_2, \ldots$) werden seriell am Ausgang herausgeschoben. Die genormten Zeichensymbole sind
unglücklicherweise recht kompliziert.

Es lassen sich auch Rückkopplungen vornehmen — im einfachsten Fall
zu einem Ring (Umlaufspeicher und Frequenzteiler). Spezielle Rückkopplungen
erzeugen Codierungen (Verwürfelungen), bis zu Pseudo-Zufallsgeneratoren, die
bei n Stufen Periodenlängen von $2^n - 1$ erreichen. Eine weitere Anwendung
findet sich bei digitalen Filtern (Abschn. 2.4.2).

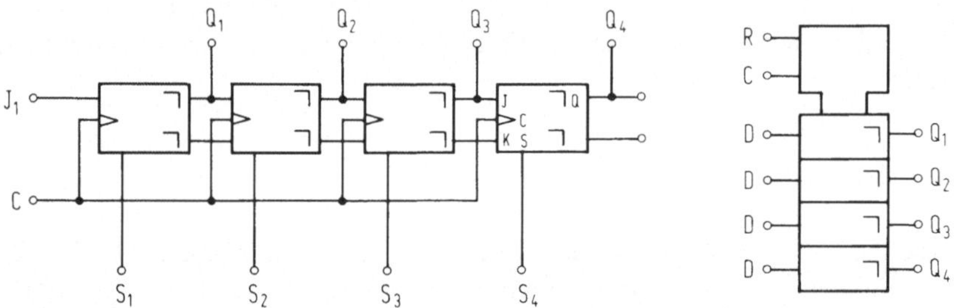

Abb. 6.30. Schieberegister, Prinzip und Symbol

Multiplexer. Eine eigene Klasse von ICs bilden digitale Multiplexer (oft MUX).
Das sind UND-Tore, die durch eine dual codierte Adressenansteuerung genau
einen von mehreren Eingangskanälen an den Ausgang legen (Daten-Selektor).
So lassen sich gezielt verschiedene Signalleitungen nacheinander abfragen. Die
umgekehrte Funktion, einen einzigen Datenkanal auf einen von mehreren Ausgängen zu legen, leistet der *Demultiplexer* (Datenverteiler). Sehr oft werden
Ziffernanzeigen zyklisch mit Multiplex-Bausteinen angesteuert, um den Stromverbrauch zu senken.

Addierer. In Abb. 6.27 wurde bereits der Dualaddierer gezeigt. Umfangreichere
Bausteine leisten parallele Addition von Worten mit hohen Bitzahlen.

138

Multivibrator-Familie. Weniger bekannt ist die Zugehörigkeit von vier verschiedenen Bausteinen zu der gleichen Familie, die in der Übersicht (Abb. 6.31) vorgestellt wird. Ausgehend vom *Flipflop* (a) erkennt man zwei überkreuz rückgekoppelte Emitterverstärker, deren galvanische Kopplung nur zwei stabile Zustände erlaubt (immer ein Transistor gesperrt, der Partner leitend). Die symbolische Kennlinie (Abb. 1.12) läßt den Weg des Arbeitspunktes verfolgen: eine Verschiebung der Widerstandsgeraden aus der Ruhelage nach links oder rechts führt stets zu genau einem der beiden stabilen Arbeitspunkte. Läuft jetzt eine der beiden Kopplungen über ein *RC*-(Differenzier-)Glied (b), dann gibt es nur einen einzigen stabilen Arbeitspunkt. Der *Monoflop (Univibrator)* sitzt darauf und verläßt ihn bei äußerer Antriggerung etwa für die Dauer der *RC*-Zeitkonstanten, ehe er wieder in den Ruhepunkt zurückkippt. Der *Multivibrator* (c) hat in beiden Koppelzweigen *RC*-Glieder und springt als Oszillator (Kippschwinger) ständig zwischen seinen beiden quasistabilen Zuständen hin und her. Die beiden Periodenteile entsprechen den beiden Zeitkonstanten. Eine Sonderstellung nimmt der *Schmitt-Kreis* ein (d, vgl. Abschn. 6.3.5). Bei ihm läuft eine der beiden DC-Kopplungen über die gemeinsamen Emitter; dadurch ist ein Basisanschluß als Eingangspol frei geworden.

Multivibrator und Monoflop sollten nicht zur Erzeugung präziser Impulslängen dienen, weil der Rückkipp-Zeitpunkt schlecht definiert dann eintritt, wenn sich die Spannung am (fast umgeladenen) Kondensator im sehr flachen exponentiellen Auslauf befindet. Gerade hier beginnt dann der jeweils gesperrte Transistor wieder zu leiten. Ein linearer Sägezahn mit Komparator ist besser zur Erzeugung genauer Zeitperioden geeignet.

Programmierbare Gattersysteme. Gate arrays sind programmierte oder programmierbare Matrix-Anordnungen von digitalen Stufen. Sie besitzen je eine größere Zahl von Ein- und Ausgängen, die entsprechend miteinander verknüpft sind. Eine besondere Gruppe ist vom Anwender selbst programmierbar (PLD programmable logic devices, IFL integrated fuse logic, HAL hard array logic; (F)PLA oder PAL field programmable logic arrays). Hier werden Leiterbahnen innerhalb der Gatter-Matrizen (meist UND- und ODER-Kombinationen, oft auch Flipflops) mit definierten Impulsen durchgeschmolzen. So lassen sich ohne großen Kosten- und Zeitaufwand auch bei kleinen Stückzahlen fast beliebige Gatterkombinationen bilden. Etwas aufwendigere Verfahren (Semikunden-ICs) lassen sich aus fast fertigen Chips mit Masken oder aus einer Standardzellen-Bibliothek zusammenstellen.

Mikroprozessor. Nicht zum Programm des Buches gehören die hoch- und höchstintegrierten komplexen Bausteine und Systeme der digitalen Rechentechnik. Ihre *Daten*verarbeitung schließt sich erst an eine vollendete *Signal*verarbeitung an. Die sinnreiche Verknüpfung von Gattern, Flipflops und Speichern bilden die Vielfalt an Prozessoren, die in Form von Computern unsere technische Welt erobert haben.

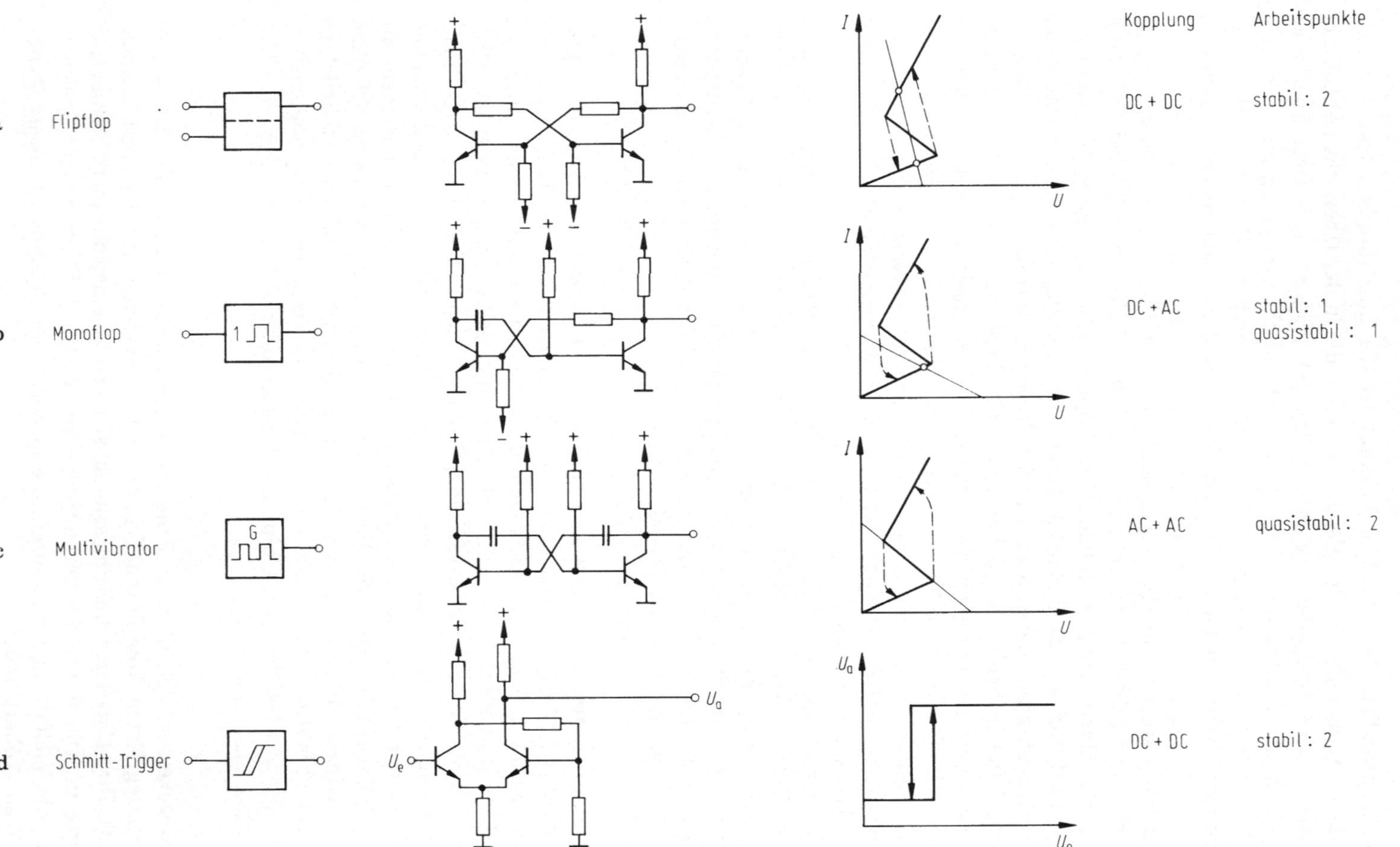

Abb. 6.31. Die Multivibratorfamilie: Prinzipschaltungen und Kennlinien

6.3 Analoge (aktive) Bausteine

Die Vielfalt analoger Signalbehandlung ist nur möglich unter ausgedehnter Verwendung der Urform aller aktiven Bausteine: des *Verstärkers*. In diesem Abschnitt wird zunächst als Grundtyp der *Operationsverstärker*, das Prinzip der *Gegenkopplung* und anschließend eine Reihe wichtiger Verstärkerformen beschrieben, die jeweils für sich als fertige Funktionsbausteine betrachtet und eingesetzt werden können. Allen aktiven Elementen ist ein erhöhtes *Rauschen* gemeinsam: zum Rauschen aller beteiligten passiven Elemente addiert sich das Eigenrauschen der aktiven Komponenten.

6.3.1 Verstärker-Grundlagen

Ein Verstärker, als Vierpol betrachtet (Abb. 6.32, Pfeilsymbol in Richtung größerer Amplitude), bekommt an seine Eingangsklemmen ein Signal angelegt, das einen (vom Netzteil gelieferten) Ausgangsstrom höherer Leistung steuert. Dieser fließt durch einen Last- oder Arbeitswiderstand, der entweder selbst der Verbraucher sein kann, oder an dem die verstärkte Eingangsspannung auftritt. Auf Nullpotential bezogen wird das Eingangssignal an einer Eingangsklemme invertiert verstärkt (–), an der anderen dagegen nicht invertiert (+). Eine der beiden Klemmen am Ein- und/oder Ausgang, also ein Pol der Signalquelle bzw. des Lastwiderstandes, wird häufig an Null gelegt.

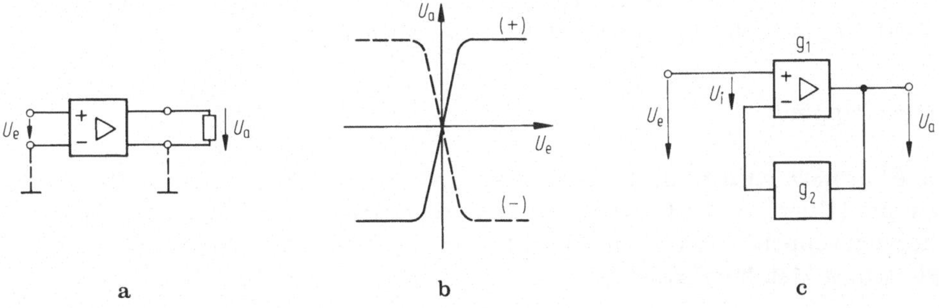

a   b   c

Abb. 6.32 a–c. Verstärker. a Symbol, b Kennlinie, c Gegenkopplung

Die Kennlinie (Übertragungsfunktion) läuft linear bis zur Sättigung (Begrenzung). Die Maßstäbe der Achsen in Abb. 6.32b sind um Größenordnungen verschieden: Operationsverstärker-Bausteine besitzen einen Verstärkungsgrad zwischen 10^4 und 10^6, daher können sie ohne zusätzliche Gegenkopplung (c) gar nicht direkt eingesetzt werden (Ausnahme: als Komparator, Abschn. 3.1.1). Im Innern bestehen sie aus sinnreicher Kombination der wenigen Transistor-Grundschaltungen.

Verstärkungsgrad

Die dimensionslose Größe $V = U_a/U_e$ (Durchgangsverstärkung) wird überwiegend im logarithmischen Maß angegeben. Es wird der Quotient von zwei Leistungen zugrunde gelegt und $\log(P_1/P_2)$ mit der Pseudoeinheit 1 Bel benannt. Die Praxis benützt 1/10 Bel, das Dezibel (dB) als Einheit. Damit erhält man für Leistungen und Spannungen $(P \sim U^2)$

$$V = 10 \log \frac{P_1}{P_2} = 20 \log \frac{U_1}{U_2} \quad \text{dB.}$$

Ein weniger übliches älteres Maß definiert das Spannungsverhältnis in Neper (Np) zu $V' = \ln(U_1/U_2)$ Np. Die Umrechnung ergibt $V/\text{Np} = 0.115\,V/\text{dB}$. Abschwächungen ergeben negative dB-Werte, $V=1$ entspricht 0 dB. Der Vorteil ist, daß die Hintereinanderschaltung von Vierpolen zu einfacher Addition aller dB-Einzelwerte führt. Werden die Signalformen geändert, dann soll nur das Leistungsverhältnis verwendet werden. In der HF-Technik gibt es mehrere Definitionen (gain) von Ein- und Ausgangsgrößen.

Absoluter Pegel. Da die Angaben in dB stets nur Relativzahlen sind, muß immer auch ein Bezugswert bei 0 dB definiert werden. Verschiedene Nomenklaturen sind üblich: Die NF-Technik bezieht sich auf 1 mW an 600 Ω, das sind 0.775 V. In der HF-Technik ist das „dBμV" üblich: 0 dBμV entsprechen 1 μV$_\text{eff}$ an 75 Ω (früher 240 Ω). Schließlich bezieht man sich oft auf 1 mW an 50 Ω bzw. 0.225 V, dieser Wert entspricht 0 „dBm" (dieses Leistungsmaß ersetzt die exaktere Pegelangabe $L_P = 10 \log(P/1\,\text{mW})$ dB[mW]).

Gegenkopplung

In Abb. 6.32c wird nach der Verstärkung (g_1) das Ausgangssignal über einen Vierpol (Übertragungsfunktion g_2) an den invertierenden Eingang rückgeführt (gegengekoppelt, negative feedback), und damit die Verstärkung auf ein gewünschtes Maß herabgesetzt.

Die Benennung der Gegenkopplung ist nicht einheitlich. Da sowohl Spannungs- wie Stromamplituden, sowohl am Ausgang abgegriffen, wie am Eingang eingespeist werden können, unterscheidet man vier verschiedene Gegenkopplungssysteme: Abb. 6.33. Häufig wird die Gegenkopplung nach dem Ausgang benannt, dazu oft auch die Parallel- bzw. Serienkopplung am Eingang mit davorgesetzt. Dabei bedeutet Parallelabgriff am Ausgang einen Spannungsabgriff (Spannungsquelle speist Gegenkopplungsnetzwerk und Verbraucher parallel), am Eingang dagegen muß eine Spannungseinspeisung als Serienschaltung mit der Signalquelle verbunden werden. Bei Stromausgang und Stromeinspeisung in den Eingang ist es umgekehrt. Daraus ist auch sofort einsichtig, daß durch Anwendung einer Gegenkopplung der Ein- und Ausgangswiderstand des Gesamtsystems bei Spannungs-(Serien)Anschluß steigt, bei Strom-(Parallel)Anschluß dagegen sinkt.

Die Stromeinspeisung I_e in (c) und (d) kann ersetzt werden durch eine Spannungsquelle U_e mit Vorwiderstand.

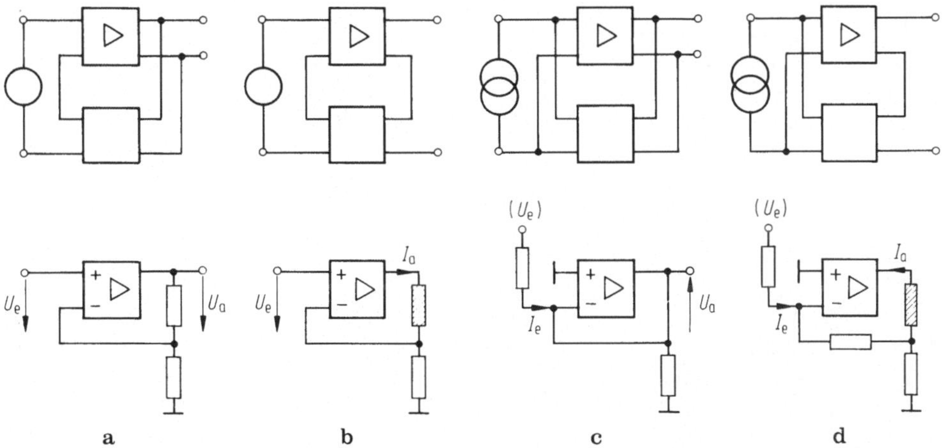

Abb. 6.33 a–d. Gegenkopplung. **a** Spannungs(gesteuerte Spannungs-)GK, parallel/Serie, **b** Strom(gesteuerte Spannungs-)GK, Serie/Serie, **c** Spannungs(gesteuerte Strom-)GK, parallel/parallel, **d** Strom(gesteuerte Strom-)GK, Serie/parallel

Anwendungen

Verstärker werden nicht nur trivialerweise zur Vergrößerung von Amplituden benutzt, sondern auch zur Isolation, also zur reinen Trennung etwa von zwei Vierpolen (Filter) oder als Schutz gegen rückwärts laufende Störungen (etwa aus einem Rechner). Eine dritte Anwendung ist die Anpassung einer Signalquelle an einen Verbraucher, als Impedanzwandler (Abschn. 6.3.5). Das ungeheuer breite Anwendungsspektrum — vom medizinischen Verstärker bis zur Infrarot-Fernsteuerung, vom pH-Wert-Sondenverstärker bis zu mathematischen Operationen — erfordert sorgfältige Auswahl der gewünschten Parameter: Verstärkungsgrad, Leistung, Impedanzen, Rauschen, Frequenzbereich. Für jeden Bedarf gibt es Züchtungen mit speziellen Eigenschaften.

6.3.2 Verstärker-Grundtypen

Unabhängig von der Form der Gegenkopplung lassen sich mit dem Verstärkervierpol zunächst zwei Typen betreiben: nicht invertierend und invertierend. Beide lassen sich am Beispiel der Spannungsgegenkopplung aus Abb. 6.34a herleiten. Je nachdem, an welchen Pol der Spannungsquelle U_e der (für Ein- und Ausgang gemeinsame) Nulleiter gelegt wird (Pfeile), ergeben sich die Formen (b) und (c). In dieses Schema lassen sich auch andere gelegentliche Darstellungsweisen leicht einordnen.

Nicht invertierender Verstärker

In Abb. 6.34b wird der Bruchteil $\beta = R_1/(R_1 + R_2)$ der Ausgangsspannung auf

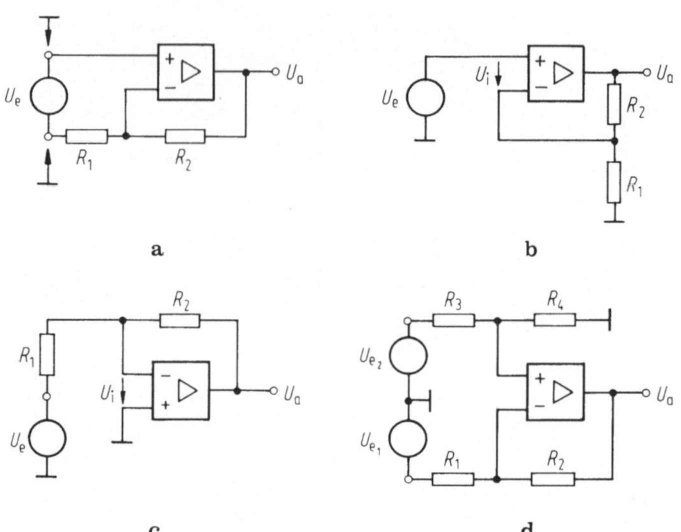

Abb. 6.34 a–d. Operationsverstärker. **a** Prinzip, angewandt als **b** nicht invertierender und **c** invertierender Verstärker, **d** Differenzverstärker

den invertierenden Eingang zurückgeführt. Nach Abb. 6.32c ist $g_1 = U_a/U_e = V$ der Verstärkungsfaktor des nackten Verstärkers, $g_2 = \beta$ der Rückführungsanteil, dann ist die Amplitude an den Verstärker-Eingangsklemmen $U_i = U_e - \beta U_a$. Damit hat die Gesamtverstärkung den Wert

$$G = \frac{U_a}{U_e} = \frac{V U_i}{U_e} = \frac{V}{U_e}(U_e - \beta U_a) = \frac{V}{1 + \beta V} = \frac{1}{\beta + 1/V} \approx \frac{1}{\beta} = 1 + \frac{R_2}{R_1}.$$

Diese Beziehung beschreibt einen sehr wichtigen Tatbestand. Die Gesamtverstärkung G hängt nur noch von β, also nur von stabilen passiven Bauelementen ab. Nur der Faktor $1/V$ im Nenner — sein Betrag ist $10^{-4} \dots 10^{-6}$ — enthält noch einen Anteil des Operationsverstärkers selbst, also seine Temperaturabhängigkeit, Nichtlinearität usw. Er wird fast immer vernachlässigt. Weiter bedeutet der hohe Wert von V, daß die Eingangsspannung U_i außerordentlich klein ist und die Aussteuerung in den Eingangsstufen fast linear verläuft.

Die hier wie üblich für Gegenkopplung verwendete Größe β darf nicht mit dem Stromverstärkungsfaktor des Transistors verwechselt werden.

Man nennt V die Leerlauf-(Vorwärts)Verstärkung (open loop gain), wobei G die gesamte Verstärkung des Systems (Klemmenverstärkung) ist (closed loop gain). Die Größe βV ist die *Schleifen*-(Kreis)*Verstärkung* (loop gain) und entspricht dem Verhältnis V/G. Sie und der *Gegenkopplungsgrad* $(1+\beta V)$ enthalten den *Gegenkopplungfaktor* β, der üblicherweise (nicht immer) bei Gegenkopplung positiv, bei Rück-(Mit-)Kopplung (positive feedback) aber negativ definiert wird.

Allgemein reduziert sich die Verstärkungs*änderung* ΔG bei allen Schwankungen ΔV auf

$$\frac{\Delta G}{\Delta V} = \frac{dG}{dV} = \frac{1}{(1+\beta V)^2} = \frac{G}{V}\frac{1}{1+\beta V} \approx \left(\frac{G}{V}\right)^2 \quad \text{bzw.} \quad \frac{\Delta G/G}{\Delta V/V} = \frac{1}{1+\beta V} \approx \frac{G}{V},$$

wobei der zweite Ausdruck die relativen Schwankungen (Linearitätsänderungen) angibt. Beide Schwankungen sind infolge der Gegenkopplung sehr klein. Durch Nichtlinearitäten entstandene Verzerrungsprodukte werden eben durch die Gegenkopplung stark reduziert, da sie den eingangsseitigen Aussteuerbereich um den Faktor $(1+\beta V)$ vergrößert. Um den Faktor $(1+\beta V)$ steigt auch die Eingangs- und fällt die Ausgangsimpedanz.

Ein Sonderfall ist $R_2=0$ oder $\beta=1$, entsprechend 100 % Gegenkopplung, dabei wird $G \approx 1$ (einfachster Fall: Collectorverstärker = Emitterfolger). Dieser „Spannungsfolger" stellt eine konstante Spannungsquelle mit sehr kleinem Ausgangswiderstand von der Größenordnung 1 Ω dar und treibt leicht niederohmige Lasten oder mehrere parallele Verbraucher (Impedanzwandler, Abb. 6.18d). Sehr hohe Eingangswiderstände sind möglich, daher hat sich der historische Begriff *Elektrometerverstärker* erhalten.

Beim Anschluß eines Kabels muß beachtet werden, daß dieses am anderen Ende korrekt abgeschlossen ist. Reflexionen würden am Verstärkerausgang erneut reflektiert werden (Kurzschluß für den Kabeleingang, vgl. Abschn. 6.1.2). Wenn der Amplitudenabfall auf 1/2 am abgeschlossenen Kabelende unerwünscht ist, darf es unter der Bedingung offen gelassen werden, daß der Verstärkerausgang mit dem richtigen Anpassungswiderstand in Serie (!) mit dem Kabeleingang versehen wird.

Invertierender Verstärker

Abbildung 6.34c zeigt den zweiten Typ (Umkehrverstärker), bei dem das Eingangssignal U_e am invertierenden Eingang liegt. Hier ist $-V = U_a/U_i$, damit $-G = U_a/U_e$, und aus dem Spannungsabfall an R_1, nämlich $(U_e - U_i) = -(U_a - U_e)R_1/(R_1 + R_2) = U_e + U_a/V$ erhält man schließlich

$$-G = \frac{U_a}{U_e} = \frac{R_2}{R_1 + \frac{1}{V}(R_2 - R_1)} \approx \frac{R_2}{R_1} = \frac{1}{\beta} - 1 \quad \text{oder} \quad -G \approx \frac{1}{\beta + \frac{1}{V}}.$$

Auch hier hängt G genügend genau nur vom Verhältnis R_2/R_1 ab. Verglichen mit dem nicht invertierenden Typus ist G um den Wert 1 geringer. Näherungsweise wird bei sehr kleinem β auch hier $G \approx 1/\beta$.

Eine beachtenswerte Eigenschaft tritt hier auf: am invertierenden Eingang kompensieren sich die von Ein- und Ausgang her einfließenden Ströme fast ganz. Daher ist dieser Punkt (bis auf die sehr kleine Größe U_i) ein *virtueller Nullpunkt*. An ihm lassen sich z.B. mehrere Signalleitungen rückwirkungsfrei zu einer Summenbildung zusammenlegen. Die Impedanz beträgt hier $Z_i \approx R_2/(1 + \beta V) \approx 0$. Ein mechanisches Modell veranschaulicht das Verhalten: eine Wippe um die virtuelle Null mit dem kurzen Hebelarm R_1 am Eingang (Auslenkung $+U_e$) und mit dem langen Arm R_2 zum Ausgang (Auslenkung $-U_a$).

Beiden Verstärkertypen ist gemeinsam die bequeme Regelbarkeit von G durch Ändern von R_1 bzw. R_2. Ihre Eingänge haben einen hohen Widerstand (beim invertierenden Verstärker gleich R_1), sie sind Spannungsverstärker. Besondere Eigenschaften ergeben sich, wenn R_1 bzw. R_2 durch eine Kapazität oder Diode ersetzt werden: Differenzier/Integrierstufe, Logarithmierstufe (Abschn. 2.1.3).

Differenzverstärker

Werden beide Eingänge gleichzeitig angesteuert (Abb. 6.34d), dann reagiert der Verstärker auf die Differenz $(U_{e2}-U_{e1})$, bezogen auf Nullpotential (gelegentlich falsch als Differentialverstärker bezeichnet). Es ist

$$U_a = \frac{R_4}{R_3 + R_4}U_{e2}\frac{R_1 + R_2}{R_1} - U_{e1}\frac{R_2}{R_1} = (U_{e2} - U_{e1})\frac{R_2}{R_1}, \quad \text{wenn} \quad \frac{R_4}{R_3} = \frac{R_2}{R_1}.$$

Der Differenzverstärker besitzt eine besondere Fähigkeit: gleichphasige (Gleichtakt-)Signale an beiden Eingängen bezüglich Null kompensieren sich, d.h. sie werden unterdrückt. Ein realer Verstärker ist natürlich nicht ideal symmetrisch, daher hat die *Gleichtaktunterdrückung* einen endlichen Wert: $\alpha_{GL} = -G_D/G_{GL} = -\Delta U_{GL}/\Delta U_D$ bei $\Delta U_a = 0$ (Index D bei Differenzverhalten, Index GL bei Gleichtaktverhalten). Statt α_{GL} gibt man auch $CMRR$ (common mode rejection ratio) als $20\log\alpha$ in dB an. Die Unterdrückung solcher Gleichtaktsignale (etwa Netzwechselspannung) wird oft in Brückenschaltungen, im biologisch-medizinischen Bereich und bei empfindlichen Differenzbildungen aller Art gefordert.

Realer Verstärker

Die idealen Verstärkereigenschaften, $V=\infty$, $R_e \to \infty$, $R_a \to 0$, $\alpha_{GL} \to \infty$ und $\omega_g \to \infty$ lassen sich (auch bei Kosten$\to \infty$) niemals erreichen, nur in Teilen annähern. Erreichbar sind Werte von $V = 10^5 \ldots 10^8$, Ausgangssignale von 10 V und 200 mA, Gleichtaktunterdrückung $CMRR$ bis 120 dB. Operationsverstärker mit FET-Eingängen besitzen Eingangswiderstände bis $10^{12}\,\Omega$. Zu dem oben genannten Linearitätsfehler kommen im folgenden noch drei Hauptprobleme hinzu, die kurz erläutert werden: *Nullpunktsfehler, Frequenz-* und *Zeitverhalten,* sowie *Rauscheigenschaften.*

Nullpunktsfehler. Alle Operationsverstärker sind Gleichspannungs-(DC-)Verstärker, deswegen muß der Ausgang bei fehlendem Eingangssignal stets auf absolutem Nullpegel liegen. Jede Abweichung hiervon täuscht ein Eingangssignal vor. Dafür gibt es verschiedene Ursachen.

Gleichtaktunterdrückung. Der nur endliche Wert von α_{GL} kann ein unerwünschtes Ausgangssignal $U_a \sim U_{GL}/\alpha_{GL}$ bewirken.

Offset: Ein weiterer Grund für eine Verschiebung vom Nullpunkt weg ist der sog. Offset: die beiden Verstärkereingänge (Transistor-Basisanschlüsse) haben physikalisch nie exakt gleiche Werte von U_{BE}, die kleine Differenz wirkt wie ein zusätzliches Signal am Eingang, die Offsetspannung. Sie kann durch eine zusätzliche Kompensationsspannung von außen eliminiert werden (viele Verstärker besitzen dafür einen Anschluß).

Fehlstrom (Eingangsruhestrom, input-Strom). Schließlich produziert jeder Verstärkereingang (außer MOSFET) einen geringen Basisstrom, der durch den Innenwiderstand der Signalquelle (und evtl. äußere Widerstände) fließt und so eine zusätzliche Eingangsspannung erzeugt. Sie kann beim invertierenden Verstärker durch einen passenden Widerstand vor dem nicht invertierenden Eingang kompensiert werden, der etwa gleich der Parallelschaltung $R_1 R_2/(R_1 + R_2)$ ist, die der invertierende Eingang sieht. Beim Differenzverstärker ist dieser wirksame Eingangsruhestrom gleich dem arithmetischen Mittel der beiden (oft unterschiedlichen) Einzelströme. Durch äußere Zufuhr eines „Offsetstromes" (meist einige Zehntel des Eingangsstromes) kann immer ein Nullabgleich hergestellt werden. Die Definition des Offsetstromes ist nicht einheitlich.

Drift. Bei Temperaturänderung wandern (driften) alle Halbleitereigenschaften, hier als Konsequenz auch der Nullpunkt. Der Temperaturkoeffizient der Offsetspannung dU_{OS}/dT beträgt bei guten Bausteinen 0.1 bis einige μV/°C oder beim Fehlstrom einige pA/°C und mehr. Aber auch die anderen Parameter driften, etwa α_{GL} und der Ruhearbeitspunkt nach dem ersten Einschalten bis zum Erreichen des thermischen Gleichgewichtes nach einigen Minuten. Auch der Verstärkungsfaktor V geht, wenn auch sehr geringfügig, in die Gesamtverstärkung G ein. Gelegentlich ist die relative Verstärkungsänderung $\Delta G/G = (\Delta V/V)/(1+\beta V)$ zu berücksichtigen, sie erreicht Werte um 10^{-5}/°C.

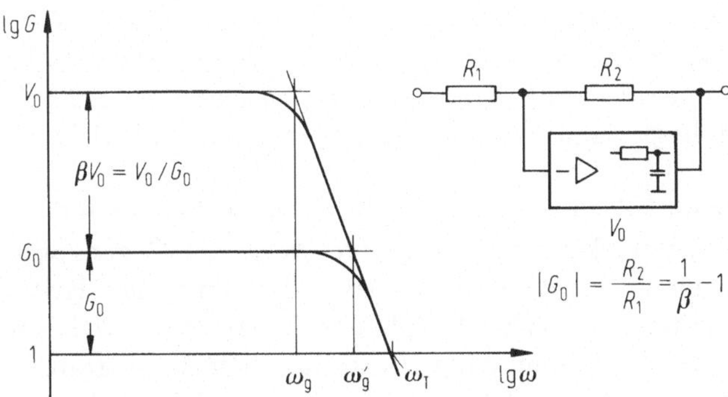

Abb. 6.35. Bode-Diagramm eines gegengekoppelten Verstärkers

Frequenzverhalten. Das Tiefpaßverhalten (Abschn. 6.1.3) der Transistorschaltung spiegelt sich hier voll wieder: Abb. 6.35. Der offene Verstärker (V_0) hat die Grenzfrequenz ω_g (Abfall auf $1/\sqrt{2}$) und sein Frequenzgang folgt der Tiefpaßfunktion des RC-Gliedes:

$$V = V_0 \frac{1}{\sqrt{1 + (\omega/\omega_g)^2}} \approx V_0 \frac{\omega_g}{\omega}.$$

Die Näherung gilt bei Frequenzen $\omega \gg \omega_g$. Das konstante Produkt $V\omega = V_0\omega_g = \omega_T$ (bei der Transitfrequenz ω_T ist $V{=}1$) stellt ein Gütemaß dar, meist als Vb-Produkt (Verstärkung mal Bandbreite, gain-bandwidth product) bezeichnet. Werte bis 1 GHz werden dabei realisiert, natürlich eine Größe nur auf Kosten der anderen.

Wird durch Gegenkopplung die Gesamtverstärkung auf $G_0 = V_0/(1 + \beta V_0)$ herabgesetzt, dann bestimmt das Tiefpaßverhalten nicht nur die Vorwärtsverstärkung, sondern auch die Gegenkopplung unterliegt ihm. Die hohen Frequenzen werden weniger stark gegengekoppelt, so daß die Grenzfrequenz auf einen höheren Wert ω_g' verschoben wird (und nicht etwa die ganze Kurve parallel nach unten):

$$V_0\omega_g \approx G_0\omega_g' = \frac{V_0}{1 + \beta V}\omega_g' \quad \text{oder} \quad \omega_g' \approx \omega_g(1 + \beta V).$$

Der neue Frequenzgang von $G = G_0\omega_g'/\omega$ ist in Abb. 6.35 sichtbar. Die gleichen Überlegungen gelten sinngemäß auch bei AC-Verstärkern, also mit einer unteren Grenzfrequenz. Die Kurve im Bode-Diagramm fällt dann bei niedrigen Frequenzen wieder ab (untere Grenzfrequenz). Die tatsächliche Bandbreite b ist dann die Differenz der beiden Grenzfrequenzen.

In der Regel hat ein Verstärkerbaustein (das gilt für jedes größere System) mehrere Stufen, von denen jede eine Grenzfrequenz (einen Pol) beiträgt und den Frequenzverlauf um jeweils 20 dB/Dekade abknickt (oft erst bei $G < 1$). Die einzelnen Übertragungsfunktionen multiplizieren sich zur Gesamtfunktion, oder: im Bode-Diagramm addieren sich die einzelnen Funktionen. Viele Operationsverstärker sind mit einem Anschluß für eine *frequenzabhängige Gegenkopplung* (RC-Glieder) versehen, oft um Eigenschwingungen zu verhindern. Damit wird ein dominierender Pol geschaffen. Häufig genügt eine kleine Kapazität parallel zu R_2, um eine parasitäre Kapazität am Eingang zu kompensieren (Abb. 2.1b). Der optimale Arbeitspunkt liegt dann zwischen Eigenerregung und nicht zu niedriger Grenzfrequenz.

Bei steigender Frequenz muß der Phasenwinkel, bis zum Absinken auf $G{=}1$ positiv bleiben, dann ist der Verstärker stabil. Negative Werte der Gegenkopplung (β) fachen Schwingungen an. Zur quantitativen Behandlung der Kriterien für Schwingsicherheit (Phasensicherheit), ggf. durch Einsetzen weiterer Tiefpässe, wird auf die Literatur verwiesen. Nützlich ist das Nichols-Diagramm, die logarithmische Auftragung der Verstärkung gegen den Phasenwinkel.

Da bei hohen Frequenzen V stark absinkt, kann es passieren, daß man am invertierenden Eingang zu hohe Spannungen anlegt, so daß der Verstärker übersteuert wird.

Zeitverhalten. Auch hier kann auf Abschn. 6.1.2 verwiesen werden. Stufensignale mit einer Anstiegszeit t_{re} werden infolge des Verstärkertiefpasses mit der

Anstiegszeit t_{rv} auf einen Wert am Verstärkerausgang von $t_{ra} = \sqrt{t_{re}^2 + t_{rv}^2}$ verlangsamt, eine wichtige Einschränkung bei oszilloskopischen Messungen. Wenn t_{rv} nur halb so groß ist wie t_{re} des zu messenden Signals, beträgt der Meßfehler schon 12 %. Wenn es auf die Verstärkung von Rechtecksignalen unter genügender Beibehaltung der Form ankommt, dann gilt als guter Kompromiß, daß die Rechteckbreite zwei Anstiegszeiten t_{rv} betragen sollte. Weiter oben war $t_r = 2.2RC$, damit ergeben sich etwa 4.4 RC-Zeitkonstanten des Tiefpasses.

Auf längere Impulse kann ein Verstärker mit einem Einschwingen der Endamplitude reagieren; dann wird die Einschwingzeit (settling time) angegeben, bis die Amplitude sich innerhalb eines Fehlerbandes (oft 0.01 % von 10 V) dem Sollwert angenähert hat (real ab 100 ns aufwärts). Bei starker Übersteuerung (Begrenzung, Sättigung) interessiert die Anstiegsgeschwindigkeit in V/μs, von Herstellern oft anstatt der Grenzfrequenz angegeben (reale Werte bis 1 kV/μs). — Eine geringe grundsätzliche Verzögerung eines Signals übt jeder Verstärker im Bereich einiger ns aus, oft kann dies vernachlässigt werden.

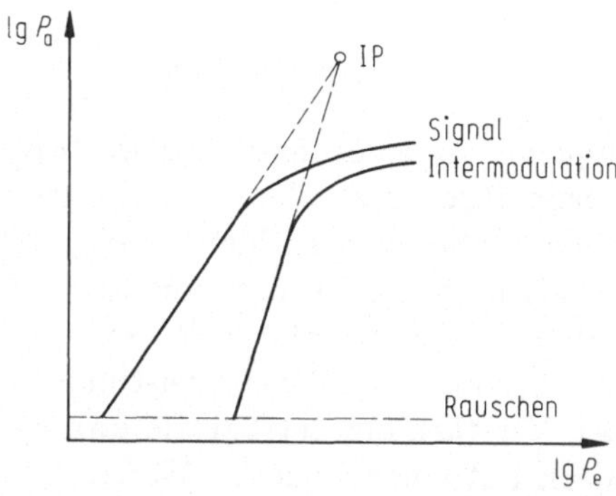

Abb. 6.36. Dynamische Verstärkerkennlinie (HF) für Signal und Intermodulationsprodukte

Dynamisches Verhalten. Bereits bei kleinen Amplituden, stark zunehmend dann bei größerer Aussteuerung, entstehen an der nicht (mehr) linearen Kennlinie mehr oder weniger deutliche *Verzerrungen*. Im Gegensatz zu den „linearen" Verzerrungen, bei denen die Kenngrößen nur von der Frequenz abhängen (Frequenzgang), handelt es sich hier um amplitudenabhängige „nichtlineare" Veränderungen des Signals. Sie werden als Klirrfaktor definiert in Form der geometrischen Summe aller so entstehenden Oberwellenamplituden. Schließlich entstehen auch zeitabhängige, sog. Modulationsverzerrungen: wichtig im HF-Bereich. Hier werden die Verstärker oft von großen Amplituden übersteuert und produzieren dann Intermodulationsverzerrungen. Die Abb. 6.36 erläutert Ausgangs- gegen Eingangs*leistung*, links die Verstärkerkennlinie bis zur Sättigung und rechts die Kennlinie für das Auftreten unerwünschter Intermodulationssignale, deren Größe mit wechselnder Signalamplitude (quadratisch und höher) ansteigt. Im Schnittpunkt der Verlängerungen (intercept point) sind

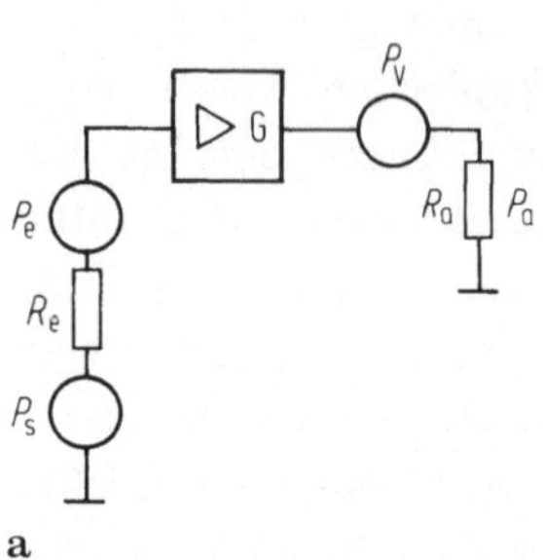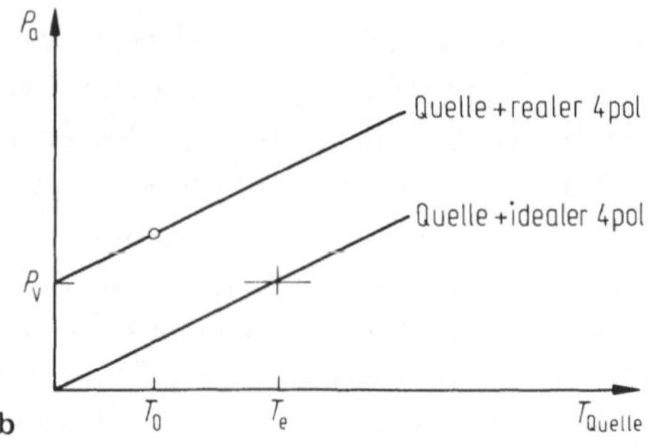

Abb. 6.37 a–b. Rauschen eines Verstärkers. **a** Rauschquellen, **b** Ausgangsrauschen als Funktion der Quellentemperatur

Störprodukte und Nutzsignal gerade gleich groß. In der Praxis ist der Verstärker bereits viel früher übersteuert. Der Punkt soll daher möglichst hoçh liegen (Werte über +20 dBm sind realisierbar).

6.3.3 Rauscheigenschaften

Die in Abschn. 1.4.4 beschriebenen Rauschquellen tauchen natürlich in Transistoren und Verstärkerbausteinen auf. Wegen ihrer besonderen Wichtigkeit werden sie genauer unter die Lupe genommen. Dabei werden hier vorwiegend Rauschleistungen P und das Symbol G als Leistungsverstärkung benutzt.

Wird eine Signalspannungsquelle mit dem Innenwiderstand R_e an einen Verstärker angelegt (Abb. 6.37a), so rauscht R_e mit einer Rauschleistung P_e, auch ohne Vorhandensein eines Signals. Nach Verstärkung beträgt die Rauschleistung am Ausgang aber nicht GP_e, sondern hat einen höheren Wert: $P_a = GP_e + P_v$. Das zusätzlich vom Verstärker selbst produzierte Rauschen kann man sich als weitere Rauschquelle P_v denken.

Hier wird also dieses Zusatzrauschen als Rauschspannungsquelle eingesetzt. Manche Darstellungen verlegen eine äquivalente Rauschspannungsquelle an den Eingang des Verstärkers, dazu oft noch eine Rauschstromquelle (infolge des Eingangsstromes). Die Formeln ändern sich dann natürlich.

Die Rauschleistung der Signalquelle selber ist bekannt (Abschn. 1.4.4): $P_e = kTb$ (z.B. $P_e = kT_0 b$).

Die Lesbarkeit eines Signals ist durch das *Signal/Rauschverhältnis S/R* (S/N signal/noise ratio) bestimmt. Allgemein wird dieses Verhältnis $P_{\text{Signal}}/P_{\text{Rauschen}} = U^2_{\text{Signal}}/U^2_{\text{Rauschen}}$ oft in dB-Einheiten als *Rauschabstand* bezeichnet: $B = 10 \log(P_{\text{Signal}}/P_{\text{Rauschen}})$ dB. Im vorliegenden Fall wird das gegebene Verhältnis P_s/P_e durch einen rauschenden Verstärker auf den Wert $P_s/P_a = P_s/(GP_e + P_v)$ verschlechtert.

In (b) ist die Ausgangsrauschleistung gegen die Quellentemperatur T aufgetragen: die untere Gerade mit der Steigung Gkb gibt also die verstärkte Eingangsrauschleistung P_e nach ideal rauschfreier Verstärkung an. Aber das real am Vierpolausgang stehende Gesamtrauschen ist um den Beitrag $P_v = kT_e b$ größer (obere Kurve), so als ob die Quelle heißer wäre und bei der *effektiven Temperatur* T_e rauschen würde.

Rauschzahl

Um ein Gütemaß für den Vierpol zu definieren, vergleicht man die S/R-Verhältnisse, oder direkt die Rauschleistungen (ohne Signal) am Aus- und Eingang und nennt den Quotienten die *Rauschzahl* (noise factor)

$$F = \frac{P_a}{GP_e} = \frac{GP_e + P_v}{GP_e} = 1 + \frac{P_v}{GP_e} = 1 + \frac{T_e}{T_0}.$$

Diese Größe ist bei rauschfreiem Verstärker gleich 1; sie ist dimensionslos und enthält weder das Signal noch die Bandbreite. Damit läßt sich die obige Gleichung auch schreiben:

$$P_a = GP_e + P_v = GP_e F = GFkT_0 b.$$

Die obere Gerade (des realen Vierpols) liegt also um den Faktor F höher. Auf ihr ist ein Zustand bei T_0 als Punkt eingezeichnet. Oft wird das logarithmische Rauschmaß (noise figure of merit) $F' = 10 \log F$ dB verwendet.

Die Rauschzahl F hat mehrere anschauliche Bedeutungen. Sie ist einmal ein direktes Maß für das Rauschen eines Vierpols, gibt also den Faktor an, um den das Ausgangsrauschen größer ist, als ein rauschfreier Verstärker das thermische Rauschen der Signalquelle verstärken würde. Anders gesagt: der Widerstand der Signalquelle scheint um F größer zu sein, F erhöht also das Quellenrauschen. Eine andere Definition läßt den Quellenwiderstand scheinbar auf höherer Temperatur (nämlich T_e) rauschen. Oder: ein Vierpol mit der Rauschzahl F verschlechtert (verringert) das S/R-Verhältnis um den Faktor F am Ausgang:

$$\frac{P_s/P_e}{GP_s/(GP_e + P_v)} = \frac{GP_e + P_v}{GP_e} = F.$$

Natürlich fällt P_s heraus, d.h. F gilt für jedes beliebige Signal.

Oft geben die Hersteller die *Rauschleistungsdichten* (W/Hz) oder Rausch-spannungs- bzw. -stromdichten (Abschn. 1.4.4) von Verstärkern oder Transistoren an (noise spectral density). Gute Werte liegen unter $10\,\text{nV}/\sqrt{\text{Hz}}$ oder $1\,\text{fA}/\sqrt{\text{Hz}}$ bei FET-Operationsverstärkern. Den Verlauf von F und T_e mit der Frequenz zeigt Abb. 6.38 für bipolare und FET-Eingangsstufen. Zum Vergleich sind die Werte auch bei Raumfahrt-Temperatur von $20\,\text{K}$, sowie das kosmische Rauschen eingetragen.

Unterhalb von $1\,\text{kHz}$ zeigen Transistoren einen Anstieg durch das Funkelrauschen, darüber liegt der breite Bereich des thermischen (i.allg. weißen) Rauschens (hier sollte der Arbeitsbereich des Nutzsignals liegen), und bei noch höheren Frequenzen überwiegt dann das Stromrauschen.

Manchmal muß man am Eingang eine weitere Rauschleistung addieren,

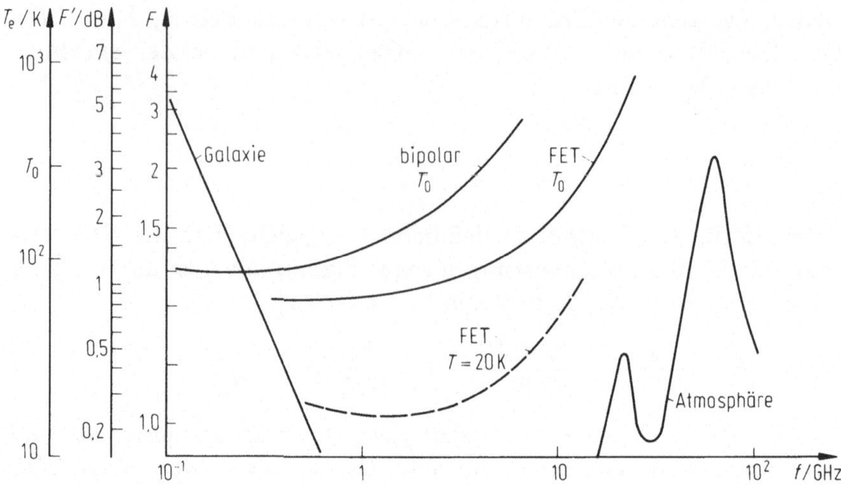

Abb. 6.38. Rauschzahl und effektive Temperatur verschiedener Rauschquellen

wenn nämlich ein Eingangsfehlstrom I_f durch den Signalquellenwiderstand R_e fließt. Mit diesem Rauschstrom $I_r^2 = 2q_0 I_f b$ entsteht eine Rauschleistung $P_f = I_r^2 R_e$.

In Rauschleistungsdichten ausgedrückt präsentieren sich am Vierpol folgende Größen:

$$(R_e \text{ allein}) \qquad \frac{P_e}{b} = \frac{\langle U_e^2 \rangle}{4 R_e b} = \frac{P_a}{GFb} = kT$$

$$(\text{ggf. Fehlstrom}) \qquad \frac{P_f}{b} = \frac{I_r^2 R_e}{b} = 2q_0 I_f R_e$$

$$(\text{Vierpoleingang}) \qquad \frac{P_a}{Gb} = \frac{P_e + P_v/G}{b} = \frac{\langle U_a^2 \rangle}{GbR_a} = FkT$$

$$(\text{Vierpolausgang}) \qquad \frac{P_a}{b} = \frac{\langle U_a^2 \rangle}{bR_a} = FGkT.$$

Aus P_e, P_f und F lassen sich die Rauschspannungen, der Signalquellenwiderstand und das Signal/Rauschverhältnis berechnen und notfalls durch Wahl einer kleineren Rauschzahl verbessern. Oberhalb eines bestimmten Wertes von R überwiegt bei jedem Verstärker das Stromrauschen.

Mehrere Stufen

Aus obigem Zusatzrauschen P_v einer Stufe ergibt sich $P_v = GP_e(F-1)$. Dann ist über zwei Stufen hinweg

$$F_{12} = \frac{P_a}{G_1 G_2 P_e} = \frac{G_2(G_1 P_e + P_{v1}) + P_{v2}}{G_1 G_2 P_e} = F_1 + \frac{P_{v2}}{G_1 G_2 P_e}.$$

Der zweite Term beschreibt die zweite Stufe isoliert. Wird $P_{v2} = G_2 P_e (F_2 - 1)$ eingesetzt (dabei enthält die Formel für F_{12} schon implizit den richtigen Wert von P_e als Eingangsrauschen der 2. Stufe), dann erhält man

$$F_{12} = F_1 + \frac{1}{G_1}(F_2 - 1).$$

Dies ist eine klare Aussage, daß die erste Stufe dominierend rauscht, während die zweite um den Faktor G_1 weniger beiträgt (erweiterbar auf mehrere Stufen). Anwendung: Wird ein reeller (ohmscher) Abschwächer an die Quelle gelegt, geht sein Rauschanteil in das Quellenrauschen P_e ein, dagegen fehlt P_v. Über das S/R-Verhältnis (s.o.) ergibt sich bei einem Abschwächungsfaktor β sofort $F = 1/\beta$. Legt man den Abschwächer nun vor oder hinter den Verstärker? Mit den Werten $G_a = \beta$ und $F_a = 1/\beta$ beim Abschwächer, sowie mit G_v und F_v beim Verstärker entsteht als Gesamtrauschzahl F_{12} bei:

Abschwächer vor dem Verstärker: $F_{12} = F_a + (F_v - 1)/G_a = F_v/\beta$,
Abschwächer hinter dem Verstärker: $F_{12} = F_v + (F_a - 1)/G_v = F_v + (1/\beta - 1)/G_v$.

Der zweite Fall verschlechtert also die Rauschzahl nur wenig.

Rauschmessung

Die direkte Messung der an R_a abgegebenen Ausgangsrauschspannung (ohne Signal)

$$\langle U_a \rangle = \sqrt{P_a R_a} = \sqrt{GFkTbR_a} = 64 \cdot 10^{-3} \sqrt{GFbR_a} \quad (\mu\mathrm{V}, \Omega, \mathrm{MHz})$$

ist eine Mittelwertbildung über eine Gaußverteilung der Amplituden. Daher müssen Meßgeräte mit üblicher Effektivwerteichung korrigiert werden. Der Formfaktor (Abschn. 1.1) für Sinus ist 1.11, für Gauß 1.25; so wird der Meßwert von U_a mit 1.25/1.11=1.13 multipliziert. Die klassische Messung von F eines Vierpols geschieht mit einem geeichten Rauschgenerator, der mit seinem Quellwiderstand an den Vierpol angeschlossen wird, zunächst nur mit seinem Eigenrauschen P_e. Am Vierpolausgang erscheint $P_a = GP_e + P_v = FGP_e$. Jetzt läßt man den Rauschgenerator eine so große „Signal"rauschleistung P_r dazu liefern, daß am Ausgang eine gleich große zusätzliche Leistung GP_r erzeugt wird, die gleich P_a ist, P_a wird also verdoppelt. Dann ist $(GP_e + P_v) = GP_r = FGP_e$ oder $F = P_r/P_e$. Moderne Rauschgeneratoren messen P_{a2} und P_{a1} bei zwei verschiedenen Quellentemperaturen T_2 und T_1 $(=T_0)$ und berechnen aus diesem „Y-Faktor" $Y = P_{a1}/P_{a2} > 1$ die Rauschzahl $F = (T_2 - T_1)/[T_1(Y - 1)]$.

Rauschverringerung

Das Signal/Rauschverhältnis kann durch geschickte Parameterwahl verbessert
werden. Die Rauschleistung selbst sinkt mit fallender Temperatur und Bandbreite. Eine Kühlung von Signalquelle, von Detektoren und Vorverstärkern ist
oft möglich, eine Bandbreitenverringerung fast immer. Ein richtig gewählter
Tiefpaß reduziert die Anteile hoher Rauschfrequenzen außerhalb des wichtigen Signal-Frequenzbereiches. Auch sehr niederfrequente Rauschkomponenten
(Funkeleffekt) lassen sich durch (Hochpaß-)Filter unterdrücken. Mit zeitlichem
Auftasten während der eigentlichen Signaldauer wird der mittlere Rauschanteil ebenfalls abgesenkt. Daß nur Bauelemente — besonders am Eingang jedes
Meßkanals — eingesetzt werden, die möglichst wenig Eigenrauschen einbringen,
wird vorausgesetzt.

6.3.4 Übertragungsfunktionen

Aktive und passive Netzwerke, die vielen Kombinationen mit Operationsverstärkern, die Signalbetrachtung im Zeit- und Frequenzbereich, — sie alle verlangen nach einer einfachen und übersichtlichen Beschreibung, wie sie schon beim
Vierpol (Abschn. 6.1.2) angedeutet wurde. Gesucht ist die *Übertragungsfunktion*
$F = U_a/U_e$, das Verhältnis von Ausgangs- zu Eingangsspannung. Anstatt im
Zeitbereich das Ausgangssignal $U_a(t)$ mühsam aus dem Vierpolnetzwerk zum
gegebenen Eingangssignal $U_a(t)$ zu berechnen, stellt man im Frequenzbereich
die Knoten- und Maschengleichungen des Netzwerks auf, die dann zusammengefaßt die Übertragungsfunktion $F(\omega)$ bilden. Aus dem Eingangssignal $U_e(\omega)$
entsteht dann das Ausgangssignal $U_a(\omega) = F(\omega)\,U_e(\omega)$. Hierbei werden nur
Multiplikationen und Divisionen ausgeführt. Der Übergang in den Zeitbereich,
den die Fourier-Transformation leistet, liefert dann das gesuchte zeitabhängige
Ausgangssignal $U_a(t)$.

Laplace-Transformation

Da eine Fourier-Transformation voraussetzt, daß $\int U(t)\mathrm{d}t$ konvergiert (nicht
immer erfüllt), wird die Laplace-Transformation verwendet, die $U(t)$ mit einem
Dämpfungsfaktor $\exp(-\sigma t)$ multipliziert, sonst aber die Fourier-Transformation
ausführt:

$$U(\omega) = \int_0^\infty \mathrm{e}^{-\mathrm{i}\omega t}\mathrm{e}^{-\sigma t}U(t)\,\mathrm{d}t = \int_0^\infty \mathrm{e}^{-(\sigma+\mathrm{i}\omega)t} \quad \text{oder}$$

$$U(s) = \int_0^\infty U(t)\mathrm{e}^{-st}\,\mathrm{d}t = \mathcal{L}[U(t)] \quad (\textit{Spektraldichte})$$

$$U(t) = \frac{1}{2\pi}\int_{-\infty}^\infty \mathrm{e}^{st}U(s)\,\mathrm{d}s = \mathcal{L}^{-1}[U(s)] \quad (\textit{Zeitfunktion}).$$

Der Zeitbereich (Originalfunktion) wird also in den komplexen Frequenzbereich (Bildfunktion) abgebildet, wobei die Frequenz jetzt in der Variablen $s = \sigma + \mathrm{i}\omega$ enthalten ist. Sie geht über die (imaginäre) Signalfrequenz $\mathrm{i}\omega$ im Abschn. 1.3.2 hinaus (dort ist $\sigma = 0$, ungedämpfte Schwingung) und beschreibt gedämpfte ($\sigma < 0$) und entdämpfte (angefachte) Schwingungen ($\sigma > 0$). — Eine weitere Bedingung ist, daß bei $t = 0$ keine gespeicherte Anfangsenergie $U(t \leq 0)$ vorhanden sein darf.

Die Übertragungsfunktion erscheint jetzt in der Form $U_a(s) = F(s)\,U_e(s)$. Die Größe $U_e(s)$ ergibt sich aus der Transformation der schon an anderen Stellen benützten Stufenfunktion, die mit dem Sprung von 0 auf U_e das Netzwerk mit Energie füllt. Daraus wird

$$U_e(s) = \int_0^\infty U_e\,\mathrm{e}^{-st}\,\mathrm{d}t = \frac{1}{s}U_e, \quad \text{und damit}$$

$$U_a(s) = \frac{U_e}{s}F(s).$$

Das bekannte Bild in Abb. 6.39 verdeutlicht den Vorgang: die Sprungfunktion U_e wird in den Frequenzbereich transformiert (U_e/s), mit der Übertragungsfunktion des Netzwerkes multipliziert, das entstehende Ausgangssignal $U_a(s)$ in den Zeitbereich zurücktransformiert und so die Sprungantwort $U_a(t)$ erhalten. Da Laplace-Tabellen für über 200 Funktionen berechnet vorliegen, ist die Netzwerkberechnung recht einfach. Die Tabellen sind ohne den Faktor U_e/s angelegt und auf reziproke Zeitkonstanten $(1/RC)$ normiert.

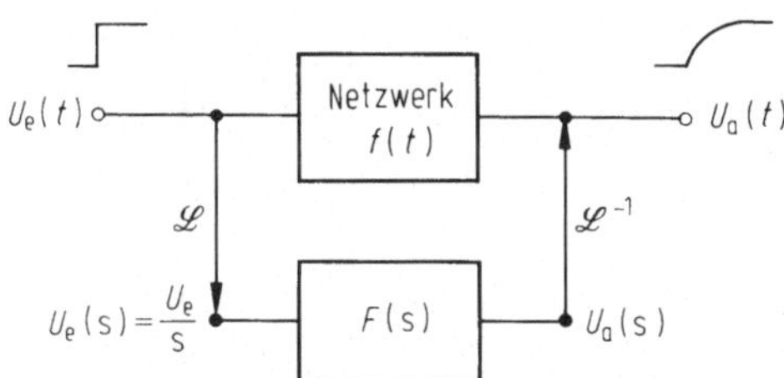

Abb. 6.39. Laplace-Transformation

Zum Beispiel hat der einfache RC-Hochpaß (Abb. 6.6b) die Übertragungsfunktion

$$F(\omega) = \frac{R}{R + X_C} = \frac{R}{R + 1/\mathrm{i}\omega C} \quad \text{oder}$$

$$F(s) = \frac{R}{R + 1/sC} = \frac{1}{1 + 1/sRC} = \frac{s}{s + a}$$

mit $a = 1/\tau = 1/RC$. Die Tabelle liefert zum Ausdruck $s/(s+a)$ sofort die Zeitfunktion $\exp(-at)$ (Abschn. 6.1.2).

Während in diesem rein passiven RC-Netzwerk die Größe $\mathrm{i}\omega$ durch s ersetzt wurde ($\sigma = 0$), enthalten dagegen alle aktiven Vierpole den Dämpfungsfaktor σ. Einen besseren Überblick verschafft der folgende Abschnitt.

Pol-Nullstellen-Diagramm

Graphische Darstellung. Alle Übertragungsfunktionen $F(s)$ sind Polynom-funktionen der Form

$$F(s) = \text{const} \cdot \frac{(s - s_1)(s - s_2) \cdots}{(s - s_3)(s - s_4) \cdots},$$

die an den Stellen $s = s_1$, $s = s_2$, usw. Null werden, bzw. bei $s = s_3$, $s = s_4$, usw. Pole besitzen. Trägt man $F(s)$ über der komplexen $\sigma/i\omega$-Ebene auf, ergibt sich eine räumliche Funktion (z.B. Abb. 6.40a), deren Pole (X) und Nullstellen (0) in die Ebene eingetragen, die Funktion erschöpfend beschreiben (b). Der Frequenzgang des Vierpols, also $F(\omega)$ ergibt sich bei $s = i\omega$ auf der $F/i\omega$-Ebene als Schnittlinie (Kontur: a). Diese Darstellung ist nichts anderes als das (linear dargestellte) Bode-Diagramm. Dabei läßt sich zeigen, daß jedem Pol eine Eckfrequenz entspricht, also die Bode-Gerade nach rechts (abwärts) abknickt, jede Nullstelle einen gleichen Knick nach links (aufwärts) ausführt. Die Steigung von jeweils 20 dB/Dekade (vgl. Abschn. 6.3.2) kann wachsen, wenn Polynome (Netzwerke) höherer Ordnung eingesetzt werden.

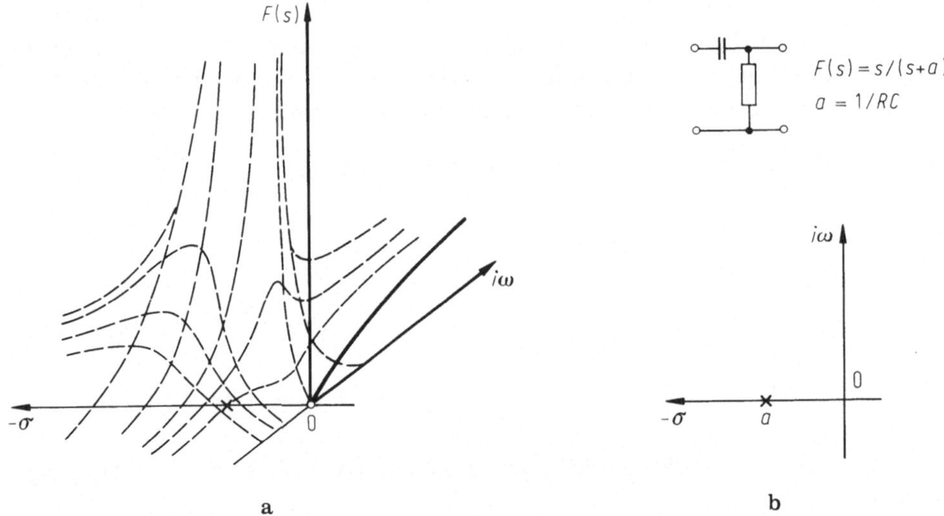

Abb. 6.40. Hochpaß 1. Ordnung, Übertragungsfunktion und Pol-Nullstellen-Diagramm

Netzwerke höherer Ordnung. Während bei Polynomen erster Ordnung nur reelle Pole und Nullstellen auftreten, können sie bei höherer Ordnung komplex werden. Generell gilt: das *Nennerpolynom* bestimmt die Lage von Polen und Nullen, also Dämpfung und Anhebung im Frequenzgang, während das *Zählerpolynom* die Art der Übertragungsfunktion selbst festlegt (Hoch-, Tiefpaß usw.).

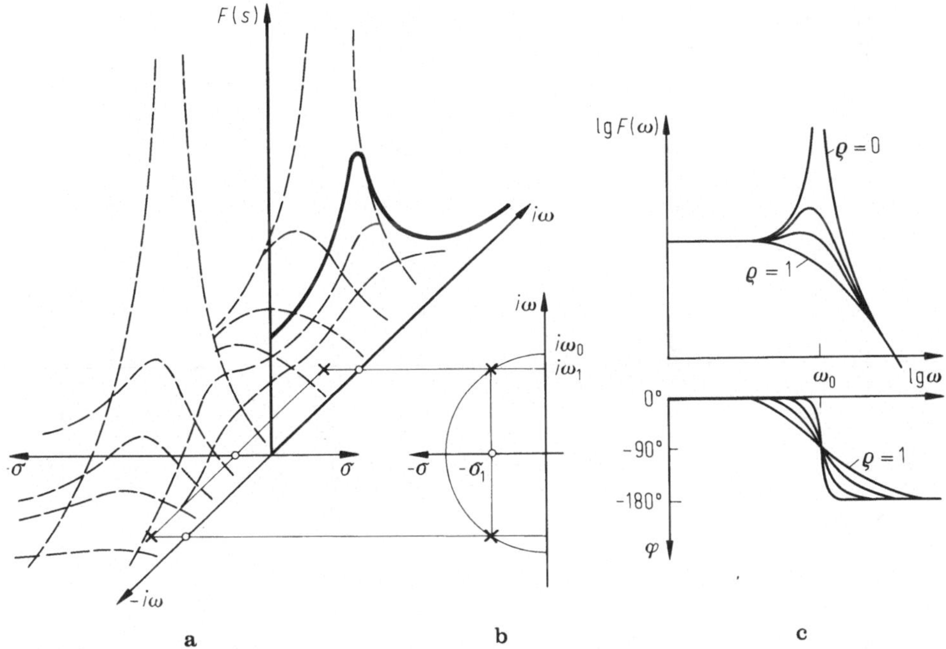

Abb. 6.41 a–c. Tiefpaß 2. Ordnung. a Übertragungsfunktion, b Pol-Nullstellen-Bild, c Frequenz- und Phasengang

Die allgemeine *Nennerfunktion* von $F(s)$ lautet

$$F(s) = \frac{1}{a_0 + a_1 s + s^2} = \frac{1}{\omega_0^2 + 2\omega_0\sigma s + s^2},$$

wobei die sich ergebenden physikalischen Größen von a_0 und a_1 eingesetzt wurden. In der Praxis wird die (dimensionslose) Dämpfung $\varrho = \sigma/\omega_0$ verwendet; dann ergeben sich, solange $0 < \varrho < 1$ ist, zwei konjugierte Pole zu $s_{1,2} = -\sigma_1 \pm i(\omega_0^2 - \sigma_1^2)^{1/2} = -\sigma_1 \pm i\omega_1$, mit der Kreisgleichung $\omega_0^2 = \omega_1^2 + \sigma_1^2$. Ein Beispiel zeigt Abb. 6.41a. Auf dem Kreisbogen mit dem Radius ω_0 liegen jeweils die beiden Pole (b), die bei der Dämpfung $\sigma/\omega_0 = -1$ als reeller Doppelpol zusammenfallen und im Grenzfall $\sigma = 0$ zwei imaginäre Pole (Eckfrequenzen, Polfrequenzen) ω_0 liefern. Das Bode-Diagramm zeigt (wie oben) anschaulich den Frequenz- und Phasenverlauf (c), üblicherweise mit ϱ als Parameter. Unterhalb des Grenzfalls $\varrho = 0$ (Schwingungseinsatz) bei ω_0 erkennt man die Überhöhungen bei dem jeweiligen Wert ω_1. Im aperiodischen Grenzfall $\varrho = 1$ fehlt jede Überhöhung. Je nach dem Wert von ϱ läßt sich der obere Frequenzabfall bis über 50 % hinausschieben. Mit jedem Grad höherer Ordnung wird der asymptotische Geradenabfall um 20 dB steiler.

Ein Polynom ≥ 2. Grades im Zähler liefert komplexe Nullstellen. Im imaginären Sonderfall liegen sie auf der Frequenzachse, d.h. das Filter unterdrückt diese Frequenz (Saugkreis, notch filter).

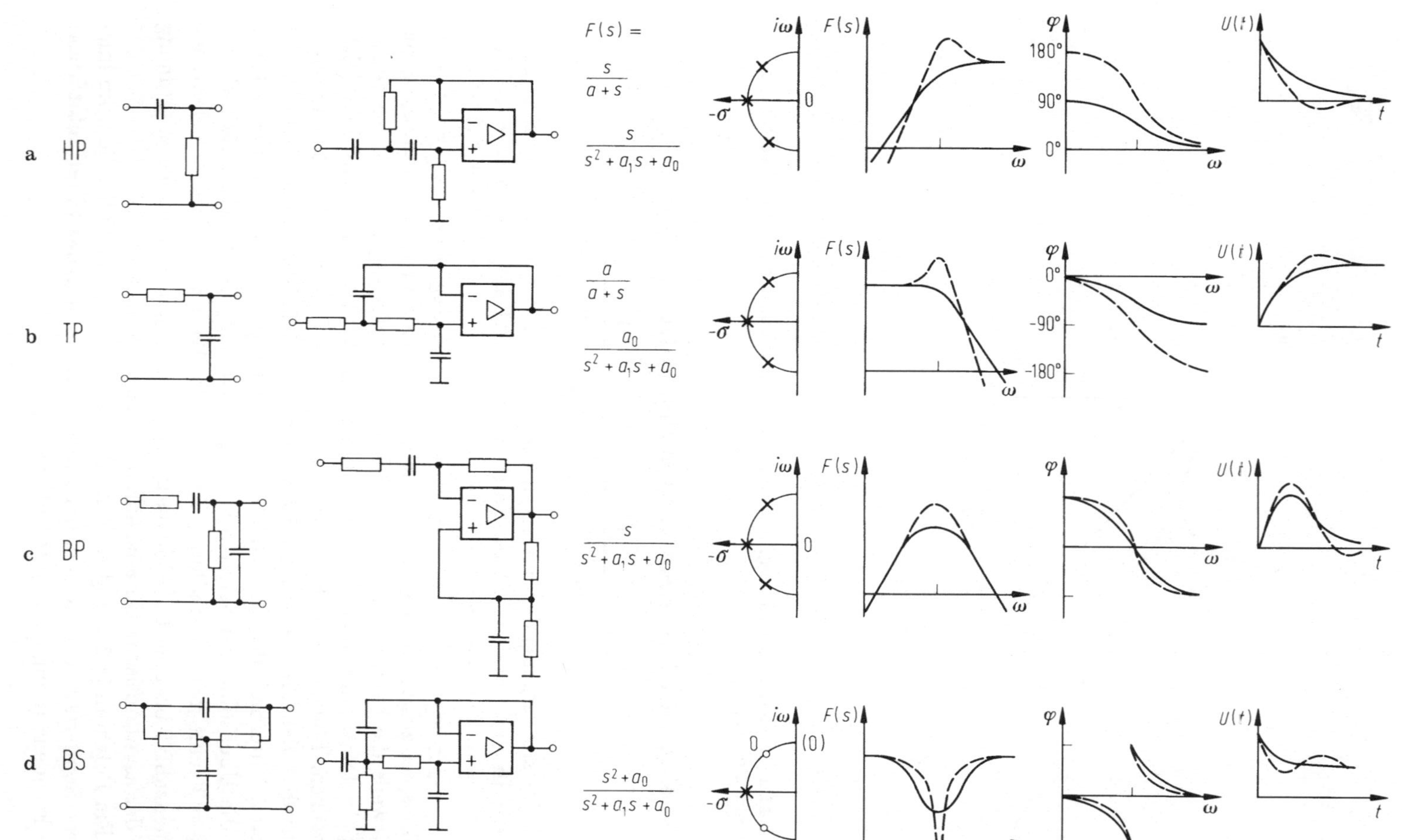

Abb. 6.42 a–d. Vereinfachte Filter-Übersicht. **a** Hochpaß , **b** Tiefpaß, **c** Bandpaß , **d** Bandstop (Nullfilter); je passiv und aktiv (gestrichelte Kurven)

Der letzte Schritt ist dann die Rückkehr in den Zeitbereich. Hier zeigt sich, daß nur bei $\varrho = 1$ ein glatter Abfall $\exp(-\sigma t)$ stattfindet. Bei kleineren Werten von ϱ treten Oszillationen, d.h. gedämpfte Einschwingvorgänge auf (z.B. Sinus- und Cosinus-Terme), die oft nicht tragbar sind (Beispiel: Schwingkreis).

Die *Zählerfunktion* $(b_0 + b_1 s + b_2 s^2 + \ldots)$ bestimmt das Übertragungsverhalten. Ein Hochpaß besitzt nur den s^2-Term, ein Tiefpaß nur eine Konstante b_0, ein Bandpaß nur den s-Term und ein Saugfilter den s^2-Term und eine Konstante b_0. Abbildung 6.42 gibt einen Überblick über die vier gebräuchlichen Fälle: gezeigt wird die Übertragungsfunktion $F(s)$, Phasengang und Zeitfunktion (Sprungantwort auf Stufenimpuls) für je einen passiven und aktiven (gestrichelt) Vierpol (die aktiven Vierpole sind von 2. Ordnung).

Ein Sonderfall ist der *Allpaß* (vollständige Zähler- und Nennerpolynome gleicher Ordnung), der zwar eine konstante Übertragungsfunktion besitzt, aber einen bestimmten, vorwählbaren Phasenverlauf einhält. Jeder Nullstelle steht symmetrisch ein Pol gegenüber.

Der p-Operator

(Heaviside operator). Bei passiven Netzwerken ist $\sigma = 0$ und s wird häufig durch den Operator $p = i\omega = d/dt$ ersetzt. Damit läßt sich formal algebraisch wie bei der Laplace-Transformation mit entsprechend einfachen Tabellen rechnen.

6.3.5 Standardbausteine

Ebenso wie mit Bauelementen (Widerständen, Transistoren etc.) größere Systeme aufgebaut werden, lassen sich mit Hilfe von Verstärkerbausteinen größere integrierte Systeme zusammensetzen. Die Fülle integrierter Schaltungen (ICs) enthält sowohl *lineare* Funktionen (Sensoren, A/D-Wandler, S/H-Kreise, Analogschalter, Spannungs- und Stromregler), ebenso wie *nichtlineare* Kreise (mathematische Funktionen, aktive Filter, Funktionsgeneratoren aller Art), als auch eine große Zahl spezieller *Anwenderbausteine* (consumer ICs), die im Angebot häufig wechseln und für sehr viele Aufgaben eine Lösung bei kleinstem Aufwand finden lassen. Hier werden exemplarisch die wichtigsten elementaren Funktionseinheiten, oft als „Grundschaltungen der Elektronik" bezeichnet, zusammengestellt, anschließend einige häufig gebrauchte integrierte Systeme.

Elementare Funktionseinheiten

Hierunter fallen: Spannungs↔Strom-Konverter, Quellen für konstante Spannung und konstanten Strom, sowie einige Verstärker-Standardschaltungen (Differenzverstärker-Varianten, White- und Darlingtonfolger, Gegentakt- und Ladungsverstärker).

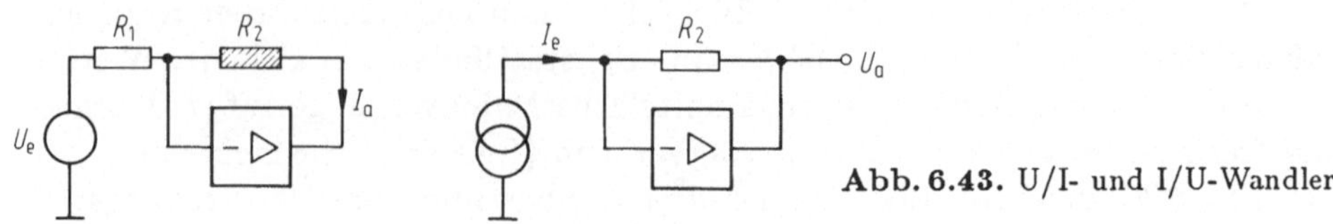

Abb. 6.43. U/I- und I/U-Wandler

Spannungs/Strom-Wandler. Abbildung 6.43a zeigt eine Variante des invertierenden Verstärkers (Abb. 6.34c), bei der R_2 den Lastwiderstand darstellt, durch den der Ausgangsstrom $I_a = -U_e/R_1$ fließt. Die „Steilheit" $I_a/U_e = |1/R_1|$ ist direkt der Eingangsleitwert. Die Eingangsspannung U_e wird demnach in den Verbraucherstrom I_a umgewandelt. Weitere Formen, bei denen die Last einpolig an Null liegen kann, sind möglich. Fall (b) zeigt die Umkehrung ($I \rightarrow U$-Wandler): hier fehlt beim invertierenden Verstärker der Eingangswiderstand R_1. So läßt sich eine konstante Stromquelle (beliebig hoher Innenwiderstand!) unmittelbar an die virtuelle Null des Verstärkereingangs anschließen, und der Eingangsstrom I_e, der durch R_2 weiter fließt, wird in eine Ausgangsspannung $U_a = -I_e R_2$ verwandelt. Anders formuliert: der invertierende Verstärker wird mit seinem Eingang direkt an eine *Strom*quelle gelegt, aber über den Vorwiderstand R_1 an eine *Spannungs*quelle ($R_i = 0$).

Konstante Spannungsquelle. Der nicht invertierende Verstärker hat bei hohem Gegenkopplungsgrad (Grenzfall $\beta=1$) einen sehr hohen Eingangs- und sehr niedrigen Ausgangswiderstand. Eine Signalquelle wird von einem niederohmigen Verbraucher durch Zwischenschalten einer solchen Stufe nicht mehr belastet: Diese Stufe arbeitet als *Impedanzwandler*, wirkt also wie eine (belastungsunabhängige) „konstante Spannungsquelle" (Abb. 6.44a, b). Zur Definition lese man Abschn. 1.4.2 nach! Die Signalquelle kann auch eine Gleichspannung sein, etwa eine Zenerdiode.

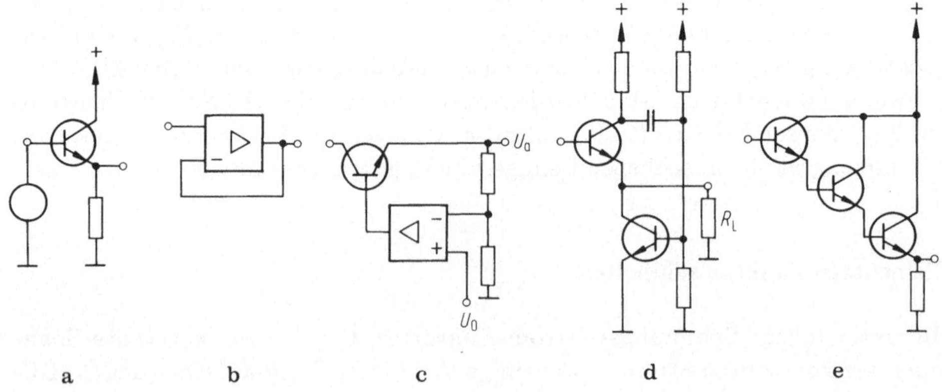

Abb. 6.44 a–e. Konstante Spannungsquelle. **a** Emitterfolger, **b** Operationsverstärker, **c** Regelung mit Referenzspannung, **d** White- und **e** Darlington-Emitterfolger

Elektronische Spannungsversorgung kommt meist aus geregelten Netzteilen, deren ICs nach (c) arbeiten (Rückwärtsregelung, vgl. Abb. 2.10). Der Differenzverstärker vergleicht die Ausgangsspannung U_a mit der Referenzspannung U_0 und regelt jeweils den speisenden Transistor so nach, daß die Differenz gegen Null geht. — Eine andere Spannungsquelle ist der *White*-Emitterfolger (d). Impulse bzw. Wechselspannungen am oberen Transistor steuern vom Collector aus den unteren, der als Emitterwiderstand aufgefaßt werden kann. Die Innenwiderstände beider Transistoren werden gegenphasig gesteuert und bieten der Last R_L einen sehr kleinen Ausgangswiderstand. — Auf andere Weise erreicht dies der *Darlington*-Emitterfolger (e), bei dem jeder Basisstrom den Emitterstrom der Vorstufe bildet. Der effektive Stromverstärkungsfaktor β ist das Produkt aller Einzelwerte und kann über 10^3 ansteigen; die Ein- bzw. Ausgangsimpedanz steigt bzw. sinkt etwa um diesen Betrag.

Konstante Stromquelle. In Abb. 6.45 (a) und (b) dient die Zenerdiode (oder eine andere Referenzspannungsquelle) nur dazu, den Transistor oder Verstärker einen konstanten Strom in jeden Lastwiderstand R_L fließen zu lassen. Statt der Zenerdiode kann jede beliebige Signalquelle arbeiten, immer ist der Ausgangsstrom vom Lastwiderstand unabhängig (innerhalb des möglichen Arbeitsbereiches). Typ (a) taucht beim Differenzverstärker und beim Multiplizierbaustein (Abschn. 2.1.3) auf.

In integrierten Schaltungen werden konstante Stromquellen (entsprechend sehr großen Widerständen) oft nach dem Prinzip des *Stromspiegels* dargestellt (c). Ein eingeprägter Strom I_0 erzwingt einen Gleichgewichtszustand, der einen konstanten Ausgangsstrom I_a produziert. Die Urform besteht aus zwei gleichen Transistoren (einer kann durch eine Diode ersetzt werden) und zieht den Referenzstrom $I_0 = \beta I_B + I_B + I_B = I_B(\beta + 2)$ und liefert den Ausgangsstrom

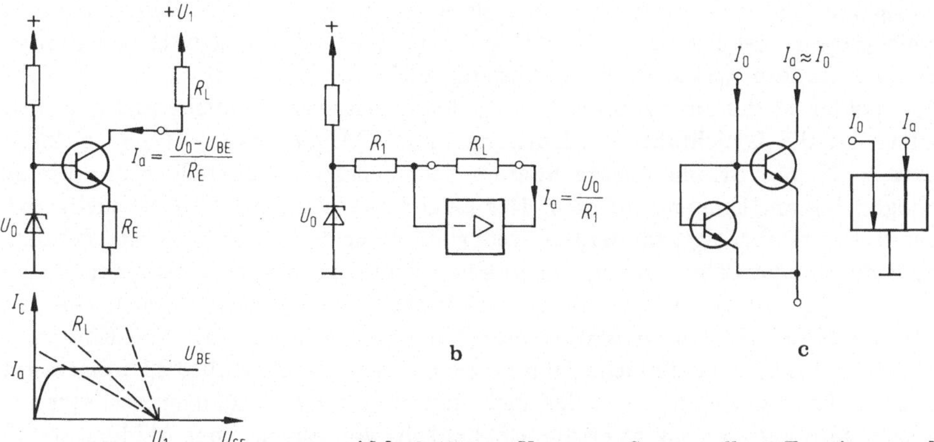

Abb. 6.45 a–c. Konstante Stromquelle. a Transistor- und b Operationsverstärker-Schaltung, c Stromspiegel

$I_a = \beta I_B$. Das Verhältnis I_0/I_a (auch reziprok Spiegelfaktor genannt) beträgt $I_0/I_a = 1 + 2/\beta \approx 1$ unabhängig von der Ausgangslast. Varianten bringen I_0 und I_a noch näher zusammen. Stromspiegel gibt es als isolierte ICs und überall in größere Systemen integriert, z.B. in Differenzverstärkern und Multiplizierern.

Cascode. Operations- und UKW-Verstärker enthalten oft eine Sonderform. Um die Integrationswirkung der Collector/Basis-Kapazität (vgl. Abb. 2.3b und Abb. 6.50) zu verringern, legt man zwischen Collector und R_C einen weiteren Transistor (Basisschaltung). Seine festliegende Basisspannung hält die Spannung am (unteren) Collector konstant, und das Eingangssignal bewirkt eine Stromsteuerung des zweiten Transistors. Dies verhindert die Miller-Integration und erhöht die Grenzfrequenz.

Differenzverstärker. Als Standard-Element am Eingang jedes Operationsverstärkers findet man die Differenz-Schaltung von Abb. 6.46 (long tailed pair).

Nicht allgemein geläufig ist, daß die Urform aus einem Emitterfolger (Collectorschaltung, links) besteht, der mit seinem geringen Quellwiderstand den Eingang einer Basisschaltung (rechts) steuert. Erweitert wird der Emitterfolger durch einen weiteren Arbeitswiderstand im Collectorkreis zu einer Kombination von Collector- und Emitterschaltung, während die Basisschaltung zusätzlich an der Basis angesteuert wird. An die Stelle des gemeinsamen (möglichst großen) Emitterwiderstandes wird besser eine konstante Stromquelle (b) gesetzt, deren Strom auf beide Zweige aufgeteilt wird.

Jede Signalansteuerung $(U_{e1} - U_{e2})$ verteilt die beiden Ströme immer so auf beide Transistoren, daß ihre Summe gleich bleibt. An den Ausgangsklemmen stehen daher zwei gegenphasige Signalhälften, deren verstärkte Amplituden von der Höhe des konstanten Stromes abhängen. Aus den Transistorgrundschaltungen erhält man die Verstärkung von Differenzsignalen $U_D = U_{e1} - U_{e2}$ in (b) zu $G_D \approx SR_C$, mit $S = I_C/U_T = I_E/\alpha U_T$. Sie läßt sich mit R_1 regeln (c): $G_D \approx R_C/R_1$. Eine weitere erfreuliche Eigenschaft ist die enorme Unterdrückung von Temperatur- und Offset-Effekten infolge der Symmetrie, besonders in paarintegrierten ICs. Das bringt, wie oben gezeigt, mit sich, daß an den Eingängen gleichphasige (Gleichtakt-)-Signale $U_{GL} = (U_{e1} + U_{e2})/2$ wegen des konstanten Stromes nahezu wirkungslos am Ausgang bleiben: $G_{GL} = R_C/2R_i$.

Leider ist der Innenwiderstand R_i der Konstantstromquelle nicht ∞ groß daher ist die Gleichtaktunterdrückung „nur" $CMRR = G_D/G_{GL} = 2SR_i$ bzw. $= R_i/R_1$. Streng lineare Spannungssteuerung ist auch hier nur bis zu einigen U_T am Eingang möglich. Der Gegentakt-Ausgang wird oft nicht ausgenützt oder benötigt, sondern entweder nur einer der Ausgänge weitergeführt, oder durch eine Folgestufe wieder in einen Eintakt-Ausgang verwandelt.

Für besondere Anforderungen sind manche Varianten zu haben. Die sog. *Meßverstärker* (Instrumentenverstärker) besitzen erheblich größere Eingangsimpedanzen, als der einfache Differenzverstärker. Nach Abb. 6.47 präsentiert sich der Baustein einmal mit den nicht invertierenden Eingängen voll symmetrisch, zum anderen bietet er die Möglichkeit, von außen einen Widerstand R anzuschließen, um damit die gewünschte Verstärkung vorzugeben. Wird da-

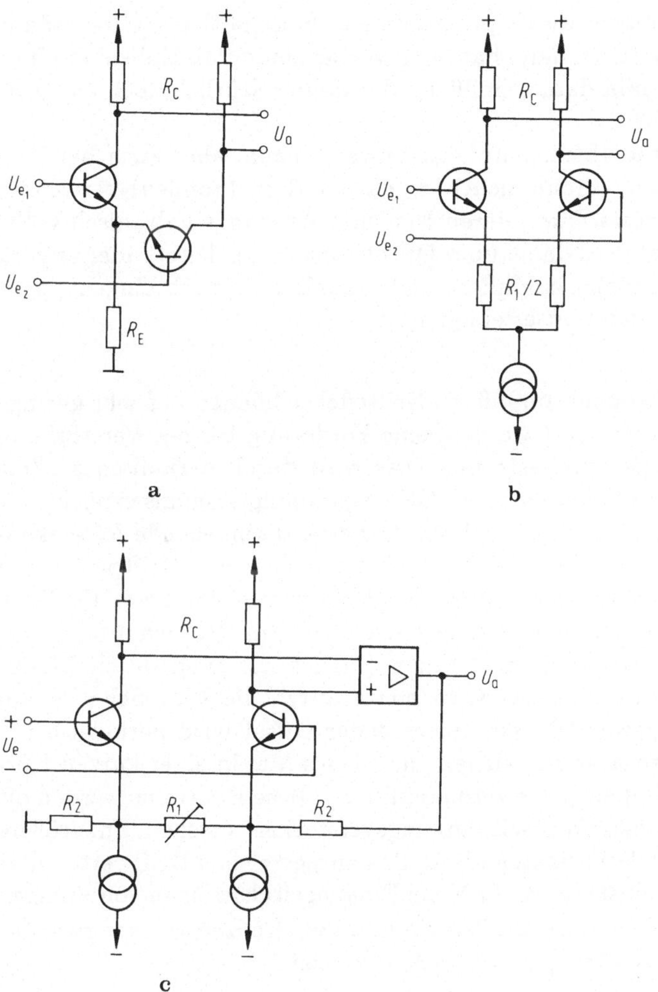

Abb. 6.46 a–c. Differenzverstärker. **a** Grundform, **b** mit konstanter Stromquelle, **c** regelbare Verstärkung

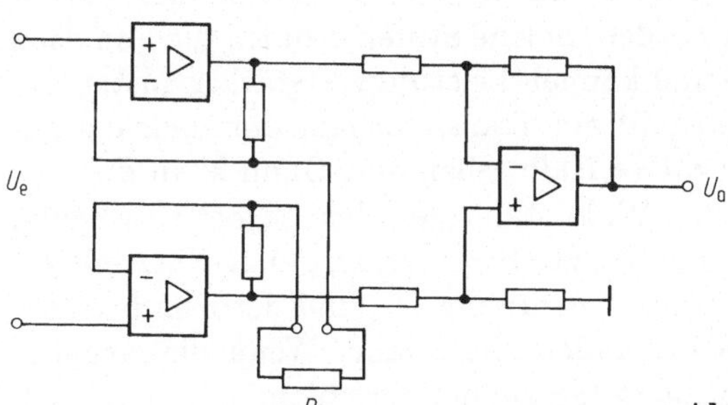

Abb. 6.47. Meß-(Instrumenten-)Verstärker

gegen die Verstärkung intern durch programmiert umschaltbare Widerstände (über FET-Schalter) geändert, dann hat man wie bei einem Multiplizierer einen PGDA (programmable gain data amplifier), der dann natürlich auch als DAC (Abb. 2.3.3) zu verwenden ist.

Für medizinische und Hochspannungs-Anwendungen, aber auch bei Erdschleifen-Problemen sowie empfindlichen Signalwandlern (Sonden) verwendet man *Trenn-* oder *Isolierverstärker*, deren Ein- und Ausgänge galvanisch völlig getrennt sind. Das Signal wird dabei über Optokoppler eingeleitet, oder es wird mit passender Trägerfrequenz moduliert und transformatorisch eingekoppelt. Die Leckströme bleiben dann unter einigen μA.

Zerhackerverstärker. (chopper amplifier). Drifteffekte können auf sehr geringe Werte unter $10\,\mathrm{nV/^\circ C}$ verringert werden, eine Forderung bei der Verstärkung kleinster Gleichspannungen und -ströme. Dies wird durch periodisches „Zerhacken" des (sehr niederfrequenten oder) Gleichspannungs-Signals erreicht, etwa vergleichbar mit dem Samplingverfahren. Der sich anschließende RC-gekoppelte Wechselspannungsverstärker ist dann frei von Offset- und Driftproblemen und endet auf einem synchronen Schalter, der das Signal wiederherstellt. Nach einem Tiefpaßfilter ist es dann von dem störenden Teil des Schaltfrequenz-Spektrums befreit. Dieses klassische Prinzip (manchmal auch durch Modulation und Demodulation realisiert) wird heute durch die FET-Schalter auf reine Driftkorrektur abgewandelt: ein auftretender Offset wird periodisch abgefragt, in einem Kondensator gespeichert, und jedes Mal in einer kurzen Korrekturperiode gegengekoppelt (auto zero amplifier). Diese Bausteine werden oft mit einem parallel liegenden Wechselspannungsverstärker versehen, um größere Bandbreite zu bieten. Viele Varianten dieses Prinzips erreichen Driftwerte unter $200\,\mathrm{nV/Jahr}$, bei Offsetkonstanz um $1\,\mu$V bei Eingangsleckströmen von wenigen $10\,\mathrm{pA}$. Der Anwender sollte über das Prinzip und die Grenzen jedes verwendeten Bausteins oder Meßgerätes genau Bescheid wissen.

Gegentakt-Stufen. Der obige Differenzverstärker liefert ein Gegentakt-Ausgangssignal, auch wenn einer der beiden Eingänge festgehalten wird. Eine einfachere Form zeigt Abb. 6.48a, die in Abb. 6.46a implizit enthalten ist. Die Kombination von Emitter- und Collectorschaltung liefert an R_e und R_C nahezu die gleiche, aber gegenphasige Signalamplitude, da sie ja beide (bis auf den Faktor α) vom gleichen Strom durchflossen werden. Solche Stufen erfüllen die Funktion eines Übertragers (Transformators) und können Leistungsverstärker ansteuern, die in Gegentakt arbeiten. Bei ihnen teilt ein Transistorpaar die Speisung des Verbrauchers R_L in positive und negative Halbwellen auf. Dann kann der Ruhearbeitspunkt je am einen Ende der Widerstandsgeraden liegen:Abb. 6.49b. Im Beispiel von Abb. 6.48b sind zwei getrennte Stromversorgungs-Netzteile erforderlich, im Fall (c) genügt eine einzige Versorgung U_v, und der Kondensator C speichert die Energie für jeweils die andere Halbwelle. Wenn die Arbeitspunkte am unteren Ende der Arbeitsgeraden ruhen, spricht man von Klasse-

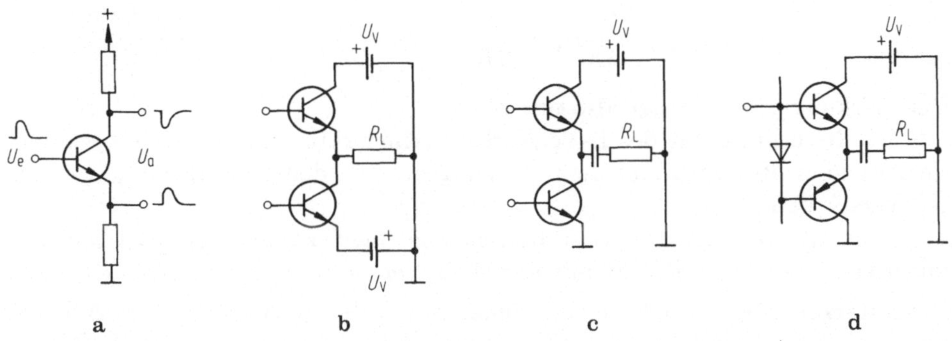

Abb. 6.48 a–d. Gegentakt-Verstärker. **a** Phasenspalter, **b, c** Klasse B, **d** komplementäres Paar

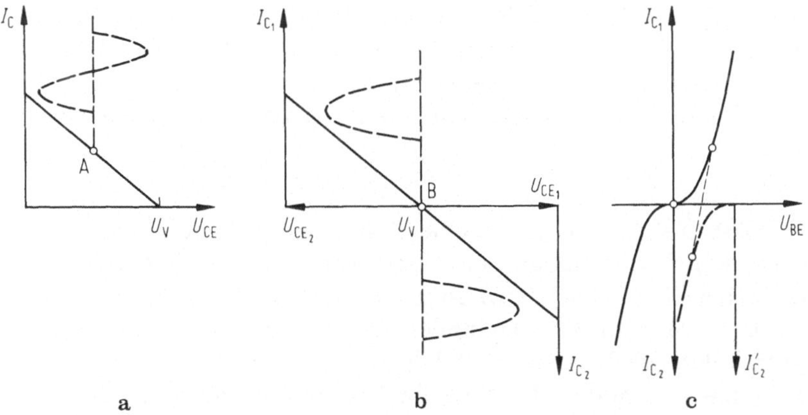

Abb. 6.49 a–c. Leistungsverstärker-Kennlinien. **a** Klasse A, **b, c** Klasse B (siehe Text)

B-Verstärkern. Die maximal an R abgegebene Signalleistung ist

$$P_{AC} = \frac{U^2}{R} = \frac{U_v^2}{R} \int_0^T \sin^2 \omega t \, dt = \frac{U_v^2}{2R}, \quad \text{da } U = U_v \int_0^T \sin \omega t \, dt,$$

während die reine Gleichstromleistung in den beiden Halbwellen

$$P_{DC} = \langle I \rangle U_v = \frac{\langle U \rangle}{R} U_v = \frac{U_v}{R} 2U_v \int_0^T \sin \omega t \, dt = \frac{2U_v^2}{\pi R}$$

beträgt. Das Verhältnis P_{AC}/P_{DC}, also der Wirkungsgrad, ist damit $\pi/4 = 0.79$. Er ist viel höher als beim Kleinsignalbetrieb, d.h. beim A-Verstärker, dessen Arbeitspunkt in der Mitte der Widerstandsgeraden liegt: Abb. 6.49a. Hier ist

$$P_{AC} = IU = \frac{U^2}{R} = \frac{1}{R}\left(\frac{U_v}{2}\right)^2 \int_0^T \sin^2 \omega t \, dt = \frac{U_v^2}{8R}, \quad \text{und}$$

$$P_{DC} = I_0 U_v = \frac{U_v}{2R} U_v = \frac{U_v^2}{2R}.$$

Der Wirkungsgrad beträgt also nur 25 %.

Die Nichtlinearität des B-Verstärkers (Klirrfaktor) muß beachtet werden, sie tritt aber oft gegenüber dem Wirkungsgrad in den Hintergrund, etwa bei HF-Verstärkern.

Eine andere Gegentaktstufe besteht aus einem komplementären Emitterfolgerpaar, hier (Abb. 6.48d) mit nur einer Versorgung (wie in c) gezeigt. Der B-Verstärker arbeitet bei kleinen Signalamplituden in der Nähe des Arbeitspunktes nicht streng linear („Übernahmeverzerrungen"), wie die $I_C(U_{BE})$-Kennlinie deutlicher zeigt (Abb. 6.49c). Gestrichelt ist eine Abhilfe angedeutet (leichte Verschiebung der beiden Ruhearbeitspunkte gegeneinander), realisiert etwa in Abb. 6.48d.

Operationsverstärker für bestimmte Funktionen: ersetzt man in Abb. 6.34c die Widerstände R_1 oder/und R_2 durch andere Bauelemente (z.B. C, Diode), dann werden neue Funktionen erzeugt („Rechenverstärker"). Sie sind genauer in Abschn. 2.1.3 behandelt (Differenzieren, Integrieren, Logarithmieren). Hier ist eine Version des Integrators vorgestellt, die als eigener Baustein ganz neue Aspekte erhält:

Ladungsverstärker. Sehr häufig liefert eine Signalquelle (Wandler, Sensor, Detektor) eine *Ladung* $Q = \int I dt$ an den Verstärker, also einen Stromfluß $I(t)$ für eine kurze Zeit t. Tatsächlich wird aber verstärkt oder gemessen die *Spannung* $U = Q/C = (1/C) \int I dt$, da immer eine (wenn auch oft kleine) Kapazität C aufgeladen wird. Solange C konstant ist, darf ohne Nachdenken die Spannung gemessen werden. Ist diese Bedingung aber nicht erfüllt (Piezo-Wandler, Halbleiter-Detektoren für Licht und radioaktive Strahlung), muß der Einfluß von C ausgeschaltet werden. Hierzu eignet sich der klassische Integrator (Abb. 2.3), der in Abb. 6.50 als „Ladungsverstärker" in neuer Form auftritt.

Die eingebrachte Ladung Q_e verteilt sich: Q_i auf C_i und Q_g auf C_g, es wird also $Q_e = Q_i + Q_g = U_i C_i + U_g C_g = U_i C_i + U_i C_g(1+V) = U_i[C_i + C_g(1+V)]$, da $U_g = U_1 - U_a = U_i + V U_i = U_i(1+V)$ mit der Leerlaufverstärkung $-V$ des (invertierenden) Verstärkers ist. Damit wird der Einfluß des Verstärkers beschrie-

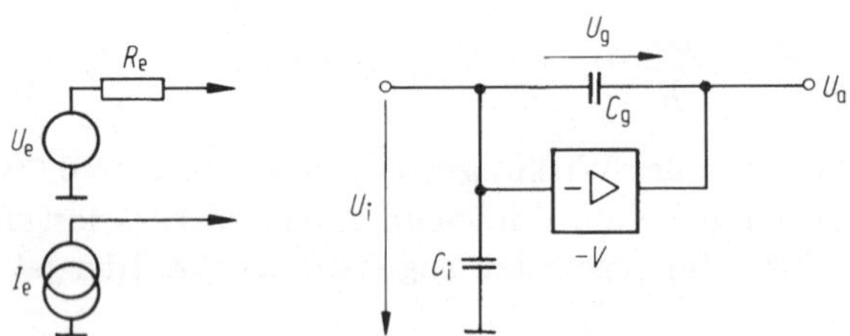

Abb. 6.50. Ladungsverstärker, spannungs- oder stromgespeist

ben, der nicht nur vom Ausgang her C_g auflädt, sondern auch — am Eingang gesehen — den Kondensator C_g scheinbar um den Faktor $(1+V)$ vergrößert. Der sehr kleine Wert von C_i, der auch die Quellenkapazität (plus Leitungskapazität) enthält, bekommt die sehr viel größere Kapazität $C_g(1 + V)$, die „Miller-Kapazität" parallel geschaltet, hat damit selbst nur noch verschwindend geringen Einfluß. Der Ladungsverstärker liefert eine Ausgangsspannung $-U_a = U_g - U_i \approx U_g = Q_g/C_g \approx Q_e/C_g$, mit der man eine Ladungsverstärkung $G_L = U_a/Q_e$ definiert. Der Eingang liegt wieder auf virtuellem Nullpotential und wird von der Ladungsquelle gespeist, die entweder von der Spannungsquelle U_e mit Innenwiderstand R_e, oder von der Stromquelle I_e gebildet wird.

Die Rauschangabe muß hier modifiziert werden: man gibt eine äquivalente Rauschladung an: $Q_{\text{ä}} = U_{r\text{eff}}C_g(1 + V)$, die der effektiven Rauschspannung $U_{r\text{eff}}$ entspricht. Dabei extrapoliert man auf den Wert $C_i = 0$, ist also von der Ladungsquelle selbst unabhängig. Die durch das Rauschen entstehende Verbreiterung jeder Signalamplitude am Ausgang läßt sich messen, indem über eine sehr kleine Koppelkapazität C_e (1 pF) ein Stufensignal ΔU_e eingespeist wird. Diese Test-Signalladung $\Delta Q_e = C_e\Delta U_e \approx C_g\Delta U_a$ produziert dann am Ausgang die Amplitude $-U_a = U_eC_e/C_g$ (mit $C_i{=}0$ angenähert), an der das Rauschen studiert werden kann.

Positive Rückkopplung

Gleichzeitig mit der (negativen) Gegenkopplung kann eine (positive) Rückkopplung eingeführt werden, die eine Entdämpfung (Anfachung) des jeweiligen Systems bewirkt. In der Regel ist sie weniger stark als die Gegenkopplung, um Eigenschwingen zu verhindern. Aktive Filter (Abschn. 2.4.1) verwenden vielfach dieses Prinzip. An dieser Stelle seien der besonders wichtige Schmitt-Trigger, die Gruppe der Impedanz-Übersetzer, sowie die eigentlichen Oszillatoren besprochen.

Schmitt-Trigger. Bei diesem klassischen Baustein (Abb. 6.51, vgl. auch 6.31d) fehlt die Gegenkopplung und die Stufe besitzt nur die beiden Endzustände Sperrung oder Sättigung; sie gehört ausgangsseitig eigentlich zu den digitalen Bausteinen. Der Eingang jedoch läßt sich durch Vorwahl eines beliebigen Referenzpotentials U_0 auf eine gewünschte Umkippschwelle analog einstellen. Ist $U_e \leq U_0$, dann liegt U_a hoch (H), steigt U_e weiter an, so gelangt der Verstärker in den linearen Teil und springt rapide um: Ausgang tief (L). Beim Wiederabsinken von U_e unterhalb U_0 sperrt die Triggerstufe ebenso rasch (d). Die dabei auftretende Hysterese ergibt sich zu $\Delta U_e = \Delta U_a R_1/(R_1 + R_2)$, wobei angenähert ΔU_a gleich der Versorgungsspannung U_v ist. U_e und U_0 sind vertauschbar.

Die präzisen und langzeitstabilen Schwellen machen den Schmitt-Trigger zum Rechteck-*Impulsformer* und zum vielgebrauchten *Amplitudendiskriminator* (Abschn. 3.1), wobei die wählbare Hysterese ein Flattern oder Oszillieren

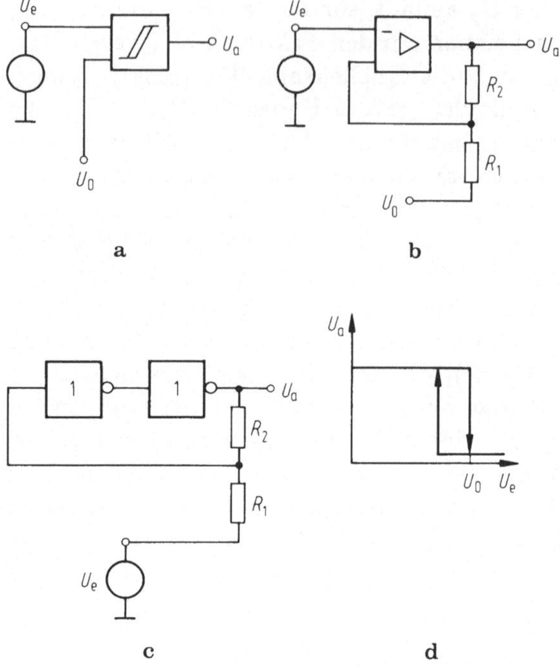

Abb. 6.51 a–d. Schmitt-Trigger. a Symbol, b analoge und c digitale Form, d Hysterese der Form b

um U_0 verhindert. Ist die Rückkopplung schwach, also $-\beta = R_1/(R_1 + R_2) \leq 1/V$, dann arbeitet die Stufe ohne Hysterese „nur" als Komparator (Abb. 3.1a). Eine „digitale" Form des Schmitt-Triggers zeigt Abb. 6.51c: zwei Inverter drehen die Phase um 360° (gleichphasige Rückführung). Hier fehlt aber der Anschluß einer Referenzspannung, und die Hysterese hat den festen Wert $\Delta U_e = \Delta U_a R_1/R_2$. Ein weiterer Schritt führt dann zu den Sperrschwingern (Kippschwingungen), die zu der Multivibratorfamilie (Abb. 6.31) gehören.

Impedanz-Übersetzer. Eine eigene Gruppe bilden Bausteine mit positiver Rückkopplung, die sich als Zweipole nach außen präsentieren. Ihr Strom/Spannungsverhalten entspricht einer Impedanz, also einer Kapazität oder Induktivität bestimmter Güte. Je nach Variante lassen sich Impedanzen transformieren, invertieren (Vorzeichenumkehr), oder in die reziproke Größe konvertieren. Damit lassen sich dämpfende Elemente elegant kompensieren. Weiter können z.B. beliebige Induktivitäten (ohne Existenz von Spulen), nur aus einer Kapazität gebildet werden. Das wichtigste Beispiel ist der Gyrator.

Gyrator (Abb. 6.52). Er wird als IC gefertigt, besitzt ein eigenes Symbol (a) und läßt sich vereinfacht folgendermaßen beschreiben (vgl. etwa den Transformator): $U_1 = -R I_2$, $U_2 = R I_1$. Damit wird $Z_1 = U_1/I_1 = R^2/Z_2 = R^2 i\omega C = i\omega L$ mit $L = CR^2$. Die reale Ausführung (b) besitzt den „Gyratorwiderstand"

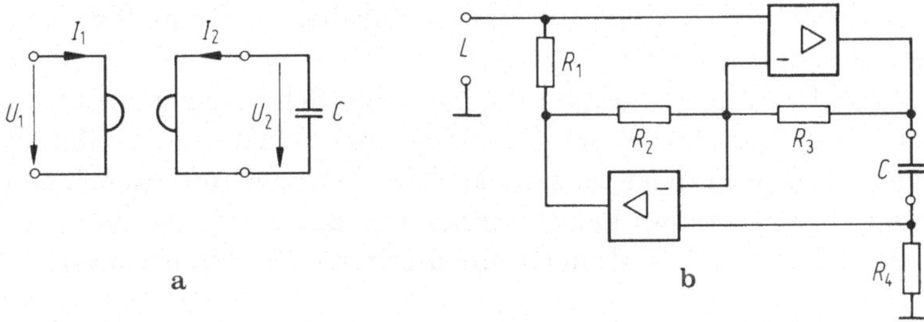

Abb. 6.52. Gyrator (Impedanz-Inverter)

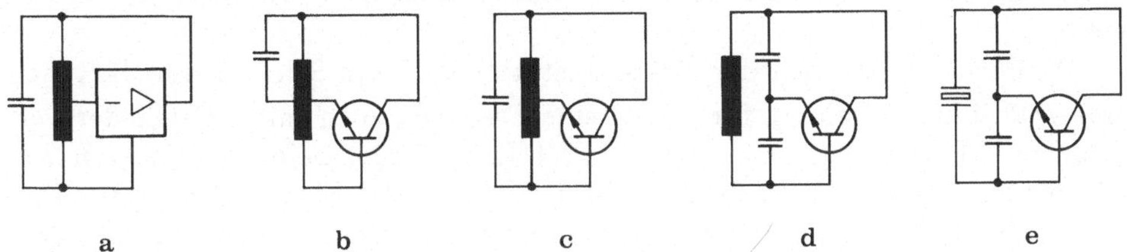

Abb. 6.53 a–e. Oszillator-Standardschaltungen. a Prinzip, b Meissner, c Hartley, d Colpitts, e Quarz

$L = C R_1 R_3 R_4 / R_2$. Ein Kondensator C am Ausgang wird also auf den Eingang als Induktivität L transformiert. Diese drahtlosen Induktivitäten sind sehr bequem beim Aufbau von Resonanzverstärkern, Schwingkreisen oder Filtern.

Oszillator. In diese Zusammenstellung gehört schließlich auch der eigentliche klassische Oszillator mit Schwingungskreis (Abb. 6.53). Bei ihm wird eine ausreichende Spannung zur Aufrechterhaltung einer ungedämpften Schwingung rückgekoppelt. Hier diktiert der LC-Kreis als frequenzbestimmendes Glied im Rück-/Gegenkopplungszweig die erforderliche 0°-/180°-Phasendrehung und es entsteht eine monofrequente Sinusschwingung. Die gegenphasigen Enden des Parallelkreises sind mit den (gegenphasigen) Anschlüssen Basis und Collector verbunden; letzterer sorgt für die nötige Energiezufuhr. Der richtig angekoppelte Emitter (ebenfalls gegenphasig zum Collector) sorgt für den nötigen Rückkopplungsanteil. Je nach Anschluß der Nulleitung — ein unabhängiger Parameter — hat man die drei Transistor-Grundschaltungen vor sich. Darüber hinaus entsteht nun, je nach Zufuhr der Versorgung (parallel über RC-Glieder oder in Serie über L), und je nach Ausbildung der Induktivitäten ein gutes Dutzend der bekannten klassischen Oszillator-Varianten, wohlgemerkt stets nur Abwandlungen von (a). Bei hoher Kreisgüte und linearer Aussteuerung werden sehr oberwellenarme Schwingungen erzeugt.

An die Stelle des Schwingkreises kann ein Quarz treten (Abb. 6.53e), dessen sehr stabile mechanische Eigenresonanz elektrisch angefacht und aufrecht erhalten wird. Sein Verhalten läßt sich durch eine Parallel- und eine Serienresonanz exakt beschreiben.

Wird (in a-d) die Basis so vorgespannt, daß keine Schwingungen auftreten, läßt sich dieser sog. Sperrschwinger (blocking oder relaxation oscillator) durch kurze öffnende Triggerimpulse zu sehr kräftigen kurzen Impulsen (etwa Halbwellen) anregen, dessen Breiten hauptsächlich von den L-Werten des „Impulstransformators" abhängt (C wird meist nur durch die Wicklungskapazität gebildet).

Alle Oszillatoren, analoge und digitale, lassen sich in ihrer Frequenz durch eine äußere Gleichspannung regeln (VCO voltage controlled oscillator), etwa mit einer Kapazitätsdiode im Schwingkreis oder durch Strom-(Verstärkungs-) Änderung eines Transistors. Hier sei auf die Literatur der HF-Technik verwiesen.

Endlich schließt sich der Kreis: anstatt mit einem Schwingkreis läßt sich eine 180°-Phasendrehung für genau eine Frequenz auch mit RC-Gliedern erzwingen. Man landet so im Abschn. 2.4 (Abb. 2.22), beim *angefachten Filter*, dessen Entdämpfung (zum nicht invertierenden Eingang) bis zum Einsetzen der Schwingung erhöht wird — oft mit automatischer Amplituden-Konstanthaltung. Die vielen Formen dieser *RC-Generatoren* haben ihre Vor- und Nachteile.

Hiermit sei das Kapitel über die Standard-Elemente und -Bausteine abgeschlossen. Mit ihnen lassen sich wohl alle Meßsysteme aufbauen.

Literaturverzeichnis

Diese Auswahl an spezieller Literatur wurde vorwiegend aus der neuesten Zeit getroffen. Bei der besonderen Gliederung dieses Buches wurde darauf verzichtet, sie kapitelweise aufzuteilen. Aktuelle Beschreibungen und Daten von Bausteinen bieten die laufenden ausführlichen Handbücher der Industrie.

Ameling, W.: Laplace-Transformation. Braunschweig: Vieweg 1979

Ammon, W.: Gate arrays. Heidelberg: Hüthig 1985

Arbel, A.F.: Analog signal processing and instrumentation. New York: Cambridge University Press 1984

Azizi, S.A.: Entwurf und Realisierung digitaler Filter. München: Oldenbourg 1983

Beneking, H.: Feldeffekttransistoren. Berlin: Springer 1973

Bergtold, F.: Umgang mit Operationsverstärkern; Schaltungen mit Operationsverstärkern I, II. München: Oldenbourg 1975

Best, R.: Theorie und Anwendungen des PLL. Stuttgart: AT-Verlag 1982

Best, R.: Handbuch der analogen und digitalen Filterungstechnik. Stuttgart: AT-Verlag 1982

Bose, N.K.: Digital filters. Amsterdam: North Holland 1985

Dokter, F.; Steinhauer, J.: Digitale Elektronik in der Meßtechnik und Datenverarbeitung (Philips). Heidelberg: Hüthig 1975

Durcansky, G.: Digitaltechnik. Mosbach: Physik-Verlag 1983

Eichmeier, J.: Medizinische Elektronik. Berlin: Springer 1983

Entenmann, W.: CCD-Filter. München: Oldenbourg 1980

Fliege, N.: Lineare Schaltungen mit Operationsverstärkern. Berlin: Springer 1979

Freyer, U.: Meßtechnik in der Nachrichtenelektronik. München: Hanser 1983

Fritzsche, G.: Netzwerke I bis IV. Braunschweig: Vieweg 1979/82

Fritzsche, G.; Seidel, V.: Aktive RC-Schaltungen in der Elektronik. Heidelberg: Hüthig 1982

Gerdsen, : Digitale Übertragungstechnik. Stuttgart: Teubner 1983

Geschwinde, H.: Einführung in die PLL-Technik. Braunschweig: Vieweg 1980

Hänsler, E.: Grundlagen der Theorie statistischer Signale. Berlin: Springer 1983

Herpy, M.: Analoge integrierte Schaltungen. München: Franzis 1976

Hilberg, W.; Piloty, R.: Grundlagen elektronischer digitaler Schaltungen. München: Oldenbourg 1981

Horowitz, P.; Hill, W.: The art of electronics. New York: Cambridge University Press 1981

Hurst, S.L.: Schwellwertlogik. Heidelberg: Hüthig 1974

Kesel, G.; Hammerschmidt, J.; Lange, E.: Signalverarbeitende Dioden. Berlin: Springer 1982

Kowalski, E.: Nuclear electronics. Berlin: Springer 1970

Lacroix, A.: Digitale Filter. München: Oldenbourg 1985

Landstorfer, F.; Graf, H.: Rauschprobleme der Nachrichtentechnik. München: Oldenbourg 1981

Lange, W.R.: Analog/Digital-Wandlung. München: Oldenbourg 1974

Lücker, R.: Grundlagen digitaler Filter. Berlin: Springer 1985

Lüke, H.D.: Signalübertragung, Grundlagen der digitalen und analogen Nachrichten-Übertragungssysteme. Berlin: Springer 1985

Moerder, C.; Sarkowski, H.: Angewandte Transistortechnik. Berliner Union 1973

Mäusl, R.: Hochfrequenz-Meßtechnik. Heidelberg: Hüthig 1980

Mäusl, R.: Digitale Modulationsverfahren. Heidelberg: Hüthig 1985

Meinke, H; Gundlach, F.W. (Hrsg): Taschenbuch der Hochfrequenztechnik. Berlin: Springer 1986

Moschytz, G.; Horn, P.: Handbuch zum Entwurf aktiver Filter. München: Oldenbourg 1983

Müller, R.: Rauschen. Berlin: Springer 1979

Niebuhr, J.N.: Physikalische Meßtechnik. München: Oldenbourg 1980

Prokott, E.: Modulation und Demodulation. Telefunken 1978

Rienecker, W.: Elektrische Filtertechnik. München: Oldenbourg 1981

Rint, C.: Handbuch für Hochfrequenz- und Elektrotechniker I bis V. Heidelberg: Hüthig 1979/84

Rohe, K.-H.: Elektronik für Physiker. Stuttgart: Teubner 1983

Rohe, K.-H.; Kamke, D.: Digitalelektronik. Stuttgart: Teubner 1985

Rost, A.: Grundlagen der Elektronik. Wien: Springer 1983

Schrenk, H.: Bipolare Transistoren. Berlin: Springer 1978

Sheingold, D.H.: Interfaceschaltungen zur Meßwerterfassung. München: Oldenbourg 1981

Steinbuch, K.; Rupprecht, W.: Nachrichtentechnik I bis III. Berlin: Springer 1982

Tietze, U.; Schenk, Ch.: Halbleiter-Schaltungstechnik. Berlin: Springer 1985

Unbehauen, R.: Synthese elektrischer Netzwerke. München: Oldenbourg 1984

Unger, H.G.; Schultz, W.; Weinhausen, G.: Elektronische Bauelemente und Netzwerke I, II. Braunschweig: Vieweg 1979/81

Vahldiek, H.: Übertragungsfunktionen. München: Oldenbourg 1973

Vahldiek, H.: Elektronische Signalverarbeitung. München: Oldenbourg 1977

Völz, H.: Elektronik für Naturwissenschaftler. Berlin: Akademie-Verlag 1978

Weddigen, C.; Jüngst, W.: Elektronik. Berlin: Springer 1986

Wehrmann, W.: Einführung in die stochastisch-ergodische Impulstechnik. München: Oldenbourg 1973

Weinzierl, P.; Drosg, M.: Lehrbuch der Nuklearelektronik. Wien: Springer 1970

Stichwortverzeichnis

Zur Erleichterung wurde eine Auswahl gebräuchlicher englischer Begriffe und Abkürzungen zum Nachschlagen mit aufgenommen.